地球温暖化対策と国際貿易

排出量取引と
国境調整措置をめぐる
経済学・法学的分析

有村俊秀／蓬田守弘／川瀬剛志――［編］

東京大学出版会

Climate Change Policies and International Trade
Economic and Legal Analysis of Emissions Trading and Border Tax Adjustment

Toshi H. ARIMURA, Morihiro YOMOGIDA and Tsuyoshi KAWASE, Editors

University of Tokyo Press, 2012
ISBN 978-4-13-046107-8

はしがき

　本書は上智大学・環境と貿易研究センターを拠点に行われた研究プロジェクト「排出量取引が国際競争力と温暖化国際交渉に与える影響―法と経済学による政策提言―」の成果である．この研究プロジェクトが始まったきっかけは，有村の米国ワシントン・未来資源研究所（Resources for the Future, RFF）での2年間に及ぶ在外研究生活にある．折しも共和党のブッシュ政権の2期目が終わり，イラク戦争で疲弊した米国民が民主党に期待を託し始めた時期であった．京都議定書から離脱し，連邦レベルの国内温暖化政策が停滞していた米国内でも，民主党の新政権の候補者に地球温暖化政策の進展を期待した時期であった．

　ワシントンは，特異な街である．政治家，弁護士，官僚，研究者，そしてロビイストが様々な問題に関して議論を行い，政策を討議，立案する場所である．温暖化政策もその主要なテーマとなり，RFFでも様々な研究会・ワークショップが開催された．その1つが地球温暖化政策フォーラム（Climate Policy Forum）であった．このフォーラムは，RFFの研究者が，米国の地球温暖化対策の政策オプションと，それに関する研究成果を，米国企業の環境担当者に示し，政策の効果の理解を促進すると共に，実現可能なオプションについて話し合うという場であった．このフォーラムは，それまで粛々とアカデミックな研究に関わってきた筆者にとって非常に刺激的なものであった．経済学の研究が研究室から出て，実際の政策として検討されるという場であったのである．その際，印象的だったのは，中国に代表される新興国の経済的台頭を懸念する米国企業と，環境問題の観点から炭素リーケージを心配する研究者の姿であった．日本でも国内温暖化政策の検討が進み，このような温暖化政策と通商問題の関係が重要課題として浮かび上がってくることを予想し，国際貿易の専門家である蓬田守弘に相談したのが，本プロジェクトの契機であった．その後，法学的な検討も必要があることがわかり，川瀬剛志にも参加を招請し，上智大学を拠点に学際的な研究プロジェクトが開始されたのである．

本書の成果は，環境と貿易研究センターを中心にこれまで行ってきた研究会，ワークショップ，シンポジウムでの議論を踏まえたものである．これまでご参加いただいた皆様に感謝申し上げる．特に，本書の第Ⅰ部，第Ⅱ部については，RFF の Richard Morgenstern 博士，Carolyn Fischer 博士，米国国際貿易委員会（USITC）の Alan Fox 博士の助言と協力に負うところが大きい．3氏は，センターが開催したワシントン・東京でのワークショップやシンポジウムなどにもご参加いただき，改めてお礼を申し上げたい．

また，本書の出版は，上智大学に時限的に設立された「環境と貿易研究センター」がなければ，実現は不可能であったであろう．同センターならびに有村研究室の事務スタッフの方々，大学院生 RA 諸兄と，その設立・運営を支えてくださった上智大学にお礼を申し上げたい．また，同センターの着想は，上智大学経済学部の上山隆大先生に負うところが大きく，感謝の意を表したい．本書の出版に向け，アドバイスをくださった山崎福寿先生（現・日本大学）にもお礼を申し上げたい．

研究実施にあたっては，三井物産環境基金と国際交流基金日米センターの助成に感謝申し上げる．また，プロジェクト立ち上げについては，住友財団環境研究助成，及び上智大学学内共同研究費の支援を受けている．さらに，編者3人は，文部科学省科学研究費「公共財と公共資源をめぐる紛争解決のための利害調整ルールの多面的研究」の助成を受けている．最後に，企画段階から刊行までお世話になった東京大学出版会の大矢宗樹，薄志保，小松美加の3氏には改めて感謝の意を表したい．

編者代表　有村俊秀

目次

序章　地球温暖化問題と国際貿易　　　有村俊秀・蓬田守弘・川瀬剛志……1

  0.1　地球温暖化対策と国際貿易をめぐる諸問題　1
  0.2　本書の成立と構成　6
    参考文献　11

第Ⅰ部　国内排出量取引とリーケージ・国際競争力問題対策

第1章　応用一般均衡モデルによる地球温暖化対策の分析
　　　──有用性と問題点　　　武田史郎……………………………15

  1.1　はじめに　15
  1.2　CGE分析の特徴　16
    1.2.1　モデル　　1.2.2　データ
  1.3　CGE分析のメリット　18
    1.3.1　部分的な効果と全体への効果　　1.3.2　波及効果　　1.3.3　市場間の相互作用
    1.3.4　炭素リーケージの評価　　1.3.5　モデルが閉じている
    1.3.6　地球温暖化対策とCGE分析
  1.4　CGE分析の問題点　25
  1.5　分析間の違い　27
    1.5.1　市場均衡という仮定　　1.5.2　1国モデルか世界モデルか
    1.5.3　関数形の特定化　　1.5.4　静学モデルと動学モデル
    1.5.5　市場構造，規模の経済性　　1.5.6　技術進歩　　1.5.7　政策シナリオ
  1.6　おわりに　33
    参考文献　34

第2章　排出量取引における国際競争力配慮
——産業連関基本分類を用いた分析　　杉野　誠・有村俊秀 ……… 37

2.1　はじめに　37
2.2　各国の動向（EU-ETS, WM 法案）　40
　　2.2.1　EU-ETS の軽減措置　　2.2.2　ワックスマン・マーキー法案の軽減措置
2.3　日本のデータと算定方法　46
2.4　分析結果　48
　　2.4.1　EU-ETS 基準による業種の特定　　2.4.2　WM 法案基準による業種の特定
　　2.4.3　EU 基準と米国基準の比較
2.5　軽減措置の効果　53
　　2.5.1　モデル　　2.5.2　炭素価格導入による費用上昇の計算
　　2.5.3　軽減措置のシミュレーション　　2.5.4　炭素価格導入による費用上昇
　　2.5.5　米国型軽減措置による効果（WM 法案）
2.6　おわりに　60
　　参考文献　61

第3章　排出量取引の制度設計による炭素リーケージ対策
——排出枠配分方法の違いによる経済影響の比較
　　武田史郎・有村俊秀・爲近英恵 …………………………… 63

3.1　はじめに　63
3.2　モデル　66
　　3.2.1　生産　　3.2.2　需要サイド　　3.2.3　ベンチマーク・データ
3.3　シナリオ　70
　　3.3.1　配分方式　　3.3.2　オークション（AUC）　　3.3.3　グランドファザリング（GF）
　　3.3.4　Output-Based Allocation（OBA）
　　3.3.5　オークションと OBA の組み合わせ（AO：AO-A, AO-B, AO-C）
　　3.3.6　部門別の無償配分量
3.4　シミュレーション結果　76
　　3.4.1　経済全体への効果（経済効率性）　　3.4.2　炭素リーケージ
　　3.4.3　部門別の効果
3.5　配分方式の比較　81
3.6　おわりに　83

参考文献　85

第4章　日本の国境調整措置政策
──炭素リーケージ防止と国際競争力保持への効果
武田史郎・堀江哲也・有村俊秀……………………………………87

4.1　はじめに　87

4.2　モデルとデータ　90

4.3　排出量取引制度と国境調整措置　92
　　4.3.1　排出量取引制度　　4.3.2　国境調整措置　　4.3.3　国境調整措置の設定
　　4.3.4　国境調整措置以外の費用緩和措置

4.4　分析結果　96
　　4.4.1　厚生水準への影響　　4.4.2　炭素リーケージ抑制効果
　　4.4.3　国境調整措置の国際競争力への影響

4.5　政策の比較　103

4.6　おわりに　106

　　参考文献　107

第1章コメント　　松本　茂……………………………………109
第2章コメント　　諸富　徹……………………………………112
第3章コメント　　諸富　徹……………………………………115
第4章コメント　　松本　茂……………………………………118

第Ⅱ部　地球温暖化対策の国際交渉と国境調整措置の役割

第5章　地球温暖化対策に関する国際交渉──ゲーム理論による分析
樽井　礼……………………………………………………………123

5.1　はじめに　123

5.2　国際協力に関するゲーム理論分析の有用性　124
　　5.2.1　国際協調への障壁となる地球温暖化問題の特徴
　　5.2.2　近年の国際交渉で残されている課題　　5.2.3　ゲーム理論の有用性

5.3 近年の研究に見られる特徴と主要な結論　128
　　5.3.1 協定参加ゲームとその応用　　5.3.2 協定参加ゲーム分析の仮定と課題
　　5.3.3 繰り返しゲーム・動学ゲームの応用
　　5.3.4 動学ゲーム分析で残されている課題
5.4 おわりに　138
　　参考文献　139

第6章　国境調整措置は地球温暖化対策の厳格化を促すのか
　　　　　——部分均衡モデルによる分析
　　　　　　　樽井　礼・蓬田守弘・姚　盈（Ying YAO）……………………… 141

6.1 はじめに　141
6.2 モデル　143
6.3 協力解　145
6.4 非協力的なケース　145
　　6.4.1 関税が外生的に与件の場合　　6.4.2 輸入国が最適関税を選ぶ場合
6.5 おわりに　151
　　補論　153
　　参考文献　156

第7章　炭素税政策と国境調整措置
　　　　　——国際寡占モデルによる分析
　　　　　　　蓬田守弘・樽井　礼・山崎雅人 ……………………… 159

7.1 はじめに　159
7.2 炭素集約的産業の産業内貿易　163
7.3 産業内貿易のモデル　166
　　7.3.1 国境税調整　　7.3.2 企業行動　　7.3.3 国内総余剰
7.4 国境税調整のもとでの炭素税政策　170
　　7.4.1 PBTAのもとでの炭素税政策　　7.4.2 FBTAのもとでの炭素税政策
　　7.4.3 NBTAのもとでの炭素税政策
7.5 国境調整措置の評価　176
　　7.5.1 非協力的な炭素税政策の帰結　　7.5.2 FBTAとNBTAの比較
7.6 おわりに　181

補論　182
参考文献　187

第5章コメント　　大東一郎 …………………………………… 191
第6章コメント　　大東一郎 …………………………………… 193
第7章コメント　　大東一郎 …………………………………… 196

第Ⅲ部　「環境と貿易」問題としての温暖化対策と国際ルール

第8章　地球温暖化の国際枠組みの課題
　　　　──グローバル経済，炭素リーケージ，国境調整措置
　　　　　　　　高村ゆかり ………………………………………… 201

8.1　はじめに　201
8.2　次期枠組みをめぐる交渉の進展と直面する課題　202
　　8.2.1　2つのトラックのもとでの交渉　　8.2.2　コペンハーゲン会議
　　8.2.3　長期目標とその合意　　8.2.4　実効性と参加の課題
8.3　次期枠組み交渉の到達点　207
　　8.3.1　カンクン合意の主要な合意項目とその評価　　8.3.2　残された課題
8.4　変容を迫られる国際枠組みとその要因　210
　　8.4.1　新興国の台頭と国際社会における政治力学の変化
　　8.4.2　排出削減義務の配分の論理再考の動き
　　8.4.3　経済のグローバル化と排出削減負担の配分
8.5　次期枠組み形成と国境調整措置　215
　　8.5.1　「規制の普及」「政策の普及」の戦略　　8.5.2　次期枠組みと国境調整措置
8.6　おわりに　221

第9章　国境調整措置とWTO協定
　　　　──米国の地球温暖化対策法案の検討　　石川義道 ……………… 225

9.1　はじめに　225
9.2　米国における地球温暖化対策法案　226

9.2.1 炭素換算税　　9.2.2 国際備蓄排出枠

9.3 国境税調整ルール　230

9.3.1 内容　　9.3.2 平等な競争条件の確保

9.4 GATT 2 条と 3 条の適用関係　233

9.4.1 関税と内国税の峻別　　9.4.2 GATT 2 条 1 項（b）と 2 項（a）の関係
9.4.3 米国法案に関する適用事項

9.5 米国法案と WTO 国境税調整ルールの整合性　239

9.5.1 GATT 3 条 2 項 1 文　　9.5.2 GATT 3 条 2 項 2 文
9.5.3 GATT 2 条 2 項（a）　　9.5.4 GATT 2 条 1 項（b）

9.6 おわりに　259

第 10 章　エコカー購入支援策による大気保全と WTO 協定
──内国民待遇原則及び環境例外への適合性を中心に
川瀬剛志　………………………………………… 263

10.1 はじめに─世界金融危機とエコカー購入支援策　263

10.2 主要国のエコカー購入支援策　265

10.2.1 日本　　10.2.2 米国　　10.2.3 カナダ　　10.2.4 EU　　10.2.5 中国
10.2.6 その他

10.3 エコカー購入支援策の内外差別性　275

10.3.1 各国制度の差別的性質　　10.3.2 GATT 3 条の適用可能性
10.3.3 同種・直接競争産品の差別　　10.3.4 国産品保護

10.4 環境保護措置としての一般的例外該当性　287

10.4.1 GATT 20 条の規範構造　　10.4.2 エコカー購入支援策の適合性

10.5 おわりに　295

第 8 章コメント　　亀山康子 …………………………………………… 297
第 9 章・第 10 章コメント　　松下満雄 ……………………………… 300

索引　313
編者所属・略歴一覧　318
執筆者所属一覧　319

序章　地球温暖化問題と国際貿易

有村俊秀・蓬田守弘・川瀬剛志

0.1 地球温暖化対策と国際貿易をめぐる諸問題

　地球温暖化問題は，環境問題における経済学の役割に改めて光を当てた．経済学は，環境問題の処方箋として市場メカニズムを活用することを提唱してきた．初めに，環境問題を外部不経済として捉え，ピグー税を通じて環境問題を市場に内部化することが提唱された．その後，コースの定理に着想を得た排出量取引等がその解決策として提案されてきた．環境を利用する権利を交渉の対象，市場取引の対象とすることで，より効率的に問題を解決しようという試みである．しかし，これらの市場メカニズムを活用する経済的手法は，環境問題の主要な解決策としてこれまで利用される機会がなかった．環境政策の中心が公害対策であった頃には，短期的な対応が求められることが多く，公害防除装置の設置義務や，汚染原因となる燃料の種類等の規制的手段が主流であったのである．

　その後，より長期の対応が求められる地球温暖化問題が主要な環境問題として認識されることで，こうした従来の流れが変わり，効率的な環境対策に注目が集まっていった．その中でも，市場メカニズムを活用した手段として炭素税や排出量取引が耳目を集めた．欧州ではいくつもの国が炭素税を導入すると同時に，排出量取引制度も世界各国で導入が進んでいった．特に注目を集めたのは，各国の国内政策としての排出量取引である．欧州は2005年から世界最大規模の排出量取引制度である欧州域内排出量取引制度（EU-ETS）を導入し，2013年以降も，EU-ETSを続けることを早い時点で宣言した．米国でも民主党のオバマ政権が誕生し，政権の主要なテーマの1つとして，国内排出量取引

制度の導入が掲げられた．連邦下院議会でも排出量取引制度を含む温暖化対策法案であるワックスマン・マーキー法案が可決される等，連邦レベルの排出量取引制度の導入の機運が高まった．また，地域レベルで見ると，米国北東部では地域温室効果ガスイニシアティブ（RGGI）という排出量取引制度がすでに導入されていた．

このように，先進各国において温室効果ガス排出削減に向けた政策の導入・検討が進む中，国毎に取り組みに対する温度差があることが大きな問題となっていった．1997年に発効した京都議定書では，先進国と途上国で「共通だが，差異ある責任」を共有しようということになった．先進国を中心とした国々は明確な削減目標を持つものの，途上国にはそのような義務が課されていないという国際枠組みが形成されたのである．確かに，1997年時点での先進国の排出量が途上国に比べて大幅に大きかったのは事実である．また，当時，産業革命以降の温室効果ガス排出増加の責任は主に先進工業国にあった．そのため，先進国のみが削減義務を負うということは，当時としては合理性があったのであろう．

ところがその後，京都会議当時に途上国であった中国やインド，そして，メキシコ，ブラジル等削減義務を負わなかった国が，新興経済国として削減義務を負う先進国の重要な貿易パートナーになった．それと同時に，様々な分野で新興国と先進国の間に通商摩擦が起こるようになってきた．つまり，途上国は，いわゆる「発展途上国」と，経済成長により所得の増加が著しい「新興国」とに分かれ，先進国と新興国の間で地球温暖化対策が通商問題の新たな火種となったのである．

そのような中，京都議定書の第1約束期間（2008-2012）の終了を間近に迎え，ポスト京都議定書の枠組みをどう構築するかという国際交渉が進められていった．米国を中心に，中国のような新興国が削減義務を負わないような制度は温暖化対策として意味を持たないとする考え方を支持する国も多かった．一方，あくまで先進工業国が責任を持ち削減義務を負うべきであるという新興国を中心とする考え方も示され，先進国と新興国の対立が明らかになった．2009年12月にコペンハーゲンで開催されたCOP15ではこの対立が最後まで埋まることなく，その後もポスト京都議定書の枠組みが決まらない状態が続いている．

このような世界の動きを受け，日本でもポスト京都議定書のための国内温暖化対策の検討が進んでいった．2009年に発足した民主党の鳩山政権は，2020年時点での温室効果ガス排出量の中期目標として1990年の排出量より25%削減することを掲げ，国連総会で首相自ら宣言した．2010年12月には，民主党政権は地球温暖化対策税の導入を閣議決定した．排出量取引については，自民党政権のもとで2008年10月から排出量取引の国内統合市場の試行的実施が開始されていたが，民主党政権は，2009年時点のマニフェストで「排出量取引市場を創設し，地球温暖化対策税の導入を検討」と明記した．自治体レベルでも，東京都が2010年から強制力のある排出量取引制度を導入した．

排出量取引制度は，閉鎖経済のもとでは最小費用で目的の排出削減を達成できる効率的な政策であることが理論的に示されている．しかし先進国のみがこうした排出規制を行うと，先進国の企業のみが排出枠の費用（以下，炭素価格）を負担することになる．その結果，生産費用が上昇し，国際競争力が低下する可能性がある．これは，国内温暖化対策の「国際競争力問題」として知られている．

この国際競争力問題に関連して，先進国での排出削減が途上国でのCO_2の排出増加をもたらすという「炭素リーケージ問題」が危惧されている．先進国のみで排出規制を行うことは，規制のない途上国・新興国の国際競争力を相対的に高める可能性がある．その結果，先進国の生産が途上国・新興国へ移転することが考えられる．これは，CO_2の排出規制の弱い国や地域へ移転することを意味する．さらに，日本を筆頭とした先進国はエネルギー効率が高く，途上国や新興国より生産物当たりのCO_2排出量が低い．したがって，この途上国・新興国への生産移転により，先進国での排出削減努力が相殺されるか，かえってCO_2排出量が増えてしまう可能性があるのである．

この国際競争力と炭素リーケージ問題は，先進国でのあらゆる国内温暖化対策導入に伴って起こりうる共通の問題である．しかし，炭素税や排出量取引といった「炭素価格政策」がこれらの問題を引き起こす可能性が高いことで，特に注目を集めた．日本においても，炭素価格政策の導入によって，炭素リーケージと国内産業が直面する生産費用負担の増加が予想され，産業界はその導入に反対した．排出量取引導入によって生じる国際競争力の低下が，先進国のみが排出削減目標を持つ国際枠組みにおける最大の懸念事項の1つとして挙がっ

たのである.

　これらの問題への現実的な対策として，先進国で2つの方法が提案された．1つは，排出枠の無償配分である．特に，無償配分の一方式として，産出量に応じて排出枠を無償配分する方式（Output Based Allocation，OBA）が注目を集めた．この手法は，排出枠を生産量に基づいて配分し，炭素価格の負担を緩和しようというものである．実際，米国の地球温暖化対策関連法案で何度も取り上げられ，2009年に下院を通過したワックスマン・マーキー法案においてもそうであった．日本でも，2010年度に開催された中央環境審議会の国内排出量取引制度小委員会の中間報告[1]で対策として取り上げられた．

　もう1つは国境調整措置である．国境調整措置とは，温室効果ガス削減に取り組まない国からの製品が，排出量取引を実施している国に輸入される場合，輸入業者に炭素税を課すか，排出枠の購入を義務付ける制度である．当初，京都議定書から離脱した米国に対して，欧州がその検討を行った．その後，米国が連邦レベルの排出量取引を検討した際，対新興国の政策として注目を浴びた．日本国内でも，財務省の「環境と関税政策に関する研究会」[2]では，国境調整措置の効果と意義が検討された．

　国境調整措置は論争を呼ぶ政策である．炭素含有量が同じであれば，国内産品と同種の輸入品を同等に扱うことを意図していると見ることができるため，国境調整措置は経済学の観点から正当化されうるのではないか，という視点も提供されてきた．また，国境調整措置は，規制のない国の生産者に対しても地球温暖化の費用を負担させる手段だと考えられる．汚染者負担原則の観点からも，地球温暖化の費用を温室効果ガスを排出する経済主体が負担する制度と考えることができるのである．

　同時に，国境調整措置は国際枠組み交渉の促進剤としての役割も期待されていた．国境調整措置の対象となると想定されていたのは，温暖化対策に消極的な国であった．新興国が排出の削減目標等の一定の温暖化対策を国際的に公

---

1) 国内排出量取引小委員会（第15回）．http://www.env.go.jp/council/06earth/y0610-15/mat02.pdf（最終アクセス日：2011年11月7日）．
2) 「環境と関税政策に関する研究会」における議論の整理．http://www.mof.go.jp/about_mof/councils/enviroment_customs/press_release/ka220621.htm（最終アクセス日：2011年11月7日）．

約することにより，この措置が回避される仕組みが検討されていたのである．つまり，この国境調整措置は回避することが可能な措置であり，新興国が一定の温暖化対策を実施し，ポスト京都議定書の枠組みに新興国が明確な義務を負うことが期待されたのである．

　一方，国境調整措置は，保護主義の手段として濫用される危険性も指摘された．米国でも温暖化法案が議論される中，通商上の問題として世界貿易機関（WTO）との整合性が懸念されていた．WTOからも国連環境計画（UNEP）との共同で「貿易と気候変動」と題する報告書が出版され（WTO/UNEP 2009），この点が論じられた．日本国内でも，前掲の財務省の「環境と関税政策に関する研究会」では，国境調整措置のWTOとの整合性も議論された．

　これらの動きと並行して，地球温暖化対策と貿易の観点から，もう1つ見逃せない潮流があった．それは，環境負荷の小さい製品の普及のために，各国が補助金を用いる方法である．特にリーマンショック以後は，従来の環境技術開発や環境対応型の生産設備導入等に関する生産者に対する直接的な支援策だけではなく，日本で見られたエコポイントや，エコカー減税・補助金のような購入支援策に関心が広がりつつある．これらは自動車の二酸化炭素排出量削減に応じて地球温暖化の費用負担を軽減する手段であり，環境政策の経済的手段の1つであるといえる．しかし，この補助金が特定の製品に対して適用され，特に国産品優遇の性質を帯びることとなれば，かかる支援策は環境目的には合致しているとしても，通商問題になりうる．

　これらの背景は，経済学や法学に様々な問題を提起する．第1に，国際競争力維持と炭素リーケージ問題への対策として提案された施策が，実際に日本経済，あるいは個別の産業にどのような効果をもたらすのか，ということである．その判断においては，各施策の定量的な効果の測定が求められる．第2に，国境調整措置が各国の温暖化政策にどのような影響を与えるか，ということである．果たして，国境調整措置は，それぞれの国の温暖化対策を促進するのであろうか．また，資源配分を考えた時，国境調整措置は経済学的な視点から正当化されうるのであろうか．第3に，国境調整措置や，エコカー減税のような政策が，法学の立場からは，GATT/WTOでどのように判断されるのだろうか．現実の政策として，これらの政策は，法的な問題なく実施されうるのであろうか．本書は，上記の背景の中で生まれてきた問題に，経済学と法学の対話を通

じて回答を与えようとする1つの試みである（同様の試みとして例えば，Horn and Mavroidis（2010）がある）．

0.2 本書の成立と構成

本書は，上智大学内に設立された「環境と貿易研究センター」において実施された「排出量取引が国際協力と温暖化国際交渉に与える影響—法と経済学による政策提言」の3年間にわたる研究プロジェクトの成果をまとめたものである．各章は，上記の問題意識のもと，多くの研究会，ワークショップ，そして，シンポジウムを経て，執筆された学際的な研究の成果である．

本書は3部構成となっている．第Ⅰ部は，経済学の定量的なアプローチが主であり，第Ⅱ部は経済学の理論的な手法が使われている．第Ⅲ部は法学，特に国際経済法・国際環境法の視点からアプローチしているが，可能な限り法学を専門としない読者にも理解されることを意図して書かれている．それぞれの章は独立した研究の成果であるが，各章の関連を踏まえて1つの書物としてまとまったものとなっている．そして，各部の最初の章が研究のサーベイとなり，各部の導入的な役割を果たしている．

第Ⅰ部では，国際競争力維持とリーケージ問題に対応するための国内排出量取引の制度設計と国境調整措置が，日本経済においてどのような効果を持ちうるかについて定量的な分析を行った．日本の環境政策決定においては，導入される施策の経済的影響について，必ずしも定量的な分析が行われるわけではなかった．第Ⅰ部はこの点において温暖化政策の議論に貢献することをめざしている．

第1章では，応用一般均衡モデル（CGE分析）による温暖化対策の分析を概観し，その有用性と問題点を指摘した．CGE分析は温暖化対策を定量的に分析する手法として幅広く利用されるようになったが，CGE分析に対する理解の不足から，必ずしも有効に利用されているとはいえない．そこで同章では，CGE分析という手法の特徴，メリット，デメリットを解説し，どのような分析においてCGE分析が有効かを示すと共に，CGE分析による研究を評価する際に注意すべき点について整理を行った．

第2章では，炭素価格導入時のエネルギー集約産業への配慮措置を分析した．

炭素税や排出量取引といった「炭素価格政策」は，国際競争力低下と炭素リーケージの問題を引き起こす可能性が高いと危惧されていた．そのため，これらの問題に対処するための制度設計として，エネルギー集約的で，かつ，貿易により国際競争にさらされる可能性の高い業種に対して緩和措置を行うことが検討された．そこで同章では，産業連関分析を利用し，日本経済におけるエネルギー集約貿易産業を特定し，緩和措置の短期効果を分析した．その結果，それらの措置が負担緩和の一定の効果を持つことが確認された．

　第3章は，排出量取引の制度設計によってリーケージ対策を行う方法について CGE 分析により検討した．特に，産出量に応じて排出枠を無償配分する OBA 方式の定量的な効果を明らかにした．分析の結果，オークション制度導入時には国内エネルギー集約部門への負の効果が大きいが，OBA を適用することにより負の効果を相当程度緩和できることが明らかになった．

　第4章でも，リーケージ防止と国際競争力保持への効果の観点から，国境調整措置が日本経済にどのような効果を持ちうるかが定量的に分析された．ここでも CGE 分析を用いて，排出量取引制度における国境調整措置と排出枠の無償配分措置である OBA の有効性を，3つの観点から検討した．まず，厚生水準の点では，輸入のみに対して行われる国境調整措置が他の措置よりも優れているという傾向が見られた．一方で，エネルギー集約産業の国際競争力低下の対策としては，OBA が最も効果的であり，次いで輸入と輸出の両面で行う国境調整措置が効果的であった．炭素リーケージの抑制には，輸出側の排出係数をもとに輸入に対して行う国境調整措置と排出枠の OBA が有効であることが示された．

　第II部では地球温暖化対策の国際交渉と国境調整措置の役割について，経済理論に基づいた分析を行った．まず第5章では，地球温暖化対策をめぐる国際協力の可能性についてゲーム理論を応用した研究を概観すると共に，今後の研究課題を展望した．地球規模での温暖化対策の実現を難しくしているのは，温室効果ガス排出の削減が持つ国際公共財としての性質と，それに伴って発生する「ただ乗り」問題である．つまり，1国の排出削減による便益は，広く世界に共有されるため，各国が他国の温室効果ガス削減に「ただ乗り」する問題が発生する．国家主権のもとでは，世界政府が各国に削減を強制することはできないため，この「ただ乗り」問題の解決には，自発的な協力を促す協定の構

築が必要である.

　各国が自国の利益を追求する場合，こうした「ただ乗り」問題を解決するには，国際環境協定をどのように設計すべきか．第5章では，こうした課題について，協定参加ゲーム，繰り返しゲーム，動学ゲームの分析枠組みを応用した研究を概観した．ゲーム理論を応用したこれらの研究では，自発的な協力を促すメカニズムとしてアメとムチ（carrot and stick）の重要性が明らかにされている．協定から離反した国に対しては，制裁を科すことを通じて，協定遵守のインセンティブを与えるのである．ただし，ここでの分析では，各国の温室効果ガス排出量の決定に焦点を当てており，国際貿易を通じた相互依存関係が考慮されていない．したがって，制裁手段の選択肢として通商措置が検討されていない．

　通商措置である国境調整措置は，温暖化対策に消極的な国に対して温室効果ガス排出削減を促すインセンティブを与えるのか．続く第6章と第7章では，国際貿易を考慮した想定のもとで，国境調整措置がこうした役割を果たしうるのか，また，それは経済効率や地球環境保護の観点からのぞましい帰結を生むのかについて理論的な分析を行った．第6章では，競争市場の国際貿易モデルを利用して，炭素集約財の輸入制限措置が，輸出国に温室効果ガス排出規制の強化を促すのかを検討した．ここでは炭素集約財の輸入国と輸出国を考え，温室効果ガス削減手段として炭素税を想定した．各国が自らの利益のみを考慮して炭素税率を決定する時，炭素集約財に対する輸入関税には，輸出国の炭素税率を引き下げる効果があることを示した．輸出国にとって，最適な炭素税率の決定には，炭素集約財貿易の交易条件効果が重要な役割を果たす．輸入関税が課された時，貿易量が縮小することを通じて交易条件効果が弱くなるため，輸出国は炭素税率を引き下げると考えられる．この帰結は，先進国の炭素集約財に対する輸入制限措置が，必ずしも新興国の温室効果ガス排出削減を促さない可能性があることを示唆する．

　炭素集約的産業は，規模の経済性や市場支配力といった特徴を持つことが知られている．このため，国境調整措置の分析には，競争市場ではなく不完全競争市場での国際貿易を考慮する必要がある．そこで第7章では，寡占市場の産業内貿易モデルを応用して，国境調整措置の役割とその帰結を検討した．ここでは国境調整措置として，GATT/WTOで規定されている国境税調整を分析

対象とした．国境税調整が炭素税へ適用された場合を想定し，輸入国境税調整の手段として炭素関税，輸出国境税調整の手段として炭素税還付を検討した．各国が自国の利益のみを考慮して炭素税率を決定すると，「国際ボトム競争」に陥ることで炭素税率が過小になる可能性がある．輸入国境税調整としての炭素関税には，各国に炭素税率を引き上げるインセンティブを与えることで，「国際ボトム競争」を回避させる効果があることを示した．また，輸入と輸出に対する国境税調整の適用は，温室効果ガス削減だけでなく効率性の観点からものぞましい帰結をもたらす可能性があることを示した．この結果は，国境調整措置には産業保護の目的が隠されているとしても，環境保護の利益が十分大きい場合には，その帰結が資源配分の観点からものぞましい場合があることを示唆する．

第III部では，「環境と貿易」問題としての温暖化対策とWTO協定を中心とした国際経済協定の関係について論じた．「環境と貿易」問題は，過度なグローバリズムの進行や新自由主義的パラダイムへの偏重に対する懸念を背景に，この20年間常に国際経済法研究の中心的課題であり続けた．この間国際社会の具体的関心に変遷が見られるが，京都議定書・ポスト京都レジームと通商措置との法的関係は，喫緊の課題として常に強い関心を集めている．具体的には，温暖化対応コストに対する相殺措置，フードマイレージ課税，温室効果ガス排出量に基づく規格・基準の設定等，多様な措置についてWTO協定との関係が問題となる (Hufbauer et al. 2009)．第8章・第9章ではその最も中心的な課題である国境調整措置，さらに第10章では昨今のグリーン・ニューディールの文脈で出現した新たな地球温暖化防止手段としてのエコカー購入支援策を，それぞれ取り上げた．

まず第8章は，2013年以降の地球温暖化防止の国際枠組みにおける国境調整措置の位置付けを論じた．新興国台頭による国際的政治力学の変化と経済のグローバル化といった外部的要因は，温暖化防止の国際枠組みに変容を迫る．新たな多国間合意の早期の締結が困難な中で，国境調整措置は，市場アクセスを条件に同等の規制をとるよう他国を誘引する「政策／規制の普及」の1つとなる．多国間合意の実施国に対する国境調整措置については，そのWTO協定適合性は疑わしいが，合意までの移行的措置，またはただ乗り抑止策として位置付けられる．国境調整措置の機能とそのWTO協定適合性は国際枠組み

の合意とその実施に，不可分に関連している．

　続く第9章は，近年の米国地球温暖化対策法案を素材に，より具体的に国境調整措置のWTO協定適合性を論じた．米国では，温室効果ガスの排出規制（炭素税や排出量取引制度等）の導入に伴って，米国産業の国際競争力の確保を目的として，同等の措置を実施しない外国からの輸入産品に対して課金する提案が行われてきた．本章は，まず国境調整措置を規律するWTO協定の関連条項の内容を明らかにし，米国法案が提案する措置の協定整合性を論じた．その上で，国境調整措置を実施するWTO加盟国に，より柔軟な政策裁量を与える制度設計のあり方を考察した．

　最後に第10章は，地球温暖化防止策としてのエコカー購入支援策を，WTO協定適合性の観点から評価した．近年のエコカー購入支援策は地球温暖化防止・大気保全の有効な政策ツールであるが，リーマンショック後の世界金融危機においては，自動車セクター救済を目的とした需要刺激策の側面もあわせ持つ．このため，わが国を含む一部WTO加盟国の制度につき国産品優遇の傾向が懸念されるが，同章では主要国の制度を概観し，GATT3条（内国民待遇）に照らしてこうした差別性を明らかにする．さらに地球温暖化防止・大気保全の見地から，同20条（g）の一般的例外によるエコカー購入支援策の正当化の可否を検討し，WTO協定に適合する持続可能な方策のあり方に示唆を与えた．

　このように，本書は地球温暖化対策が国際貿易と関わる諸問題について，経済学と法学の視点から分析を行った．幸いにも，本書のいくつかの章の分析結果は，これまでも省庁の審議会や研究会で紹介する機会を得ることができた．しかしながら，これらの分析結果が，ステークホルダーに十分な理解を得るところまでは至っていないのが現状である．今後の政策決定において，本書で得られた知見が有効に活用されることを望んでいる．また，地球温暖化対策と国際貿易に関わる問題は，さらに進展が予想される経済のグローバル化の中で，今後も政策の論点となることが予想される．本書がカバーしたのはこれらの問題の中で一部に過ぎない．本書を契機として，日本においても地球温暖化と貿易に関する法と経済学の研究が発展して，合理的な政策決定に貢献することを期待したい．

参考文献

Horn, H. and Mavroidis, P. C. (2010) "Climate Change and the WTO : Legal Issues Concerning Border Tax Adjustments," *Japanese Yearbook of International Law*, Vol. 53, pp. 19-40.
Hufbauer, G. C., Charnovitz, S. and Kim, J. (2009) Global Warming and the World Trading System. Peterson Institute for International Economics.
WTO/UNEP (2009) Trade and Climate Change : A Report by the United Nations Environment Programme and the World Trade Organization. WTO.

第 I 部

国内排出量取引とリーケージ・国際競争力問題対策

第1章 応用一般均衡モデルによる地球温暖化対策の分析
—— 有用性と問題点

武田史郎

1.1 はじめに

　応用一般均衡分析（computable general equilibrium analysis, CGE 分析）を簡潔にいえば，経済モデルとデータを組み合わせたシミュレーションの手法である[1]．CGE 分析という手法が最初に考え出されたのは 1960 年代であるが，分析にコンピュータが必要であることから，その利用は限定されていた．しかし，90 年代以降，高性能なコンピュータ，ソフトウェアが低価格で入手できるようになったこともあり，利用が増加している．政策の効果を定量的に評価するための手法として，主に貿易政策，租税政策の分析といった分野において利用されてきたが，近年，地球温暖化対策の分析において CGE 分析が多用されるようになっている．

　アカデミックな研究における利用も多いが，政策の定量的分析が可能であることから，様々な政府機関，国際機関によっても幅広く利用されている．例えば，米国の EPA（環境保護局）は，米国の地球温暖化対策関連法案がもたらす経済的影響を CGE 分析によって予測している[2]．また，EU 委員会も EU における地球温暖化対策に関する同様の分析を行っている[3]．日本に関しても，

---

1) 本来，「応用一般均衡分析」という用語に対応するのは「AGE（applied general equilibrium）分析」という用語であり，「CGE（computable general equilibrium）分析」は「計算可能な一般均衡分析」に対応する用語である．しかし，意味は同じでも日本では「応用一般均衡分析」，海外では「CGE 分析」という用語が使われることが多いので，ここでは「応用一般均衡分析」＝「CGE 分析」という意味で使う．

2) http://www.epa.gov/climatechange/economics/economicanalyses.html

3) http://ec.europa.eu/clima/studies/package/index_en.htm

麻生政権の「中期目標検討委員会」，鳩山政権の「温暖化に関する閣僚委員・タスクフォース会合」等での議論において，地球温暖化対策の経済的影響の評価がCGE分析によって行われた．CGE分析を利用することで，直感的な議論では捉えることが難しい経済活動間の複雑な相互依存関係を考慮した上で，地球温暖化対策の効果を定量的に検討することができる．その意味で，CGE分析の利用は地球温暖化対策立案の議論をより豊かにしてくれる可能性は高い．

しかし，日本ではCGE分析があまり普及しておらず，理解が不足していることもあり，必ずしも有効に利用されているとはいえない．特に問題と考えられるのは，計算結果の数値のみに関心が集まる傾向があるという点である．CGE分析はその前提によってそもそも分析できる対象が限定され，さらに分析結果も大きく変わりうる．したがって，CGE分析を政策立案において有効に活用していくには，どのような前提で分析が行われているのか，またどのような要因によって結果が導かれたかということを深く理解するのがのぞましい．そこで，本章ではCGE分析という手法の解説を行う[4]．まず，CGE分析の基本的特徴を説明し，そのメリット，デメリットを整理する．そして，分析によって異なったアプローチが用いられる部分について解説し，CGE分析を評価する際に着目すべき点，留意すべき点について説明する．

1.2 CGE分析の特徴

CGE分析では，経済理論に基づいたモデルを現実のデータと組み合わせ，政策のシミュレーションが行われる．したがって，モデルとデータの2つが分析の重要な構成要素となる．

1.2.1 モデル

利用されるモデルは多様であり，標準的なモデルというものが存在するわけではない．しかし，多くのモデルに共通する点もある．まず，一般均衡という名前が示唆する通り，CGEモデルでは，特定の財（部門）ではなく，複数の

---

[4] CGE分析全般については，Bergman (2005)，Conrad (2003)，Dixon and Parmenter (1996)，Sue Wing (2010) 等のサーベイが詳しい．また，実際にCGE分析を行うための手順については，細江他 (2004) が詳しい．

財，生産要素を想定し，経済全体を包括的に捉えようとする．地球温暖化の分析においては，さらに複数の地域を考慮することも多い．第2に，CGE モデルは，ミクロ経済学で利用される一般均衡モデルをベースにしており，ミクロ経済学のモデルと同様に，経済主体の最適化行動を仮定する．第3に，CGE モデルでは通常市場均衡が仮定される．これは，需要と供給が等しくなるように，財，生産要素の価格が伸縮的に調整されるということを意味する．

第2の点について若干補足をしておこう．CGE 分析では，企業の生産関数，家計（消費者）の効用関数を特定化し，企業の利潤最大化，家計の効用最大化行動を仮定する．近年利用が増加している動学的な CGE モデルでは，さらに動学的な最適化行動も考慮されることがある．このように最適化行動を仮定することには次のような意義がある．まず，標準的な経済学の理論に沿った形で経済主体の行動を捉えることになる．必ずしも経済理論の想定が適切とは限らないが，少なくとも標準的な経済学の理論から大きく乖離するということはなくなる．次に，最適化行動を仮定することで，いわゆる「ルーカス批判」に耐えるモデルとなる[5]．CGE 分析は政策のシミュレーションに利用されることがほとんどであることから，ルーカス批判に耐えるという特徴は重要な意味を持つ．

1.2.2 データ

CGE 分析では，ある基準時点におけるデータ（ベンチマークデータ）のもとで，経済が均衡状態にあるという前提に立って分析が行われる[6]．実際の経済データに基づいているので，シミュレーションといっても単なる数値例ではなく，現実の経済状況を反映した分析であり，そこから導出される結果も現実の経済状況を反映するものとなる．

ベンチマークデータとして最も基本となるものは産業連関表（以下，連関表）である．CGE 分析で利用するモデルは多部門，多数財のモデルであるため，データには多数の部門の投入構造，生産，さらに消費，投資，輸出入等の最終需要を詳細に記述した連関表が必要になる．さらに，連関表に加え，他の

---

[5] ルーカス批判について詳しくはマクロ経済学のテキストを参照されたい．
[6] これは産業連関分析が，ある年の産業連関表を基準にして行われることと似ている．

データも必要になる．例えば，連関表では十分には記述されていない税金のデータ等である．モデルとして多地域のタイプを利用する際にも同様のデータが必要になるが，多地域モデルのためのベンチマークデータとしては，現在ではGTAPデータが標準的な地位を得ている[7]．GTAPデータとは，各国の連関表をもとに，CGE分析用に作成された一種の国際産業連関表であり，多地域CGEモデルのほとんどが現在これを利用している．さらに，地球温暖化対策の分析ではCO_2排出量に対する規制を分析するので，通常のデータに加え，エネルギー，CO_2排出量のデータも用意する必要がある．

ベンチマークデータのもとで経済が均衡状態にあるという前提が置かれるため，CGE分析に利用するデータは，均衡条件との整合性を有している必要がある．具体的には，経済主体の支出と収入が等しい，需要と供給が等しいという性質である．これは，連関表が必要とする整合性，すなわち「列和と行和が等しい」，「付加価値額が最終需要額と等しい」等の性質と類似している．ただし，連関表のデータと全く同じわけではない．例えば，連関表では家計，政府の収入，支出については詳細に扱われていないが，CGE分析では家計，政府の行動も明示的にモデルに組み込むため，家計，政府の支出，収入についての整合性も満たされている必要がある．

1.3 CGE分析のメリット

以下では，地球温暖化対策の分析にCGE分析を利用することのメリットを整理し，CGE分析が他の分析手法に対してどのような点において優れているか，またどのような問題においてCGE分析が有効かということを説明する．

1.3.1 部分的な効果と全体への効果

CGE分析では，多数の市場を同時に考慮し，経済全体を包括的に捉える．そして，各財の生産，投入，消費，価格，さらに各経済主体の収入，支出等がモデル内で内生的に決まるという仕組みになっている．したがって，地球温暖

---

7) GTAPデータについて詳しくはHertel (1999)，あるいはGTAPのウェブサイトを参照されたい．

化対策が，個々の部門，財，経済主体に与える影響を分析することができる．さらには，それらの個々の影響の結果として，国全体での所得，GDP といったマクロ指標にどのような効果が生じるかも分析できる．

個々の部門・財を分析することは部分均衡モデルによっても可能であるし，部分均衡モデルの方がより緻密な分析ができる場合も多い．しかし，部分均衡モデルの結果を集めても，全体の効果を捉えることはできない．これは，部分均衡モデルでは，所得効果，生産要素市場，市場間の相互作用が無視されているからである．これに対し，CGE 分析では，経済の構成要素別の影響を捉えることができ，さらに部分と全体の間の整合性を保ちつつ，経済全体への効果を分析できる．

1.3.2 波及効果

多数の市場を同時に考慮することにより，地球温暖化対策の市場間，地域間での波及効果を分析することができる．地球温暖化対策を導入する際に大きな影響を受ける経済主体の1つは，エネルギーを集約的に利用する鉄鋼部門のような素材産業である．しかし，影響はそれにとどまらない．素材産業の生産物の費用・価格が上昇することで，それを利用する最終財産業にも影響を及ぼすことになる．さらに，それが家計（消費者）の消費，所得に影響を与え，最終的に厚生に影響が及ぶことになる．また，素材産業の生産の減少は，素材産業の投入物への需要を減少させ，それを生産している産業に影響を与えることにもなる．CGE モデルを利用した場合，以上のような波及効果を捉えることができる．

この種の波及効果の分析は，産業連関分析（以下，連関分析）でもよく行われている．しかし，連関分析では，価格を通じた波及効果を対象とする「価格分析」と生産，投入を通じた波及効果を対象とする「数量分析」を同時に行うことは難しい．これに対し，CGE 分析では，価格を通じた効果と生産・投入を通じた効果の両方を同時に考慮する形で波及効果を分析することができる．

1.3.3 市場間の相互作用

複数の市場を同時に分析するということにより，市場間で働く相互作用効果を考慮することができるという利点もある．これを，tax-interaction 効果，

tax-shifting 効果という2つの効果によって説明しよう．

(1) tax-interaction 効果

　排出規制の分析において一般均衡モデルを利用することのメリットを最もよく表すといえるのは二重の配当の分析である[8]．二重の配当とは，排出規制に伴う収入（炭素税収入，排出枠収入）を既存の歪みのある税（労働課税，資本課税等）を軽減することに利用することで，地球温暖化の防止という第1の配当に加え，税の存在により生じていた歪みが軽減されるという第2の配当も得ることができるという仮説である．税制による歪みの縮小というプラスの効果が，排出規制の1次的な費用を上回ることを「強い二重の配当」と呼ぶ．もし強い二重の配当が生じるのなら，全く負担をもたらさない形で排出規制を導入できることを意味するため，多くの研究者によって二重の配当の分析が行われてきた．

　二重の配当仮説が考え出された当初は，（強い）二重の配当が生じる可能性は高いという結果を導く分析が多かった．しかし，Bovenberg, Goulder, Parry 等の一般均衡モデルを利用した一連の分析により，それまでの部分均衡的な分析では重要な効果が見落とされており，それらの効果を考慮するなら，二重の配当が生じる可能性は低くなるということが明らかにされた．その際に，着目されたのが tax-interaction 効果（以下，TI 効果）と呼ばれる効果である．TI 効果を簡潔にいえば，排出規制が別の市場の歪みへ与える効果のことである．その代表的なケースは，排出規制が労働市場の歪みに影響を与えるケースであるので，それを例にして説明しよう．

　まず，経済には労働課税が存在し，その結果，労働供給が過少な水準に抑制されているという歪みが存在しているとする．ここで，排出規制のためにエネルギー課税が導入されたとする．エネルギー課税によって新たな収入が生じるが，この収入が労働課税の軽減に利用されるとする．この労働課税の軽減は労働供給を増加させる効果を持ち，労働市場の歪みの縮小に繋がる．この効果を revenue-recycling 効果（以下，RR 効果）と呼ぶ．この RR 効果しか働かない

---

[8] 二重の配当仮説については，Bovenberg and Goulder (2002) によるサーベイが詳しい．また，Takeda (2007) において筆者が日本における排出規制の二重の配当仮説を分析している．

のなら，エネルギー課税が第2の配当をもたらし，強い二重の配当が実現する可能性が高くなる．しかし，一般均衡モデルにおいては，エネルギー課税は別の効果ももたらす．すなわち，エネルギー課税は，エネルギー価格の上昇をもたらし，それは物価水準全般を上昇させる．物価水準の上昇は実質賃金を低下させ，代替効果を通じて家計の労働供給を減少させる．これは労働市場における歪みを拡大させることに繋がる．排出規制（エネルギー課税）が別の市場（労働市場）における歪みに与える効果であるので，この効果はTI効果と呼ばれる．

　Bovenbergらは，このTI効果のため，二重の配当が生じる可能性は高くないということを明らかにした．TI効果は，排出規制が財の価格の変化を通じて労働市場に与える効果であり，財市場と労働市場を同時にモデルに組み込み，その間に働く相互作用を考慮することで初めて分析できる効果である．このように，二重の配当の分析では，一般均衡モデルを用いることによって，それまで無視されていた効果が捉えられ，大きく異なった分析結果が導かれることとなった．

(2) tax-shifting 効果

　これもやはり二重の配当分析において着目された効果である．(1) のtax-interaction 効果では，排出規制と労働課税をスワップさせる状況を考えたが，現実には課税は労働だけではなく，他のものにも存在している．例えば，労働課税と資本課税が存在し，労働市場と資本市場の両方に歪みが存在する状況を考えよう．ここで，炭素税が導入されると同時に，労働課税が軽減されたとする．労働市場においては，労働供給が増加し，歪みが縮小することでプラスの効果が生じる（RR効果）．しかし，労働が相対的に安価になったことで，生産において資本から労働に投入をシフトさせる効果が生じる．その結果，資本に対する需要は減少し，もともと資本課税により過少の状況にあった資本ストックの供給がさらに減少してしまう．これは資本市場の歪みを拡大させ，マイナスの効果をもたらす．このように，ある生産要素から別の生産要素に需要がシフトすることで生じる効果をtax-shifting 効果という．仮にtax-shifting 効果がマイナス方向に強く働くのなら，やはりプラスのRR効果が打ち消されてしまい二重の配当は生じなくなる．このtax-shifting 効果も，複数の生産要素

市場を考慮し，その相互作用を分析できる一般均衡モデルにより初めて捉えることのできる効果である．

以上，二重の配当の分析を例にとり，地球温暖化対策がもたらす市場間の相互作用について説明した．実際，既存の研究では，市場間の相互作用を考慮することにより，地球温暖化対策の影響が全く異なったものになりうることが示唆されている．これは地球温暖化対策の分析に一般均衡モデルを利用することの重要性を示している．

1.3.4 炭素リーケージの評価

複数の市場を同時に考慮することには他にもメリットがある．例えば，炭素リーケージ (carbon leakage) をより包括的に分析できるという点である．炭素リーケージとは，ある地域において排出規制を導入することにより，他の地域で排出量が増加してしまう現象を指している．この炭素リーケージは次の2つのルートを通じて生じる．まず，排出規制の導入は，規制国における生産費用の上昇をもたらす．この費用の上昇によって，規制国企業の国際競争力が低下し，国内の生産が減少する代わりに海外での生産が増加する．この海外での生産増加により，海外での排出量が増加することになる．排出規制が生産物の費用，価格に影響を与え，貿易を変化させることにより生じる炭素リーケージであるので，これは貿易チャンネルの炭素リーケージと呼ばれる（Böhringer et al. 2010）．

一方，排出規制は国内におけるエネルギー需要を減少させ，国際市場におけるエネルギー価格低下をもたらす．国際価格の低下によって，非規制国では逆にエネルギーに対する需要が増加し，その結果，海外での排出量が増加することになる．これはエネルギー市場を通じて生じる炭素リーケージであるので，エネルギー・チャンネルの炭素リーケージと呼ばれる．

排出規制を導入した場合，この2つのタイプの炭素リーケージが様々な生産物市場，エネルギー市場を通じて働き，その結果として全体での炭素リーケージが決まってくる．したがって，全体としての炭素リーケージを評価するには，様々な市場を通じる炭素リーケージを包括的に捉える必要があり，それには複数の市場を考慮するモデルが必要になる．炭素リーケージは排出規制の有効性を大きく左右しうる要素であり，地球温暖化対策の議論において炭素リーケー

ジは非常に強い関心事となっている．ゆえに，炭素リーケージを包括的に評価できるという点は，CGEモデルの大きな利点の1つであるといえる．

1.3.5 モデルが閉じている

CGEモデルのもう1つの利点はモデルが閉じているという点である．ここでの「モデルが閉じている」という意味は，経済全体を包括的に含んだモデルであり，「経済全体での市場均衡が満たされている」，「全ての経済主体についての予算制約が満たされている」の2つを考慮しているということを指す．市場均衡は，需要と供給が等しくなるように価格が調整されるということであるが，それは，供給側に制約がかかるということを意味している．この性質の重要性は，連関分析と対比させると理解しやすい．

連関分析では，最終需要の増加に対して，各部門の生産量がどれだけ増加するかという分析がよく行われる（連関表の数量分析）．最終需要が増加すると，それに応じて生産が増加する．その生産の増加に伴い，中間投入への需要が増加する．中間投入需要の増加は中間投入財の生産を増加させ，さらに中間投入への需要が増加していく．これが連関分析の波及効果において働くメカニズムであるが，その際，通常，労働，資本，土地等の生産要素市場では，需要の増加に応じて，供給も増加するという想定がされている．これは生産要素市場における供給制約を考慮しないということを意味している．要素市場における供給制約を考慮しないことは必ずしも不適切であるとは限らないが，仮に，要素供給に何らかの制約がかかっている可能性が高い場合には，連関表による分析は波及効果を過大評価することに繋がる．これに対しCGE分析では，財市場における市場均衡に加え，要素市場の均衡も明示的に考慮されるため，要素市場における供給制約を組み込んだ上で波及効果を分析できる．

2つめの，経済主体の予算制約を考慮しているとは，全ての経済主体の支出，収入を明示的に扱い，支出が収入を上まわらないという制約があるということである．この性質の重要性も連関分析と比較することで理解しやすい．再び，最終需要の増加（例えば，公共事業の増加）による波及効果の例を考えよう．連関分析においては，この最終需要増加は必ず生産を押し上げる波及効果をもたらす．しかし，そもそも最終需要を増加させるには，そのための資金をどこからかファイナンスしてこなければならない．仮に公共事業の増加が増税によ

って賄われるとするなら，税を支払う主体による需要（例えば，消費需要）は減少するため，全体としては生産が減少してしまうかもしれない．しかし，連関分析では最終需要がどうファイナンスされるかをモデルの対象外としているため，資金をファイナンスする側における影響を無視してしまう傾向にある．これに対し，CGE モデルでは，家計，政府の予算制約を明示的に組み込んでいるため，何らかの支出の増加があった場合，必ずそれに伴う収入の増加，あるいは別の支出の減少の影響も考慮されることになる．したがって，裏付けのない支出の増加による見せかけの効果を排除することができるのである．

1.3.6 地球温暖化対策と CGE 分析

CGE 分析にも向き不向きがあり，全ての経済問題の分析に CGE 分析が適しているわけではない．しかし，地球温暖化対策の分析には比較的適用しやすく，かつその有効性は高いといえる．これは次のような理由による．まず，エネルギーと CO_2 排出量の関係が比較的単純であり，モデルに導入しやすいという点がある．例えば，地球温暖化と同様に排出物が原因となっている大気汚染という環境問題を考えよう．大気汚染の原因の１つである硫黄酸化物は，CO_2 と同様に化石燃料の利用から排出されるが，その排出量は利用されている技術の条件に強く依存しており，化石燃料利用量と単純な関係を有しているわけではない．つまり，ある一定の化石燃料の利用から排出される硫黄酸化物は技術の条件によって大幅に変わってくる．これに対し，CO_2 排出量は技術の水準とは無関係に化石燃料の利用量と固定的な関係を有している．このため，化石燃料利用量さえ正確に把握すれば排出量の計算が可能である．このような単純な関係があるため，経済全体を包括的に扱う CGE モデルであっても，CO_2 排出量をモデルに組み込みやすい．

第 2 に，地球温暖化対策が経済全体にわたって大きな影響を与える可能性が高いという点がある．仮に，CGE 分析を適用できるとしても，政策が一部の経済主体にしか影響を与えないような場合には，一般均衡モデルを利用する意義は小さい．また，経済全体に影響を及ぼすとしても，非常に影響が小さいと考えられる場合にはやはり同じである．これに対し，CO_2 の排出は，地域という観点からも，産業という観点からも，排出源が非常に多く，家計の活動も含め，ほぼ全ての経済活動が CO_2 排出に関わっている．したがって，地球温

暖化対策を行うということは，ほぼ全ての経済活動に影響を及ぼすということであり，その効果を包括的に捉えるには一般均衡モデルを利用する必要がある．また，先進国が2050年までに60-80%の温室効果ガス削減を約束していることが示すように，現時点での地球温暖化対策は大幅な温室効果ガス削減を計画しており，そのため化石燃料利用の大幅な削減が必要になる．これは経済に対し，かなり大きな影響をもたらす可能性が高い．よって，一般均衡モデルによって地域全体への効果を分析する意義は大きい．

1.4 CGE分析の問題点

ここでは，CGEモデルでは分析しにくい点，またCGE分析における問題点を説明する．まず，多くのCGEモデルは，ミクロ経済学で利用されている実物的な一般均衡モデルをベースとしている．いい換えれば，貨幣はベールの役割しか持たず，モデルから決まってくるのは相対価格のみである．このため，多くのCGEモデルでは，マクロ経済学で分析されるような金融面での影響をそもそも分析することはできない[9]．また，マクロ経済学で考慮されるような市場の硬直性（rigidity）を考慮しないことが多いため，短期的な景気循環，景気対策の分析には一般に不向きであるといえる[10]．加えて，個別の部門を詳細には分析しにくいというデメリットがある．複数の市場を考慮し，経済全体を扱うCGE分析では，モデルという側面からもデータという側面からも個別の部門，個別の経済主体の扱いはある程度単純化せざるをえないことが多い．そのため，個別の部門を詳細に捉えることにはどうしても限界が出てくる．

さらに，モデル，関数形，パラメータの選択の実証的根拠が希薄であるという問題がある．CGE分析では，その分析結果がモデル，関数形，パラメータについての仮定に強く依存することが多い．したがって，モデル，関数形，パラメータをどのような根拠に基づいて選択しているかが重要になる．しかし，

---

[9] ただし，数は少ないが貨幣的な要素を考慮しているモデルもある．例えば，GEM-E3モデルは貨幣市場を考慮しており，利子率への影響を分析できるようにしている．
[10] これに関しても，そのような硬直性をモデルに入れることも可能であり，例えば，資本，労働の部門間での移動に制限を課す，あるいは賃金の下方硬直性を仮定し，地球温暖化対策の短期的な影響を分析したCGEモデルもある（Babiker and Eckaus 2007）．

多くの CGE 分析では，モデル，関数形，パラメータの選択は必ずしも実証的な根拠に基づいていないのが現状である．この意味で，CGE 分析では，ある特定の前提のもとで導かれた結果から，結論を導くのはのぞましくないといえる．感応度分析を十分に行い，結果がモデルの設定にどの程度，依存しているかも同時に示すのがのぞましい．

また，データについても問題がある．既述の通り，CGE 分析ではある年のデータをベンチマークデータとして分析を行う．これは，実際に実現した経済の状態をそのまま分析に反映させているという意味ではのぞましいことかもしれない．しかし，分析結果が一時点でのデータに強く依存してしまうという問題点も孕んでいる．仮に，その年が経済のトレンドに沿った状況にあるのなら，ある1年のみを基準にすることはそれほど大きな問題をもたらさないが，その年のみがトレンドから大きくはずれた状況を表している場合には，かえって偏った結果に繋がる可能性が非常に高いといえる．

最後に，分析の透明性の問題がある．CGE 分析の結果は，モデル，データ，関数形，パラメータ等の選択に強く依存する可能性が高い．したがって，分析の内容を第三者が客観的に評価し，その妥当性を判断するには，モデル，データ，関数形，パラメータ等の要素について詳細な情報が必要になる．しかし，CGE 分析では，モデル，データとも非常に大規模，かつ複雑となることが多いため，分析の詳細を示すことは非常に煩雑な作業になる．EPPA モデル[11]，ENV-Linkages モデル[12]，GEM-E3 モデル[13]等については，モデルの構造を詳細に説明した文書が提供されているが，そのような文書を提供していないものも多い．さらに，問題なのは，仮に文書によってモデルの詳細な説明が提供されているとしても，それだけでは分析内容を完全に把握することはできないという点である．

---

11) EPPA モデルは MIT によって開発されている多地域の CGE モデルである．詳しくは，Paltsev et al. (2005), Babiker et al. (2008) を参照されたい．米国の EPA はこの EPPA モデルを改良した CGE モデル (ADAGE モデル) を利用して，米国の地球温暖化対策の分析を行っている．

12) ENV-Linkages モデルは OECD によって開発されている CGE モデルである．詳しくは，Burniaux and Château (2008), OECD (2009) を参照されたい．

13) GEM-E3 モデルについては Capros (1997) を参照されたい．これは EU 委員会によって地球温暖化対策の分析に利用されている．

この問題に対しては，シミュレーションで利用したデータ，プログラムを全て公開するという解決方法がある．データ，プログラムが入手できれば，分析の詳細な設定を完全に把握することができるし，さらに第三者がシミュレーションを再現することも可能である．実際，このような試みをしている研究者はすでに存在しており，例えば，筆者は Takeda (2007)，武田他 (2010a) のシミュレーションのプログラムを公開しており，誰もが分析の詳細を把握できるようにしている．ただし，このようにデータ，プログラムを公開することはまれであり，現状では第三者に対し，十分な情報が提供されていないことが多い．

1.5 分析間の違い

一言に地球温暖化対策の CGE 分析といっても，その中身は多様であり，前提とされるモデル，データ，シナリオ等様々な側面において大きな違いがある．CGE 分析はその前提によってそもそも分析できる対象が限定され，さらに分析結果も大きく変わりうる．したがって，分析によってどのような点が違うのかを理解しておくことがのぞましい．そこで，以下では，分析によって異なったアプローチが利用される部分を説明し，CGE 分析を評価する際に着目すべき点について整理する．

1.5.1 市場均衡という仮定

1.2 節で述べたように，CGE モデルでは，通常，市場均衡を仮定する．つまり，財，生産要素の需要と供給が等しくなるように価格が伸縮的に調整されると仮定する．ただし，場合によっては，価格が伸縮的に調整されない状況を想定することもある．代表的な例は，労働市場において価格の下方硬直性を仮定し，失業の存在を認めるモデルである．例えば，Böhringer et al. (2003)，Babiker and Eckaus (2007) によりそのようなモデルが利用されている．

1.5.2 1国モデルか世界モデルか

地球温暖化対策分析の CGE モデルには，1国（1地域）を対象としたモデルと，多数の地域を含んだ形で世界全体を対象とするモデル（世界モデル）の2タイプがある．単純に考えれば，多数の地域を同時に扱う世界モデルの方が

1国モデルより優れているように思えるが，世界モデルにはデメリットもあり，一概にどちらがのぞましいとはいえない．世界モデルを利用することのメリットとしては，第1に，貿易を通じた地域間の依存関係を考慮することができるということがある．排出規制が貿易を通じてもたらす効果は，企業の国際競争力への影響，及び炭素リーケージ問題として，地球温暖化対策の議論において重要な争点となっている．第2に，国際間の排出量取引，CDM，JI等のクレジット取引等のように国際間で排出量取引をリンクさせる政策，また国際間での技術移転政策の分析も可能となる．これらの政策も地球温暖化対策の議論において重要なオプションの1つと認識されており，その意味で世界モデルを利用することの意義は大きい．

一方，世界モデルを利用する際には，データが粗くなるという問題がある．例えば，世界モデルでベンチマークのデータとして標準的に利用されているGTAPデータではエネルギー財は6つにしか分割されていない．さらに，エネルギー集約部門の分類も個々の地域の連関表と比較すると非常に粗い分類になってしまう．また，データだけではなく，モデルの構築という作業についても世界モデルでは1国モデルと比較し，モデルを大幅に単純化せざるをえない．以上のように，世界モデルでなければ分析できないことが多々ある一方，世界モデルでは分析が粗くなる傾向があるという点に注意する必要がある．

1.5.3 関数形の特定化

CGE分析はシミュレーションであるので，当然，モデルに現れる生産関数，効用関数等といった関数を特定化する必要がある．この特定化もシミュレーション結果に当然影響を及ぼす．まず，多くのCGEモデルに共通するのは，関数形に多段階のCES型を利用しているということである．これはCES型関数がそのパラメータ数が比較的少なく，特定化しやすいということに加え，多段階にすることで投入物間の代替関係をある程度柔軟に設定することができるからである．しかし，任意の2つの投入物間の代替の弾力性が常に一定となるというCES型関数の性質は，関数形に対する強い制約ともいえるため，トランスログ型のようなフレキシブルな関数形を利用している分析もある[14]．また，CES型だからといって，常に投入物間の代替を仮定するわけではなく，Leontief型を仮定することも多い．特に，生産関数では，エネルギー中間財，生産

要素についてのみ代替を仮定し，その他の中間財は Leontief 型と仮定されることが多い．

さらに，仮に CES 関数を利用するとしても，具体的にどのような CES 関数かは分析者によって異なっており，標準的な型があるわけではない．例えば，EPPA モデル，ENV-Linkages モデル，GEM-E3 モデル，武田他 (2010b) のモデルは世界モデルという部分は共通であるが，どれも異なった CES 生産関数を利用している．関数形の選択は当然分析結果に影響を与える要素であるが，現状では標準的なアプローチがあるわけではなく，分析者による差が大きい．効用関数についても CES 型が使われることが多いが，エンゲル曲線の関係を考慮するために，非相似拡大的な関数形を仮定するものもある．例えば，ENV-Linkages モデルでは，Linear-expenditure system が仮定されている．

加えて，パラメータ選択の問題もある．例えば，生産関数が次のような 1 段階の CES 型関数であるとする．

$$q = \left[\sum_i \alpha_i x_i^{\frac{\sigma-1}{\sigma}}\right]^{\frac{\sigma}{\sigma-1}}$$

q は生産量，x_i は財 i の投入量である．この場合，パラメータとしては，代替の弾力性 (σ) とウェイトパラメータ (α_i) の 2 つのタイプが含まれる．CGE 分析では，通常，代替の弾力性は外生的に特定化され，ウェイトパラメータ (α_i) については，「カリブレーション」によって決定するというアプローチがとられる．ここでのカリブレーションとは，モデルがベンチマークデータのもとで，均衡条件を満たすように値を設定するということである[15]．

CGE 分析の結果は，この代替の弾力性の値に強く依存していることが多い．特に，エネルギー財間の代替，エネルギー財と非エネルギー財の間の代替についての想定は地球温暖化対策の効果に強い影響を与える．したがって，代替の弾力性値の選択は重要な要素であるが，1.4 節で指摘したように，既存の多く

---

14) 通常の CGE モデルとはかなり違うアプローチを採用しているので，CGE モデルに分類するのは適切ではないかもしれないが，Jorgenson and Wilcoxen (1993) はトランスログ型の費用関数を想定した一般均衡モデルを利用している．

15) カリブレーションという用語は経済学において幅広く利用されているが，ここではあくまで CGE 分析における意味であることに注意して欲しい．実際にどのようにカリブレートされるかは，細江他 (2004) に詳しい．

のCGE分析における弾力性値の選択は実証的な根拠が弱く，さらに分析間での差も大きい．弾力性値にどのような値を選択しているか，どのような根拠に基づいて選択されているかは，CGE分析を評価する際に重要なポイントとなる．

1.5.4 静学モデルと動学モデル

モデルが静学モデルか動学モデルかという違いも重要である．CGE分析が利用されるようになった当初は，静学モデルがほとんどであったが，近年，動学モデルの利用が増加している．特に，地球温暖化は非常に長いタイムスパンにわたる問題であるので，その分析では動学モデルの利用が非常に多い．動学モデルでは，①地球温暖化対策に対する経済の調整過程を描写することができる，②地球温暖化対策が投資，資本ストックに与える効果，及びそれを通じた経済成長への効果を分析することができる，③技術進歩を考慮しやすい，④現実的なシナリオを想定しやすいという利点がある．ただし，これは動学モデルが静学モデルよりも絶対的に優れているということを意味するわけではない．まず，一般的に静学モデルは，その構造が単純であるため，動学モデルよりも政策効果のメカニズムが理解しやすいという利点がある．また，静学モデルは必要なデータが少ないというメリットもある．

動学モデルについては，どのようなタイプを利用するかという問題もある．経済学において，動学モデルといった場合，将来を含めた多数の時点を明示的に考慮し，経済主体が動学的な最適化行動をとるモデルのことを指すことが多い．地球温暖化のCGE分析においてもそのタイプのモデルが利用されることがあるが[16]，より利用が多いのは逐次動学モデル（recursive dynamic model）と呼ばれるタイプの動学モデルである．逐次動学モデルとは，一時点のみを考慮したモデルを繰り返し解いていくことで，経済の時間的推移を描写していくタイプのモデルである．

問題は2つのタイプのモデルのどちらを利用するかで，分析できることが変わってくるということである．特に違うのは，逐次動学モデルでは，将来の政策を見越した投資行動を考慮できないという点である．将来，地球温暖化対策

---

[16] 例えば，Takeda（2007）のモデルはこのタイプの動学モデルである．

が強化されることを見越した省エネ投資は，よく観察される行動であるので，これを考慮できないことは逐次動学モデルの大きな欠点である．しかし，逐次動学モデルは非常に扱いやすく計算が容易という利点があるため，地球温暖化のCGE分析では逐次動学モデルが利用されていることが多い．例えば，EPPAモデル，ENV-Linkagesモデル，GEM-E3モデル，ENVISAGEモデル[17]，武田他（2010a）のモデルは全て逐次動学モデルである[18]．

静学モデルか動学モデルか，また動学モデルならどのようなタイプかによって，それぞれメリット，デメリットがあり，どれが優れているとは一概にはいえないが，分析結果を解釈する際には，どのタイプのモデルが利用されており，そのモデルでは何が見落とされているかに注意する必要がある．

1.5.5 市場構造，規模の経済性

規模の経済性が働きやすい製造業の発展に伴い，規模の経済性，及びそれに付随する不完全競争の重要性が認識されるようになった．地球温暖化の分析において特に重要な意味を持つ電力産業，鉄鋼産業は，巨額の固定費用を要する産業であり，実際，少数の企業が非常に高いシェアを持つ，典型的な寡占産業となっている．その意味で，地球温暖化対策の分析において規模の経済性，不完全競争を考慮することの重要性は改めていうまでもない．

しかし，地球温暖化のCGE分析では，規模に関して収穫一定の技術，及び完全競争市場を仮定するモデルがほとんどだといってよい．これは，規模の経済性，不完全競争を想定する一般均衡モデルの扱いが非常に難しいことによる．その理由の1つはモデルの多様性にある．不完全競争モデルといっても，標準的なモデルが存在しているわけではなく，代表的なモデルだけでも，クールノーモデル，ベルトランモデル，独占的競争モデルと多様なモデルが存在しており，どのモデルが適切かという点について統一的な見解が確立されているわけでもない．さらに，不完全競争，規模の経済性を考える際には，企業数，固定費用，バラエティ等の，完全競争モデルには現れない要素が含まれてくる．モデル自体が複雑になることに加え，これらの要素についてのデータも追加的に

---

17) これは世界銀行によって開発されたCGEモデルである．
18) ただし，EPPAモデルには，動学的最適化を仮定したバージョンもある（Babiker et al. 2008）．

必要になる．以上のような理由から，既存の地球温暖化対策の CGE 分析では，規模の経済性，不完全競争といった要素がほとんど考慮されていないという点には注意を払う必要がある．

1.5.6 技術進歩

地球温暖化対策の分析では，エネルギーに関する技術進歩が重要な意味を持つことはいうまでもないが，その扱いにも分析によって大きな差がある[19]．まず，静学モデルでは技術進歩はほとんど考慮されていない．動学モデルでは技術進歩を考慮することが多いが，そのアプローチには大きく分けて，① AEEI (autonomous energy efficiency improvement)，②習熟効果を通じた技術進歩，③ R&D 投資による技術進歩の 3 つがある．AEEI とは，生産関数におけるパラメータの変化として技術進歩を捉える方法であり，単純で扱いやすいことから，多くのモデルで採用されている．しかし，AEEI では内生的な技術進歩を考慮することができないという問題がある[20]．

習熟効果による技術進歩，R&D 投資による技術進歩では，内生的な技術進歩を扱うことができ，さらに，モデルに一種の外部効果が入ってくるため，政府の政策が重要な意味を持ってくる．これらの要素を考慮することで，一般に地球温暖化対策の費用は軽減される傾向があるが，やはり分析結果を評価する際には注意が必要である．技術進歩の導入についても，その前提によって結果は大きく変わるためである．実際，分析者によって導入方法には非常に大きい差がある．

また技術進歩については，ボトムアップモデルの技術選択という要素を CGE モデルに導入する試みもある[21]．AEEI，習熟効果，R&D では基本的に連続的に変化するような技術進歩しか扱えず，全く新しい技術が導入されるというような状況を捉えることができない．これに対し，技術選択のアプローチでは全く新しい技術へのスイッチという状況を描写することもできる．技術進歩という要素については，不確実性も大きいこともあり，理論的にも実証的に

---

19) 地球温暖化の CGE 分析における技術進歩の導入については，Sue Wing (2006), Gillingham et al. (2008) が詳しい．
20) 内生的な技術進歩とは，政策の影響を受け変化する技術進歩のことである．
21) 武田他 (2010a) ではこのタイプの技術選択が考慮されている．

もまだ十分な分析がなされているとはいえない．技術進歩をCGE分析に導入しようとする試み自体はのぞましいが，その分析結果を受け取る際には，どのような想定のもとで分析が行われているかに細心の注意を払う必要がある．

1.5.7 政策シナリオ

想定する削減シナリオの違いも分析結果に幅を生む原因の1つである．地球温暖化対策のシミュレーションによって分析されるのは，主に2020-2050年時点での影響であるが，今後どのような政策が行われるかについて現在のところ確定しているわけではない．このため，分析者によって想定する削減シナリオには大きな差があり，分析結果にも差が生じることになる．また，削減のための政策手段の違いもある．削減シナリオは同じであっても，どのような手段で削減していくかによって，その影響は大きく変わりうる．大雑把に分類するとしても，排出量取引を使うか，炭素税を使うか，あるいは他の政策を使うかの選択がある．

また，各国の排出枠市場をリンクさせるような政策が考慮されているかどうか，炭素税の軽減，排出枠の無償配布措置等，一部の産業に対する負担軽減措置が考慮されているかどうかで，同じタイプの削減手段であっても効果が変わってくる．他にも，国境調整措置が行われるかどうか，オークションによる排出量取引，炭素税の場合に収入をどのような用途に利用するか，地域間での技術移転を促進するような政策を考慮しているかどうかというように，非常に多様な政策オプションが存在しており，どれを選択しているかで分析結果は大きく変わってくる．以上のように，削減シナリオ，削減手段の選択も，CGE分析を解釈する際に重要な観点となる．

1.6 おわりに

本章では，地球温暖化対策のCGE分析を，その特徴，メリット，デメリット，分析による違いといった観点から見てきた．CGE分析は他のアプローチにはない利点を有しており，特に今後の地球温暖化対策を定量的に評価するという作業において，CGE分析の有効性は高いと考えられる．しかし同時に，1.4節で指摘したように，問題点，改善すべき課題も多々ある．また，1.5節で

見たように,CGE分析を評価する場合には,その計算結果だけを見るのではなく,モデル,データ,シナリオ等の分析の構成要素を詳細に把握し,分析の前提の持つ意味について深く吟味する必要がある.

　欧米では,CGE分析の有用性が認識され,古くからその研究が活発に行われており,多くの知見が蓄積されている.一方,日本ではそもそもCGE分析の利用者が非常に少ない.このため,欧米ではCGE分析による地球温暖化対策の定量的な評価が数多く行われ,政策立案の参考にされているのに対し,日本では定量的に地球温暖化対策を評価するような分析が非常に少ないのが現状である.CGE分析は,モデルの構築,データの作成,関数形・パラメータの特定化,プログラミングといった様々な作業から構成されており,しかも大規模,かつ複雑なモデルを利用することから,一朝一夕で欧米と同様の研究水準にまでたどり着くことは難しい.しかし,日本においても中期目標検討委員会,地球温暖化タスクフォースの例が示すように,CGE分析を政策の立案に利用していこうという機運が見られるようになっている.CGE分析の改善を進めていくと共に,このような政策立案者側からの期待に応えられるような政策分析を提供できるようにすることが今後の課題である.

謝　辞

　本章を執筆する際に,松本茂氏(青山学院大学),伊藤康氏(千葉商科大学),ならびに2010年度日本経済学会秋季大会,上智大学ワークショップ参加者の方々から多くの有益なコメントをいただいた.ここに記して感謝したい.もちろん本章に残る誤りは全て筆者に帰するものである.

参考文献

Babiker, M. H. and Eckaus, R. S. (2007) "Unemployment effects of climate policy," *Environmental Science and Policy*, Vol. 10, pp. 600-609.

Babiker, M. H., Gurgel, A., Paltsev, S. and Reilly, J. (2008) "A Forward Looking Version of the MIT Emissions Prediction and Policy Analysis (EPPA) Model," The MIT Joint Program on the Science and Policy of Global Change.

Bergman, L. (2005) "CGE Modeling of Environmental Policy and Resource Management," In K. G. Mäler and J. R. Vincent, eds. *Handbook of Environmental Economics*, Elsevier, pp. 1273-1306.

Böhringer, C., Wiegard, W., Starkweather, C. and Ruocco, A. (2003) "Green Tax Reforms and Computational Economics A Do-it-yourself Approach," *Computational Economics*, Vol. 22

(1), pp. 75-109, 10.1023/A：1024569426143. http://dx.doi.org/10.1023/A:1024569426143

Böhringer, C., Lange, A. and Rutherford, T. F. (2010) "Optimal Emission Pricing in the Presence of International Spillovers：Decomposing Leakage and Terms-of-Trade Motives."

Bovenberg, A. L. and Goulder, L. H. (2002) "Environmental Taxation, " In A. J. Auerbach and M. Feldstein, eds. *Handbook of Public Economics*, North Holland, pp. 1471-1545.

Burniaux, J. M. and Château, J. (2008) "An overview of the OECD ENV-Linkages Model," OECD Economics Department Working Papers, (653). http://ideas.repec.org/p/oec/ecoaaa/653-en.html

Capros, P. (1997) "The GEM-E3 Model：Reference Manual," http://gem-e3.zew.de/

Conrad, K. (2003) "Computable general equilibrium models in environmental and resource economics," In T. H. Tietenberg and H. Folmer, eds. *The International Yearbook of Environmental and Resource Economics 2002/2003：A Survey of Current Issues (New Horizons in Environmental Economics)*, Edward Elgar, pp. 66-114.

Dixon, P. B. and Parmenter, B. R. (1996). "Computable General Equilibrium Modeling For Policy Analysis and Forecasting," In H. M. Amman, D. A. Kendrick and J. Rust, eds. *Handbook of Computational Economics*, North Holland, pp. 3-85.

Gillingham, K, Newell, R. G. and Pizer, W. A. (2008) "Modeling endogenous technological change for climate policy analysis," *Energy Economics*, Vol. 30(6), pp. 2734-2753.

Hertel, T. W. (1999) *Global Trade Analysis：Modeling and Applications*, Cambridge University Press.

Jorgenson, D. W. and Wilcoxen, P. J. (1993) "Reducing US Carbon Emissions：An Econometric General Equilibrium Assesment," *Resource and Energy Economics*, Vol. 15, pp. 7-25.

OECD (2009) *The Economics of Climate Change Mitigation：Policies and Options for Global Action Beyond 2012*, OECD Publishing.

Paltsev, S., Reilly, J. M., Jacoby, H. D., Eckaus, R. S., McFarland, J., Sarofim, M., Asadoorian, M. and Babiker, M. H. (2005) "The MIT Emissions Prediction and Policy Analysis (EPPA) Model：Version 4," MIT Joint Program on the Science and Policy of Global Change, Report No. 125, August 2005.

Sue Wing, I. (2006) "Representing induced technological change in models for climate policy analysis," *Energy Economics*, Vol. 28(5-6), pp. 539-562

Sue Wing, I. (2010) "Computable General Equilibrium Models for the Analysis of Energy and Climate Policies," In J. Evans and L. C. Hunt, eds. *International Handbook on the Economics of Energy*, Edward Elgar, Cheltenham, pp. 332-366.

Takeda, S. (2007). "The Double Dividend from Carbon Regulations in Japan," *Journal of the Japanese and International Economies*, Vol. 21(3), pp. 336-364.

武田史郎・川崎泰史・落合勝昭・伴金美（2010a）「日本経済研究センター CGE モデルによる CO_2 削減中期目標の分析」，環境経済・政策研究，Vol. 3(1), pp. 31-42.

武田史郎・爲近英恵・有村俊秀・Fischer, C.・Fox, A. K. (2010b)「国際競争力及びリーケージ問題に基づく排出枠配分の研究─応用一般均衡分析による生産量に基づく排出枠配分

の研究」,上智大学環境と貿易研究センターディスカッションペーパー,CETR DP J-10-2.

細江宣裕・我澤賢之・橋本日出男(2004)『テキストブック応用一般均衡モデリング―プログラムからシミュレーションまで』東京大学出版会,東京.

第2章　排出量取引における国際競争力配慮
―― 産業連関基本分類を用いた分析

杉野 誠・有村俊秀

2.1 はじめに

　ポスト京都議定書の議論が国際的に進められる中，各国で国内地球温暖化対策の検討が進んだ．特に，効率的な排出ガス削減制度として，国内排出量取引制度の導入や検討が先進国を中心に進んだ．

　排出量取引制度は，閉鎖経済では，最小費用で排出削減目標を達成できる効率的な政策であることが，理論的に示されている．しかし先進国のみでこうした排出規制を行うと，先進国企業は排出枠の費用（以下，炭素価格）を負担することになる．その結果，生産費用が上昇し，国際競争力に不利益をもたらす可能性がある．これは，国内地球温暖化対策の「国際競争力問題」として知られている．

　この国際競争力の問題は，先進国での排出削減が途上国でのCO_2の排出増加をもたらすという「炭素リーケージの問題」を招くと危惧されている．先進国のみで排出規制を行うことは，規制のない途上国・新興国の国際競争力を高める．その結果，先進国の生産が途上国・新興国へ移転することが考えられる．つまり，CO_2の排出も移転することになる．さらに，日本を筆頭とした先進国はエネルギー効率が高く，途上国や新興国より生産物当たりのCO_2排出量が低い．したがって，この途上国・新興国への生産移転により，先進国での排出削減努力が相殺されるか，かえってCO_2排出量が増えてしまう可能性がある．

　この国際競争力と炭素リーケージの問題は，先進国でのあらゆる国内地球温暖化対策導入に伴って起きる共通の問題である．特に，炭素税（環境税とも呼

ばれる）や排出量取引といった「炭素価格政策」は，この問題を引き起こす可能性が高いと危惧されていた．そのため，これらの問題に対処するための制度設計も進んでいった．各国で，エネルギー集約的で，かつ，貿易により国際競争にさらされる可能性の高い業種を，エネルギー集約貿易産業（以下，EITE[1]産業）として特定し，それらに対して緩和措置を行うことが検討された．

まず，欧州では，2013年から欧州排出量取引制度（EU-ETS）の排出削減目標が強化され，基本的にオークション制度に移行することになっており，その懸念が大きなものとなっていた．そのため，国際競争力の低下を防止する措置として，欧州委員会は，CO_2基準と貿易基準という2種類の指標を用いて業種を特定した．そして，それらの業種に対して軽減措置を設けることを決定していた．

次に，連邦レベルでの排出量取引制度を検討していた米国でも，ワックスマン・マーキー法案等において，具体的な提案が行われていた．例えば，生産量に応じた排出枠のリベートプログラムなどの負担緩和策が提案されており，その際に用いるデータと基準に関して提案がなされていた．

日本でも，2010年度の中央環境審議会の国内排出量取引制度小委員会で，これらの問題が取り上げられ，東北大学の明日香研究室や上智大学の有村研究室の試算が紹介された．本章の分析は，この時紹介された内容をさらに発展させたものである．

炭素税や排出量取引制度を導入することによる産業への影響を分析している研究は，日本でも数多く行われてきた．中でも，炭素価格の各産業への影響を詳細に分析する場合，エネルギー価格の上昇，電力価格の上昇，及び，中間費用上昇の影響が分析できる産業連関分析がよく用いられる．

産業連関表を用いた分析の多くは，炭素価格の導入による最終財の価格上昇率への影響を取り扱っている．藤川（2002）は，1995年産業連関表（184業種分類，小分類）を用いて炭素トン当たり1万円の炭素税を導入することによる最終財価格の変化について分析している．分析の結果，石炭製品業や石油製品業などの直接課税対象となる業種に加え，間接的にエネルギーを大量消費して

---

[1] Energy Intensive Trade Exposed の略．

いる鉄鋼業関連産業や化学産業などでも価格上昇率が大きくなることを明らかにした．下田・渡邉（2006）は，2000年産業連関表（104分類，中分類）を用いて炭素トン当たり2,400円の炭素税を導入することによる最終財価格の変化について分析し，藤川（2002）と同様の結果が示されている．

通常の産業連関分析が活動量を固定するのに対し，炭素価格の中長期的な影響を分析する手法として，輸入財・国産財の代替を取り入れた産業連関モデルもある．例えば，中村・近藤（2004）は炭素税の影響を，1995年産業連関表（397部門分類，基本分類）を用いて分析している．同研究は，炭素トン当たり3,400円と4万5,000円の2種類の炭素税を想定し，それがCO_2排出量へ与える影響について分析している．その結果，炭素税を4万5,000円に設定した場合，CO_2排出量を7%弱減少させる効果があることが示された．一方，炭素税を3,400円に設定した場合には，排出量を0.6%減少させる効果しかないことが明らかにされた．また，炭素税の影響として，輸入財に代替が起こる産業において輸出が減少し，雇用情勢が悪化することが示された．

以上のように産業連関表を用いた既存の研究は，炭素価格の導入による経済活動への影響や，価格上昇率を分析対象としているが，産業の国際競争力に配慮した政策の研究はあまり行われていない．炭素価格の導入は，産業界からの合意が必要となる．そこで，エネルギー集約的な産業への配慮を行う必要性がある．しかし，特定の産業に対する軽減措置について取り上げている研究は少ない．中央環境審議会（2005）は2000年産業連関表を用いて，国際競争力に配慮した軽減措置[2]を以下のように行った[3]．第1に，鉄鋼等製造用石炭・コークスは免税にする．第2に，農林漁業用A重油なども免税にする．第3に，エネルギー多消費製造業[4]が消費する石炭，重油，天然ガス，電気，都市ガスについて軽減（2割から5割）を行う．以上のような軽減措置を設けることにより，鉄鋼業をはじめ，エネルギー多消費産業の価格上昇が抑えられることが示された．しかし，ここでは41産業分類を用いて分析が行われているため，

---

[2] 国際競争力に配慮した軽減措置の他，低所得者・中小企業への軽減と化石燃料の輸出免税・発電用石炭等の免税を盛り込んでいる．
[3] エネルギーの購入量は，産業連関表の付帯表である，物量表を用いている．
[4] エネルギー多消費製造業とは，生産額に占めるエネルギーコストが全国平均よりも高い業種を指している．

詳細な業種の分析を行っているとはいえない．また，軽減措置対象業種を選定する際の明確かつ客観的な基準が示されていないことに不満が残る．

これに対して，明日香他 (2009) は，2005 年産業連関表を用いて，炭素価格導入が各業種の国際競争力に与える影響の大きさを分析している．用いられている分析手法は，2つの指標を業種別に計算し，その大小関係を部門内で比較するものである．第1の指標は，NVAS (Net Value at Stake) と呼ばれ，ある業種の粗付加価値に占める，その業種の消費電力から排出された CO_2 に対する課金である．第2の指標は，MVAS (Maximum Value at Stake) と呼ばれ，ある業種の粗付加価値に占めるその業種の経済活動から排出された CO_2 総量に対する課金である．分析の結果，鉄鋼，化学，セメント，紙パルプ部門等の炭素集約的な業種が炭素価格導入によって国際競争力を失う可能性の低いことを明らかにしている．しかし，国際競争力を失う恐れのある業種（例えばフェロアロイ業）に対する対策を考慮していない．

そこで，本章では，2005 年産業連関表を用いて，日本経済において，国際競争上のリスクに直面する業種，EITE 業種を明らかにする．そして，それらの EITE 業種に対して，軽減措置を行った場合の短期的な効果を検証する．具体的には，軽減措置対象業種の算定方法として，米国のワックスマン・マーキー法案と EU-ETS の2種類を，日本の業種に対して適用し，EITE 産業を特定する．そして，ワックスマン・マーキー法案で特定された業種に対して，軽減措置の効果を明らかにする．

2.2 各国の動向（EU-ETS, WM 法案）

本節は，欧州と米国で検討・導入された「国際競争力喪失の恐れがある」業種（いわゆる EITE 産業）の基準の算定方法ならびに軽減措置の範囲・内容について紹介する．

2.2.1 EU-ETS の軽減措置

EU-ETS は，第3フェイズ（2013-2020 年）で，原則，完全オークションへと移行する予定となっている．EU-ETS の対象となっている業種に属する企業は，オークション方式への移行により，生産コストの上昇が予想される．生

産コストの上昇は，EU 27 カ国（以下，EU27）と同等の負担をしていない国・地域との競争条件を不利にし，国際競争力を失わせる．

このような国際競争力の低下を防止する措置として，欧州委員会は，2種類の指標を用いた軽減措置を設けることを決定している．

第1の基準は CO_2 基準[5]であり，炭素価格の負担度を表す指標である．各産業は，化石燃料を用いるか，電力会社から電力を購入するかして生産活動を行っている．この時，排出枠を購入するならば，どの程度費用負担となるのかを示すのが，この指標である．

$$CO_2 基準 = \frac{炭素価格 \times (直接排出量 + 電力間接排出量)}{粗付加価値} \quad (1)$$

第2の基準は，その産業が貿易にどれだけ依存しているかを表す指標であり，貿易基準と呼ばれる．貿易依存度が高くなれば，排出量取引制度によるコスト上昇分だけ国際競争上，不利になる可能性が高くなるため用いられている．

$$貿易基準 = \frac{輸入額 + 輸出額}{総売上額 + 輸入額} \quad (2)$$

上記の指標を用いて，以下の3つの基準が設けられている．(a) CO_2 排出費用が粗付加価値[6]（CO_2 基準）の 5% 以上を占め，かつ，総売上額および輸入額に占める総輸出入額（貿易基準）が 10% 以上の業種，(b) CO_2 基準の値が 30% 以上の業種（高 CO_2 基準），(c) 貿易基準の値が 30% 以上の業種（高貿易基準）．これらの基準のうちいずれかを満たした場合，軽減措置が適用される可能性がある業種と認定される．なお，貿易基準に用いられている輸出入額の値は，現在，EU27 以外の全地域を対象としているが，今後は，EU と同等程度の炭素価格を負担している国・地域を除外することを決めている．

CO_2 基準 > 5%　かつ　貿易基準 > 10%　　　　　　（a）
CO_2 基準 > 30%　　　　　　　　　　　　　　　　（b）

---

5) 欧州委員会は，炭素価格を 30 ユーロと仮定して，対象業種の算定を行っている．
6) 排出削減ポテンシャルの指標として粗付加価値を用いている．すなわち，付加価値額が大きい業種は容易に排出削減または排出枠の購入ができるが，付加価値額が小さい業種は排出削減またはコンプライアンスが難しいため，特別な扱いが必要と判断された結果である．

貿易基準＞30％　　　　　　　　　　　　　　　　　　　　　　　　　（c）

　欧州委員会が行った分析では，上記の基準を満たす産業は，欧州標準産業分類（NACE 4 桁コード）258 部門中 164 部門・サブ部門となった[7]（European Commission 2010）．対象部門は，3 つの方法によって決定されている（①上記（a）-（c）の 3 つの基準を定量的に満たした部門，②サブ部門までデータを細分化した結果，（a）-（c）の 3 つの基準を定量的に満たしたサブ部門，③データ不足または，データの信憑性が疑われる部門を定性的に分析して対象となった部門）．この 3 つの方法で決定された部門の内訳は，① 146 部門（基準（a）は 27 部門，基準（b）は 2 部門，基準（c）は 117 部門），② 13 サブ部門（基準（a）は 6 サブ部門，基準（b）は 3 サブ部門，基準（c）は 4 サブ部門），③ 5 部門である．

　上記の軽減措置対象業種の基準をそのまま利用すると，CO_2 排出量は，EU-ETS 対象業種の約 25％ を占める見込みであった．また，製造業に限定した場合には，軽減措置対象業種は 77％ を占めることになると予想されていた[8]．しかし，これらの業種は軽減措置の候補にすぎなかった．その後，欧州委員会では，これらの対象業種から，さらに定性的な分析を行った．その結果，52 製品に対してベンチマーク方式による無償配分を，軽減措置として実施することとなった．

　どの程度の排出枠の無償配分を与えるかは，対象業種内のベンチマークによって決定される．つまり，軽減措置は対象業種に属する企業の全排出量をカバーするものではない．原単位が，同業種の上位 10％ よりも良い企業のみが 100％ の無償配分を受けることが可能である．その他の企業は，ベンチマークからの乖離に応じて減額される．また，無償配分の対象は，化石燃料の直接燃焼により排出された CO_2 のみとなっており[9]，電力価格に転嫁された化石燃料の間接燃焼による費用の上昇（間接排出 CO_2）は軽減措置対象外となってい

---

[7] 軽減措置は，164 部門・サブ部門全てを対象として行われるわけではないことに注意が必要である．現在，164 部門・サブ部門のうち国際競争力問題が大きい部門を特定している．

[8] 欧州委員会では，軽減措置対象業種の経済における規模や経済全体に占める CO_2 排出量を公表していない．しかし，予想される範囲として，ホームページ上に参考資料 http://ec.europa.eu/environment/climat/emission/pdf/faq.pdf を挙げている．

[9] 直接排出に関する費用のみならず，対象範囲を間接排出まで拡大する可能性は残されている．しかし，欧州委員会は，間接排出への対策は，EU 加盟各国に任せる方針をとる予定である．

る．同様に，自家発電により排出されたCO_2は，直接排出ではなく電力の購入とみなされ，間接排出として扱われるため，無償配分の対象外として扱う予定である．この点は，上記のCO_2基準の取り扱いとは異なっている．CO_2基準では，電力利用による間接排出CO_2費用は含まれるが，軽減措置ではこの費用の上昇に対する措置は講じられない．

EU方式の特徴は，ベンチマークによる排出枠が事前配分されることである．これは，経済状況の変化や生産活動の増減と切り離して決定されることを意味している．その結果，企業は，生産活動を自粛して，排出枠を市場で売却して収入を得ることが可能となる．

最後に，EU-ETSの軽減措置対象業種のリストは，今後，以下の3つの場合において追加・変更される可能性がある．1つは，排出量の変化等によって，基準を満たす新しい業種が現れた場合である．現在，対象とされている業種も含め，データの質・量ともに不完全である[10]．そこで，毎年MRV（測定・報告・検証）を経て報告される排出量のデータを用いて計算した結果，ある業種が3つの基準のうちいずれかを満たした場合，その業種は追加的に軽減措置の対象となる．2つめは，対象業種のリストを5年毎に再計算した結果，基準を満たす新しい業種が現れた場合である．5年毎に対象業種の再計算を行う理由としては，データの質・量ともに改善されることが挙げられる．データの改善により，対象業種の算定方法が正確となることが期待されている．3つめは，新たに「同等」の負担（炭素価格）を導入した国が出現した場合である．貿易基準の値が変化することになるため，軽減措置対象業種が減少すると考えられる．

2.2.2 ワックスマン・マーキー法案の軽減措置

近年，米国では様々な地球温暖化・エネルギー安全保障関連法案が提出されてきた．第110議会[11]では，排出量取引制度を主柱とする地球温暖化政策に関する12の法案が提出された．そのうち，6つの法案は，米国の製造業の国際

---

10) さらに，経済状況の変化によって貿易量や生産活動が変化する可能性がある．このような予測不可能な事態に対応する策として，毎年対象業種を追加することが決定されている．

11) 第110議会は，ブッシュ大統領在任期の2007年1月3日から2009年1月3日までの期間開催された．

競争力低下に対する配慮を行っていた（例えば，2007年のビンガマン・スペクター法案，S 1766：Low Carbon Economy Act，2008年のリーバーマン・ワーナー法案，S 3036：Lieberman-Warner Climate Security Act of 2008）．同様の流れは第111議会に引き継がれ，2009年6月に下院を通過したワックスマン・マーキー法案（H. R. 2454）（以後，WM法案と略す）は，国際競争力低下の措置として国境税調整（Border Tax Adjustment）の可能性とともに，生産費用抑制政策として，リベートプログラムを盛り込んでいた[12]．

WM法案は，3種類の指標を用いて4つの基準を設けている．3種類の指標とは，①エネルギー費用基準，②温室効果ガス基準[13]，③貿易基準であり，以下の式で計算される．

$$\text{エネルギー費用基準} = \frac{\text{電力費用} + \text{燃料費用}}{\text{出荷額}} \tag{3}$$

$$\text{温室効果ガス基準} = \frac{\text{炭素価格} \times (\text{直接排出量} + \text{電力間接排出量} + \text{その他GHGガス})}{\text{出荷額}} \tag{4}$$

$$\text{貿易基準} = \frac{\text{輸入額} + \text{輸出額}}{\text{出荷額} + \text{輸入額}} \tag{5}$$

エネルギー費用基準と温室効果ガス基準は，欧州のCO_2基準に相当するものであり，その業種が，どのくらい排出枠の費用負担に直面するかを表している．貿易基準は，その業種がどのくらい国際競争にさらされているかを表している．

この3種類の指標を用いて，WM法案では以下の4種類の基準を設けている．

エネルギー費用基準＞4.5%　かつ　貿易基準＞14.5%　　　（d）
温室効果ガス基準＞4.5%　かつ　貿易基準＞14.5%　　　（e）

---

12) リベートプログラムは，生産活動の低下を防ぐ措置として提案されている．リベートは，排出枠の事後配分と同等である．
13) WM法案では，炭素価格を20ドルと明記している．

エネルギー費用基準＞19.5%　　　　　　　　　　　　　　（f）
温室効果ガス基準＞19.5%　　　　　　　　　　　　　　（g）

　WM法案で提案されている基準には4つの特徴がある．第1に，各指標に出荷額を用いていることである．出荷額の大きさは，経済全体における産業の大きさを示している．第2に，温室効果ガス全般を対象としていることである．CO_2以外の温室効果ガスを対象とすることにより，様々な削減方法が講じられるため，排出枠価格を抑えることが可能となる．第3に，エネルギー費用基準を設定していることである．排出量取引の導入は，エネルギー価格の上昇を招くことが考えられる．そこで，エネルギー費用基準を設定し，エネルギーに依存している業種を救済することが可能となる．第4に，EU-ETSとは異なり，高貿易基準を設定していないことである．この基準を用いることについては，炭素リーケージ問題への対策ではなく，保護政策となっていることが指摘されている．WM法案で，高貿易基準が用いられていない理由の1つとして，この点が挙げられる．

　以上の4つの基準のいずれかを満たす業種は，リベート（排出枠の無償配分）を受けることが可能である[14]．このリベートは，生産に基づいて事後的に還付額が決定される方法となっており，Output Based Allocationと呼ばれている．EU-ETSと異なり，リベートが生産量に応じて比例的に与えられるため，EITE産業の生産量の減少を抑制することが可能であると考えられる[15,16]．

　Houser（2009）の分析によると，WM法案の軽減対象業種は，北米産業分類体系（North American Industrial Classification System, NAICS）の6桁，565業種中35業種となっている．対象業種の内訳は，製造業が26業種，鉱業が4業種，農林水産業が5業種となっている．なお，対象となる業種は，2006年における米国のCO_2総排出量の9.4%を占めており，生産額に占める割合は1.40%，雇用に占める割合は0.30%としている[17]．

---

14) WM法案では，石油精製業をリベート対象外と明記している．そのため，石油精製業は，上記の基準を満たした場合でもリベートを受けることができない．
15) 生産量減少は防止することが可能であるが，生産量と連動してリベートが行われるため，生産補助金として解釈される危険性がある．生産補助金と認められた場合には，WTO違反に当たる可能性がある．
16) 本章の産業連関分析では活動量を固定しているため，この効果は分析できない．

2.3 日本のデータと算定方法

前節では，欧米の軽減措置基準と対象業種数を簡単にまとめた．また，そこでは，基本的な指標として，貿易と温室効果ガスに関する2種類の基準が設定されていることを紹介した．

以下では，本章での軽減措置対象業種の算定に用いた，貿易基準，温室効果ガス基準，CO_2 基準，エネルギー費用基準の4つの指標について簡単に解説する．対象業種の算定に必要な情報は，産業連関表（基本表），物量表（付帯表）および石油等消費構造統計から得た．分析に用いた2005年の産業連関表の最も細かい産業分類は401業種であり，内訳は製造業が242で最も多い．

WM法案とEU-ETSでの貿易基準の指標は，その表現や細部の定義に差異はあるものの，基本的に同じ内容を示している．そこで，本章では，（2）式と（5）式の分子を産業連関表（基本表）の各業種の輸出計（922000）と（控除）輸入計（942000）に置き換えた．また，分母は，輸入計（942000）と国内生産額（970000）[18]として，貿易基準の指標の計算を行った．

温室効果ガス費用基準およびCO_2基準は，炭素価格導入による生産費用の上昇を捉える指標である．WM法案で軽減措置対象業種を特定するために用いられる温室効果ガス基準は，（4）式によって定義される．ただし，炭素価格は，20ドル/トン－CO_2を想定している．

（4）式からもわかるように，米国では温室効果ガス全般の排出量を対象としている．しかし本章では，データの制約上，CO_2排出量のみを対象とする．また，出荷額は得られるデータのうち，最も同様の内容を示すと考えられる，産業連関表の国内生産額に置き換えた．なお，炭素価格について2,000円/トン－CO_2，3,000円/トン－CO_2，4,000円/トン－CO_2の3種類を用いて以下の式で温室効果ガス基準を計算した．

---

[17] WM法案の軽減措置対象部門の決定基準はEU-ETSの軽減措置の基準と比較して厳しくなっている．なお，EU-ETSの軽減措置の決定基準は以下の通りである．CO_2費用・粗付加価値割合が5%以上かつ，貿易集約度が10%以上を満たす場合と，CO_2費用・粗付加価値割合または貿易集約度が30%以上を満たす場合，軽減措置を認めている．

[18] カッコ内は，粗付加価値部門系以外は，産業連関表の列コードになっている．粗付加価値部門系は，産業連関表の行コードになっている．

$$温室効果ガス基準 = \frac{2{,}000\,円または3{,}000\,円または4{,}000\,円 \times (CO_2排出量)}{国内生産額}$$

また，EU-ETS で軽減措置対象の業種を特定するために用いられている CO_2 基準をもとに，本章では CO_2 基準を以下のように計算した．

$$CO_2基準 = \frac{2{,}000\,円または3{,}000\,円または4{,}000\,円 \times (CO_2排出量)}{粗付加価値}$$

EU-ETS の第3フェイズでは，温室効果ガス全般を対象とする予定であるが，CO_2 排出量のみを算定に用いている．さらに，WM 法案で用いられる基準とは異なり，CO_2 基準の指標は，炭素価格に CO_2 排出量を乗じたものを粗付加価値で除しているところに特徴がある．本章でも，それに準じた形で計算を行っている．

最後に，米国は対象業種の特定にあたり，独自にエネルギー費用基準という指標を設けている．それに基づき，本章では，日本国内の産業のエネルギー費用基準を以下の式で計算する．

$$エネルギー費用基準 = \frac{(電力・蒸気費用) + (化石燃料費用)}{国内生産額}$$

エネルギー費用基準は，各業種のエネルギー依存度，すなわち炭素価格導入によるエネルギー価格上昇の影響を捉えているといえる．この指標に用いる電気・蒸気費用と化石燃料費用は，物量表から得られる1次エネルギーと2次エネルギーの購入量及び購入費用と，「石油等消費構造統計」とを用いて計算する．化石燃料費用の計算は，以下の方法で行った．まず，「石油等消費構造統計」から業種別・燃料別の燃料用と原料用の比率を計算し，「産業連関表―工業統計（産業）コード対応表」を用いて，産業連関表の業種分類への変換を行った．そして，この値を各業種の化石燃料購入費用に掛け合わせることで，燃焼用化石燃料費用を計算している．電力及び蒸気の購入費用については，物量表にある購入費用を用いた．

上記の4つの指標を用いて，米国式，欧州式のリベート・無償配分対象業種の特定を行うことが可能となる．具体的に，欧州式の算定では，（a）式，（b）

式及び(c)式のいずれかの基準に該当した場合,軽減措置対象業種とした.

一方,米国式の算定は,(d)式,(e)式,(f)式及び(g)式のいずれかの基準に該当した場合,軽減措置対象業種とした.ただし,石油製品業と石炭製品業は,基準を満たした場合でも,対象外として取り扱っている.

2.4 分析結果

本節では,EU-ETS 基準と WM 法案の基準によって特定された軽減措置対象業種の算定結果を示す.

2.4.1 EU-ETS 基準による業種の特定

表 2-1 は,産業連関表のデータを用いた結果をまとめている.EU 基準を満たした業種数は,118 業種(2,000 円),119 業種(3,000 円),122 業種(4,000 円)となっている.さらに,表 2-1 は,各基準を満たした業種数を記載している.CO_2 費用基準が 5% を超え,貿易基準が 10% 以上の業種は,5 業種(2,000 円),7 業種(3,000 円),10 業種(4,000 円)であり,高 CO_2 基準を満たした業種は,1 業種(銑鉄業)ないし 3 業種のみである(銑鉄業,セメント業,パルプ業).対照的に,高貿易基準を満たした業種は 115 業種である.

表 2-2 は,特定された業種の経済指標をまとめている.推定された対象業種の日本経済全体の国内生産額に占める割合は 12% 前後であり,付加価値額は 6% 強である.対象業種に従事する従業員数は,全体の約 5.1% である.日本経済における対象業種の規模は小さいが,産業部門の直接 CO_2 排出量の 3 分の 1 を占めている.さらに,産業部門の間接排出量の 16% ほどを占めている.また,製造業全体に占める対象業種の排出量の割合は 6 割前後となっている.

鉄鋼,セメント,紙パルプの 3 部門は,炭素価格の導入による影響を大きく受けることが予想される.しかし,同じ部門内であっても,炭素価格の影響を受ける業種と受けない業種が存在する.図 2-1 は,鉄鋼部門内の業種別,CO_2 費用基準(MVAS)と CO_2 費用基準のうち,電力からの間接排出に対する部分(NVAS)を図示したものである.横軸は貿易集約度である.この図から,銑鉄部門は,炭素価格導入による影響が大きいことがわかる.また,CO_2 費用基準と貿易基準をともに満たす業種は,フェロアロイ業のみである.

第2章 排出量取引における国際競争力配慮

表 2-1　EU-ETS と WM 法案により特定された業種数とその内訳（炭素価格別）

	EU-ETS			WM 法案		
	2,000 円	3,000 円	4,000 円	2,000 円	3,000 円	4,000 円
対象業種	118	119	122	23	23	23
CO_2 と貿易	5	7	10	1	5	5
高 CO_2 基準	1	1	3	1	2	2
高貿易基準	115	115	115	—	—	—
エネルギーと貿易	—	—	—	19	19	19
高エネルギー基準	—	—	—	4	4	4

注）WM 法案では，CO_2 基準は温室効果ガス基準を指す。

表 2-2　EU-ETS と WM 法案の結果（401 業種分類）

	EU-ETS			WM 法案		
	2,000 円	3,000 円	4,000 円	2,000 円	3,000 円	4,000 円
産業数	118	119	122	23	23	23
国内生産額	11.84%	11.88%	12.19%	1.02%	1.02%	1.02%
付加価値額	6.15%	6.17%	6.37%	0.63%	0.63%	0.63%
従業員数	5.15%	5.15%	5.22%	0.31%	0.31%	0.31%
直接 CO_2 排出量	29.32%	31.62%	32.95%	28.54%	28.54%	28.54%
間接 CO_2 排出量	15.84%	16.46%	18.31%	6.58%	6.58%	6.58%
製造業内排出量	55.88%	59.80%	63.19%	47.65%	47.65%	47.65%
総排出量	16.65%	19.96%	21.09%	15.91%	15.91%	15.91%

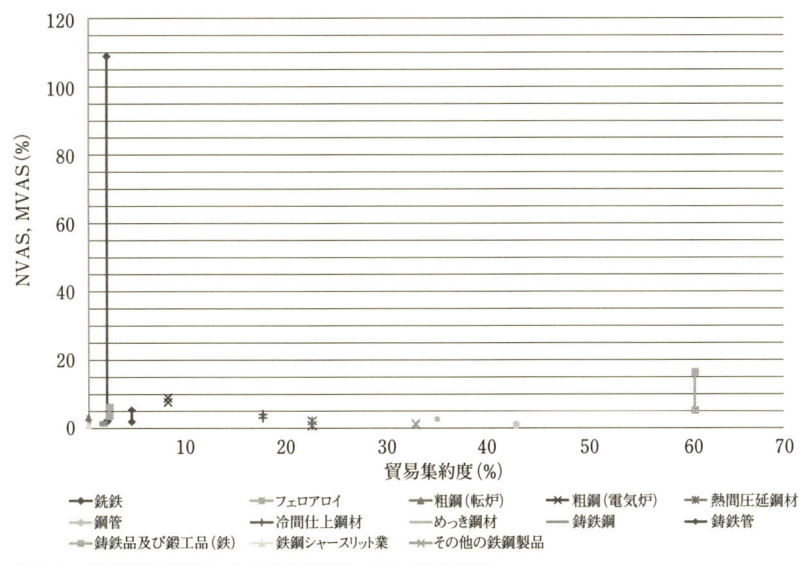

図 2-1　炭素価格導入による鉄鋼部門の CO_2 費用基準

2.4.2 WM法案基準による業種の特定

WM法案の基準を用いて推定された軽減措置対象業種（リベート対象業種）は，炭素価格とは関係なく，401業種[19]中23業種である（表2-1）．温室効果ガスと貿易基準を両方満たす対象業種数は，1業種（2,000円）と5業種（3,000円，4,000円）である．同様に，高温室効果ガス基準を満たした業種数は，炭素価格を2,000円に設定した場合には1業種（銑鉄業），3,000円もしくは4,000円に設定した場合には2業種（銑鉄業とセメント業）と少ない．一方で，エネルギー費用基準と貿易基準をともに満たした業種は，設定された炭素価格の値に関わらず19業種であり，高エネルギー費用基準を満たした業種も同様に4業種（ソーダ工業製品業，圧縮ガス・液化ガス業，セメント業，銑鉄業）となっている．

WM法案の基準を用いた推定結果の特徴として，23業種全てが，エネルギー費用基準と貿易基準または高エネルギー費用基準によって特定されていることがある．WM法案では，温室効果ガス基準を明記している一方で，温室効果ガス基準によって対象となる業種は少ない．しかし，将来，炭素価格が高くなった場合には，温室効果ガス基準によって軽減措置の対象となる業種が現れる可能性があると考えられる．

表2-2は，WM法案の基準をもとに軽減措置対象業種として特定された23業種の経済指標をまとめている．対象業種の国内生産額は，日本全体の約1.0%しか占めておらず，付加価値額については，0.6%のみとなっている．同様に，従業員数は0.3%となっており，対象業種が日本経済全体に占める大きさは限定的となっている[20]．しかし，対象業種の直接CO_2排出量は28.5%であり，これに間接CO_2排出量の6.6%を合わせると，日本全体のCO_2排出量の15.9%を占めていることになる．すなわち，このことは，WM法案の基準

---

[19] 産業連関表の最も多い業種分類は401業種分類となっている．401業種分類のうち，製造業は242業種となっている．しかし，WM法案では，石油精製業を対象業種から除外することを明記している．よって，本章でも，石油製品業及び石炭製品業を除外して対象業種を算定している．そのため，米国基準では，製造業は240業種としている．

[20] 国内生産額，付加価値額及び従業員数は全て産業連関表から入手可能である．国内生産額は，内生部門（中間投入）と付加価値部門の合計となっている．付加価値額は，付加価値部門の金額を用いている．また，従業員数は産業連関表の付帯表，雇用表から得られる．

が，主にエネルギー集約的な産業を軽減措置対象業種として考えていることを示している．

表2-3は，米国のWM法案の基準を満たした23業種の各基準，及び経済指標をまとめている．特定された業種の国内生産額，付加価値額，従業員数は，銑鉄を除き小さいことがうかがえる．しかし，直接排出されるCO_2の量は一部の業種を除き，高い値を示している．

また，一般的にエネルギー集約的な産業とされる鉄鋼，セメント，紙パルプの業種は含まれることが多いが，これらの部門に属す全ての業種が含まれているわけではないことを付言しておく．

表2-3 WM法案の軽減措置対象業種一覧

業種	貿易基準	GHG基準	CO_2基準	エネルギー基準	国内生産額	付加価値額	従業員	直接CO_2排出量
☆砂糖	15.43%	2.46%	4.59%	6.23%	0.032%	0.018%	0.010%	0.078%
動物油脂	40.29%	2.12%	4.16%	6.90%	0.003%	0.002%	0.001%	0.008%
パルプ	28.06%	7.70%	34.68%	12.77%	0.058%	0.014%	0.007%	0.454%
化学肥料	25.56%	7.57%	12.42%	13.28%	0.032%	0.020%	0.008%	0.231%
☆ソーダ工業製品	6.46%	4.48%	12.57%	26.20%	0.054%	0.031%	0.005%	0.371%
無機顔料	35.28%	1.05%	2.59%	5.24%	0.031%	0.017%	0.008%	0.042%
☆圧縮ガス・液化ガス	2.36%	5.58%	18.84%	29.06%	0.030%	0.016%	0.006%	0.293%
塩	43.58%	7.55%	7.69%	7.65%	0.005%	0.005%	0.003%	0.036%
その他の無機化学工業製品	44.51%	2.10%	3.46%	6.63%	0.081%	0.056%	0.022%	0.182%
合成ゴム	31.57%	2.84%	6.48%	8.17%	0.054%	0.028%	0.007%	0.174%
メタン誘導品	49.92%	6.66%	14.58%	8.40%	0.014%	0.007%	0.003%	0.090%
合成染料	102.34%	2.21%	4.22%	8.18%	0.004%	0.003%	0.001%	0.010%
レーヨン・アセテート	54.01%	3.90%	7.31%	8.19%	0.007%	0.004%	0.002%	0.029%
合成繊維	44.52%	3.10%	5.92%	7.35%	0.044%	0.028%	0.014%	0.156%
ガラス繊維・同製品	27.31%	3.69%	6.60%	13.09%	0.021%	0.015%	0.010%	0.093%
その他のガラス製品	42.68%	2.49%	2.74%	6.05%	0.089%	0.087%	0.055%	0.225%
セメント	8.23%	32.43%	55.69%	25.77%	0.042%	0.025%	0.009%	1.307%
☆陶磁器	27.97%	2.58%	3.32%	6.84%	0.075%	0.065%	0.079%	0.203%
☆耐火物	26.20%	2.11%	3.34%	6.66%	0.023%	0.018%	0.013%	0.056%
炭素・黒鉛製品	46.61%	2.53%	4.70%	7.25%	0.030%	0.020%	0.012%	0.090%
銑鉄	1.87%	56.20%	108.86%	36.57%	0.222%	0.111%	0.018%	11.411%
フェロアロイ	60.74%	10.15%	16.11%	13.89%	0.027%	0.019%	0.003%	0.288%
磁気テープ・磁気ディスク	63.44%	1.42%	3.44%	6.20%	0.042%	0.024%	0.011%	0.079%
合計	—	—	—	—	1.018%	0.632%	0.309%	15.906%

注）☆印は，米国基準で対象となり，EU基準では対象とならない業種である．

2.4.3 EU 基準と米国基準の比較

　EU 基準と米国基準を比較すると，軽減措置が与えられる業種の数は，EU 基準の方が米国基準よりも 100 業種程度多くなる．この差異は，2 つの点に由来すると考えられる．第 1 に，WM 法案の基準は，出荷額を用いているという点である．そのため，米国の温室効果ガス関連の指標の分母が大きくなり，結果的に，EU-ETS の基準（粗付加価値）よりも値が小さくなることが挙げられる．第 2 に，高貿易基準の存在である．EU 基準では，高貿易基準が用いられているため，炭素リーケージが起きる可能性の低い業種に対しても無償配分を与える可能性が高い．しかし，実際の無償配分は，ベンチマーク方式（原単位）により決定されることが想定されており，加えて，直接 CO_2 排出のみが対象範囲となっている[21]．そのため，無償配分の総量は，総排出量の 4 割程度[22]にとどまると予想されている．

　基本的には，米国基準で対象となった業種は EU 基準でも対象となっている．しかし，砂糖，ソーダ工業製品，圧縮ガス・液化ガス，陶磁器，耐火物の 5 業種は，WM 基準では対象となり，EU 基準では，対象業種に含まれない（表 2-3）．

　砂糖（食品製造業）は，定量的には EU 基準を満たしてはいないが，CO_2 基準の値は，境界に位置しているため，軽減措置対象業種となる可能性は高い．同様に，陶磁器業と耐火物業は，CO_2 費用基準の境界値に近い値を示しているため，これも軽減措置対象業種となる可能性が高い．一方，ソーダ工業製品業と圧縮ガス・液化ガス業は，貿易が少なく，CO_2 費用基準を満たした業種となっている．しかし，高 CO_2 基準を満たすほどの値となっているため，この 2 業種は，米国特有の高エネルギー費用基準によって特定されていると考えられる．

---

21) 欧州委員会は，間接 CO_2 排出量に対して無償配分を行わないことを決定している．しかし，間接 CO_2 排出量が多いアルミニウム業や一部の EU27 加盟国から対象範囲の拡大が求められている．そのため，今後，間接 CO_2 排出量が対象範囲として含まれる可能性は残るものの，現段階では，各国の裁量によって対応を任せることにしている．

22) 筆者が DG Industry and Enterprise（2009 年 11 月 9 日）で行ったインタビュー調査から．

2.5 軽減措置の効果

前節では，EU 基準及び WM 基準を用いて，軽減措置対象業種の特定を行った．その結果，EU 基準が日本に適用されれば，WM 基準よりも多くの業種に対して軽減措置を与える可能性があることが示された．本節では，WM 基準によって対象となった業種に対して軽減措置を講じた場合の効果を分析する．

2.5.1 モデル

本節では，Morgenstern et al. (2004) のモデルを，修正した上で用いる．同研究は，(a) 資本や技術の変化が行われない超短期，(b) 完全競争市場，(c) 貿易政策の変更及び貿易パターンの変化がない，という3つの仮定をおいた上で，上流への炭素価格導入による，各産業の総費用上昇率を計算している．次に，総費用上昇率を，①エネルギー燃焼による直接的な費用上昇率，②電力・熱供給の使用による間接的な費用上昇率，③中間投入財の価格上昇による費用上昇率に分解し，費用の上昇が何に起因するものなのかを明らかにしている．以下では，その計算方法を簡単に紹介する．

2.5.2 炭素価格導入による費用上昇の計算

下流に炭素価格が導入された場合，各産業の費用上昇額は，化石燃料の燃焼による CO_2 の直接排出量と，電力や蒸気などの利用による CO_2 の間接排出量に依存する．直接排出量 Emission_j^{DC} は，以下の式で計算される．

$$\text{Emission}_j^{DC} = \sum_{f \in DC} e_f \theta_{jf} Y_{jf} \quad (6)$$

ここで，e_f は化石燃料 f の CO_2 排出係数[23,24]，θ_{jf} は産業 j が消費する化石燃料 f の燃焼率，Y_{jf} は産業 j が購入する化石燃料 f の量を表している．直接排

---

23) CO_2 排出係数はエネルギー別に以下の式を用いて計算を行う．
 3.67 (トン－CO_2/トン－C) × エネルギー・炭素含有量 (トン－C/TOE) × エネルギー発熱量 (TOE/購入単位)

24) ここでは，石炭，原油などエネルギーは全ての産業において同質であると仮定する．すなわち，各産業に供給される石炭，原油などの炭素含有量がそれぞれ同じであると仮定する．

出量の計算に用いる化石燃料の種類は，①石炭，②原油，③天然ガス，④ガソリン，⑤ジェット燃料，⑥灯油，⑦軽油，⑧A重油，⑨B・C重油，⑩ナフサ，⑪液化石油ガス（LPG），⑫コークス，⑬都市ガスの13種類である．

次に，電力・蒸気の使用による間接排出量は，以下の式によって計算可能である．

$$\text{Emission}_j^{INDC} = \sum_{i \in INDC} e_i Q_{if} \qquad (7)$$

ここで，e_i はエネルギー（事業用電力，自家発電，熱供給業）の排出係数，Q_{if} はエネルギー投入量となっている．

（6）式と（7）式の合計は，各産業の直接・間接的に排出された CO_2 排出量となる．CO_2 排出原単位は，産業別に，直接・間接排出量を合計した値を生産額で割ることから得られる．

$$\text{Emission Intensity}_j = \frac{\text{Emission}_j^{DC} + \text{Emission}_j^{INDC}}{\text{Total Domestic Production}_j} \qquad (8)$$

炭素価格導入による各産業の費用上昇率は，CO_2 排出原単位と炭素価格の積によって計算することができる．しかし，この費用上昇率は，各産業が直接的に負担する費用の上昇率のみを表しており，そこには，中間投入財を通じた炭素価格の間接的な費用負担の上昇分が含まれていない．そこで，本節では環境負荷原単位の概念を用いて，各部門の総費用上昇率の計算を行う．CO_2 の環境負荷原単位とは，化石燃料消費，必要な電力，中間投入物から排出された CO_2 の排出量を生産額当たりに換算した原単位である．この原単位は部門 j の生産額当たりの直接・間接 CO_2 排出量の計算を行うのに用いられる係数である[25]．CO_2 環境負荷原単位 $E(1 \times n)$ は，以下のように求められる．

$$E = D(I-A)^{-1} \qquad (9)$$

ここで，A は投入係数行列 $(n \times n)$，I は単位行列 $(n \times n)$，D は燃料使用と電

---

[25] 本章では，炭素価格の短期分析を行うため，生産技術や貿易（特に輸入）に変化がないと仮定する．したがって，輸入等を内生化しないモデルを用いる．

力使用から排出される CO_2 排出原単位 $(1 \times n)$ である．また，$(I-A)^{-1}$ は一般的に，逆行列またはレオンチェフ逆行列と呼ばれる．このレオンチェフ逆行列は，ある産業の最終需要1単位を満たすために必要な他産業からの投入を示している．この逆行列に CO_2 排出原単位を掛け合わせると，各産業が生産する財1単位に含まれる直接・間接の CO_2 が求まる[26]．

次に，各産業の総費用は，環境負荷原単位と炭素価格の積によって求めることが可能となる．各産業の総費用は以下の式で表される．

$$\text{COST}_j = tE = tD(I-A)^{-1}i_i \tag{10}$$

ここで，t は炭素価格，i_i は i 産業の場合は1，その他の産業の場合は0となる，$(n \times 1)$ のベクトルである．

次に，Morgenstern et al. (2004) によると，j 産業の総費用は，①化石燃料の直接燃焼による費用（以後，直接費用と略す），②エネルギー使用から発生した間接燃焼による費用（以後，間接費用と略す），及び③中間投入財の費用（以後，中間費用と略す）によって構成されると考えることができる．

$$\text{COST}_j = \text{COST}_j^{DC} + \text{COST}_j^{INDC} + \text{COST}_j^{INT} \tag{11}$$

ここで，COST^{DC} は直接費用，COST^{INDC} は間接費用，COST^{INT} は中間費用を指す．

直接費用は，化石燃料の燃焼によって排出された CO_2 に対して課税されるため，(12)式によって計算される．この定式化では，国内生産額で排出量を割ることにより費用上昇率として各費用を捉えられる．

$$\text{COST}^{DC} = t \cdot \frac{\text{Emission}_j^{DC}}{\text{Total Domestic Production}_j} \tag{12}$$

間接費用上昇率は，(7)式に炭素価格を掛け，国内生産額で割った値として計算が可能である．

---

[26] 以下では，産業連関表と統一するために1単位を100万円として置き換える．これは，産業連関表の単位が100万円となっているためである．

$$\text{COST}^{INDC} = t \cdot \frac{\text{Emission}_j^{INDC}}{\text{Total Domestic Production}_j} \qquad (13)$$

最後に，炭素価格による中間投入費用の上昇は，総費用上昇率から①直接費用上昇率と②間接費用上昇率を引いた残差として計算が可能である．よって，中間投入費用の上昇率は，残差として計算される．

2.5.3 軽減措置のシミュレーション

中央環境審議会（2005）では，軽減措置による影響を分析しているが，軽減措置の規模や対象となる基準が明確に示されていない．一方，WM 法案や EU-ETS では明確な基準が提示されている．以下では，WM 法案で用いられる基準に焦点を当て，シミュレーション分析を行う．

WM 法案の基準によって軽減措置の対象となった業種は，排出量取引制度内において特別な取り扱いを受けることが可能となっている．同法案では，直接排出による費用（直接費用）と間接排出による費用（間接費用）に対してリベートを受けることが可能である．また，リベート率は約 85% と予測されている．

本節では，上記のリベート・無償配分の対象業種は，実際に負担した炭素価格を財へ価格転嫁すると仮定する．しかし，炭素価格が導入された場合，リベート・無償配分に関わらず，炭素価格の機会費用を財価格に転嫁する可能性も指摘されている（Carbon Trust 2010）．しかしながら本節では，このような機会費用を財価格に転嫁する業種を特定できないため，このケースを存在しないものと仮定してシミュレーション分析を行う．そのため，リベート・無償配分対象業種の生産費用が引き下げられた場合，機会費用の財への転嫁が行われず，下流産業の生産費用も軽減されると仮定する．

シミュレーションでは，具体的に，米国の基準によって軽減措置の対象とされた産業は，直接・間接費用の 85% をリベートによって受け取るとする．すなわち，炭素価格を 4,000 円/トン－CO_2 とした場合には，実際に負担する炭素価格は 600 円/トン－CO_2 であるとする．

2.5.4 炭素価格導入による費用上昇

表2-4は，上流に炭素税4,000円/トン−CO_2が課せられた場合の総費用の上昇率をまとめている．最も総費用の上昇率が高い部門は銑鉄（29.90%）となっている．その他，総費用上昇率が高い部門は，粗鋼・転炉（18.95%），セメント（18.43%），熱間圧延鋼材（11.43%）となっている．上位20部門は，鉄鋼関連，セメント，化学系，パルプ業など，エネルギー多消費部門が含まれている．全業種の総費用上昇率の平均は1.999%であった．これは，総費用上昇率は大多数の部門ではそれほどでもないが，一部の部門では極端に大きくなっていることを表している．

さらに，表2-4では，総費用上昇率を直接費用，間接費用及び中間費用に分解して結果をまとめている．直接費用上昇率が高い業種は，銑鉄（27.86%），セメント（15.17%），都市ガス（9.87%），フェロアロイ（4.16%）となっている．直接費用が高い業種は，化石燃料を燃焼した結果，CO_2を大量に排出してい

表2-4　炭素価格導入による費用上昇率（軽減措置前，上位20業種）

業種	総費用	順位	直接費用	順位	間接費用	順位	中間費用	順位
銑鉄	29.90%	1	27.86%	1	0.49%	37	1.56%	109
粗鋼（転炉）	18.95%	2	0.50%	56	0.16%	171	18.29%	1
セメント	18.43%	3	15.17%	2	2.10%	3	1.16%	187
熱間圧延鋼材	11.43%	4	0.34%	72	0.10%	276	11.00%	2
都市ガス	11.06%	5	9.87%	3	0.15%	175	1.03%	227
冷間仕上鋼材	8.35%	6	0.20%	115	0.55%	33	7.59%	3
鋼管	7.69%	7	0.14%	157	0.12%	233	7.44%	4
鋳鉄品及び鍛工品（鉄）	7.46%	8	1.00%	34	1.36%	10	5.10%	8
フェロアロイ	7.37%	9	4.16%	4	1.83%	5	1.39%	142
化学肥料	7.17%	10	3.58%	6	0.41%	46	3.19%	18
鉄鋼シャースリット業	7.06%	11	0.03%	329	0.13%	218	6.91%	5
圧縮ガス・液化ガス	6.67%	12	0.13%	171	5.33%	1	1.22%	174
めっき鋼材	6.57%	13	0.11%	183	0.37%	54	6.09%	6
粗鋼（電気炉）	6.50%	14	0.32%	78	1.81%	6	4.37%	10
外洋輸送	6.45%	15	3.24%	9	0.00%	397	3.21%	17
メタン誘導品	5.92%	16	3.16%	10	0.33%	70	2.43%	26
鋳鉄管	5.87%	17	1.74%	17	0.81%	21	3.32%	15
生コンクリート	5.57%	18	0.10%	196	0.10%	262	5.37%	7
パルプ	5.49%	19	3.38%	8	0.94%	15	1.17%	183
ソーダ工業製品	5.48%	20	0.68%	49	3.12%	2	1.68%	92

るため炭素価格導入によって生産費用が上昇していると考えられる．

　間接費用上昇率が高い業種は，圧縮ガス・液化ガス（5.33%），ソーダ工業製品（3.12%），セメント（2.10%）となっている．間接費用が高い業種は，電気と蒸気などを大量に消費することによって間接的に CO_2 を排出していると考えられている．

　最後に，中間費用上昇率が高い業種は，粗鋼（転炉）（18.29%），熱間圧延鋼材（11.00%），冷間仕上鋼材（7.59%）となっている．中間費用上位10業種のうち9業種が鉄鋼関連業種となっている[27]．すなわち，銑鉄やフェロアロイなどといった，鉄鋼関連業種への中間投入物を供給している上流の業種の負担する炭素価格が，下流の業種へ波及していることを意味している．

表2-5　炭素価格導入による費用上昇率（軽減措置後・WM法案，上位20業種）

業種	総費用	順位	直接費用	順位	間接費用	順位	中間費用	順位
都市ガス	10.90%	1	9.87%	1	0.15%	157	0.87%	161
外洋輸送	6.38%	2	3.24%	4	0.00%	397	3.14%	2
銑鉄	5.63%	3	4.18%	2	0.07%	289	1.38%	42
粗鋼（転炉）	4.33%	4	0.50%	42	0.16%	153	3.67%	1
沿海・内水面輸送	4.04%	5	3.51%	3	0.04%	345	0.50%	302
自家輸送（旅客自動車）	4.02%	6	3.13%	5	0.01%	382	0.88%	154
自家輸送（貨物自動車）	3.92%	7	3.08%	6	0.02%	374	0.81%	187
粗鋼（電気炉）	3.89%	8	0.32%	64	1.81%	2	1.76%	15
鋳鉄品及び鍛工品（鉄）	3.88%	9	1.00%	22	1.36%	6	1.52%	35
その他の建設用土石製品	3.82%	10	2.34%	9	0.50%	25	0.98%	111
その他の非金属鉱物	3.73%	11	1.64%	13	0.92%	11	1.17%	74
鋳鉄管	3.64%	12	1.74%	12	0.81%	13	1.09%	87
セメント	3.54%	13	2.27%	10	0.32%	61	0.95%	123
熱供給業	3.52%	14	0.00%	397	1.46%	4	2.06%	10
熱間圧延鋼材	3.46%	15	0.34%	58	0.10%	263	3.03%	3
下水道	3.36%	16	1.41%	17	1.23%	8	0.72%	237
脂肪族中間物	3.34%	17	1.03%	18	0.32%	60	2.00%	12
沿岸漁業	3.32%	18	2.77%	7	0.00%	394	0.54%	294
冷間仕上鋼材	3.22%	19	0.20%	101	0.55%	23	2.47%	5
鉛・亜鉛（含再生）	3.20%	20	0.34%	57	1.50%	3	1.36%	44

---

27) 総費用上位20位以内には，中間費用9位の「その他の鉄鋼製品」（4.64%）が含まれていない．

2.5.5 米国型軽減措置による効果（WM法案）

シミュレーションでは，2.4.2節で特定された23業種に対して，炭素価格支払い費用（直接・間接費用）の85%がリベートによって還付されると仮定して分析を行った．表2-5は，23業種に対して，直接・間接費用の85%をリベートとして還付した場合の総費用上昇率をまとめている（総費用上昇率の上位20業種のみ）．総費用上昇率の上位業種は，都市ガス（10.90%），外洋輸送（6.38%），銑鉄（5.63%），粗鋼（転炉）（4.33%）となっている．また，上位20業種中9業種が製造業以外の業種となっている[28]．そのため，総費用上昇率の

表2-6 米国型の軽減措置対象業種総費用上昇率変化（軽減措置前後と軽減率）

業種	軽減措置前 総費用	順位	軽減措置後 総費用	順位	費用軽減率 (%)
銑鉄	29.90%	1	5.63%	3	81.18%
セメント	18.43%	3	3.54%	13	80.77%
圧縮ガス・液化ガス	6.67%	12	1.53%	95	77.05%
ソーダ工業製品	5.48%	20	1.33%	134	75.82%
化学肥料	7.17%	10	1.79%	69	75.08%
塩	5.01%	23	1.25%	146	75.08%
フェロアロイ	7.37%	9	2.02%	51	72.55%
パルプ	5.49%	19	1.53%	96	72.20%
メタン誘導品	5.92%	16	1.81%	67	69.49%
レーヨン・アセテート	4.10%	29	1.30%	139	68.24%
砂糖	2.84%	55	1.01%	230	64.40%
ガラス繊維・同製品	3.75%	37	1.35%	131	64.07%
炭素・黒鉛製品	2.82%	56	1.06%	200	62.34%
その他のガラス製品	2.43%	79	0.96%	257	60.69%
その他の無機化学工業製品	2.89%	53	1.18%	163	59.20%
陶磁器	2.54%	69	1.04%	215	59.12%
動物油脂	2.55%	67	1.08%	190	57.74%
耐火物	2.57%	66	1.10%	185	57.28%
合成ゴム	3.13%	47	1.41%	116	54.74%
合成繊維	3.60%	40	1.68%	81	53.33%
合成染料	2.91%	52	1.39%	119	52.18%
磁気テープ・磁気ディスク	2.40%	84	1.23%	149	48.78%
無機顔料	2.54%	70	1.33%	135	47.77%

---

[28] 9業種の内訳は，輸送部門が4業種，エネルギー部門が2業種，鉱業が1業種，漁業が1業種，下水道部門が1業種となっている．

順位に変動が見られる．また，表2-4と比較すると，総費用上昇率は大幅に抑えられていることがわかる．全業種の平均総費用上昇率は1.291%となっており，軽減措置前の平均値の1.999%と比較すると，米国型のリベートプログラムには総費用上昇率を抑える一定の効果があることがわかる．

表2-6は，米国型リベートプログラムの対象となった業種の総費用上昇率がどの程度抑えられているかを表している．サプライチェーンの上流に位置する業種では費用上昇率は大きく抑えられている．例えば，銑鉄業やセメント業の総費用は80%程度抑えられている．一方，サプライチェーンの下流に近い業種では，リベートによって総費用がそれほど抑えられていないことがわかる．例えば，磁気テープ・磁気ディスク業や無機顔料では費用上昇率を50%弱しか抑えることができていない．したがって，直接・間接費用の85%をリベートとして還付したとしても，業種によって費用軽減効果が異なることが明らかになった．

2.6 おわりに

国内での温室効果ガス削減の手段として，炭素価格政策への期待は大きい．しかし，日本国内で炭素価格を導入した場合，エネルギー多消費部門の負担が大きくなってしまう恐れがある．そのため，国際競争力の維持という観点からは，少なくとも短期的には，軽減措置を導入する必要性があると考えられる．

そこで，本章では，炭素価格が導入された際，影響を大きく受ける可能性があり，何らかの軽減措置を必要とする業種を明らかにした．また，4,000円/トン－CO_2の炭素価格を想定して，各業種の費用上昇率を計算した．その結果，鉄鋼関連，石油化学関連，セメント業などエネルギー集約的な業種の費用上昇率が他の業種と比較して高いことが確認された．また，費用上昇率の要因を，①化石燃料燃焼による直接費用上昇率，②電力・蒸気の利用による化石燃料燃焼の間接的な利用による費用上昇率，③中間投入財の価格上昇率による費用上昇率の3種類の費用に分解した．総費用上昇率上位20業種内には，費用上昇率の起源が異なる業種が含まれている．例えば，銑鉄業の直接費用は1位（27.86%）であるのに対して，中間費用は109位（1.56%）となっている．一方，粗鋼（転炉）の直接費用は56位（0.50%）であるが，中間費用は1位

(18.29％) となっている．つまり，直接炭素価格を負担している業種のみならず，これら業種から中間投入財を大量に購入している業種へも炭素価格の影響が波及していることが示された．

次に，WM法案の算定基準によって特定された23業種に対して，炭素価格の導入に伴う国際競争力喪失を防ぐ措置としてのリベート・無償配分の効果を検証した．シミュレーション結果から，軽減措置の導入により，費用上昇率を抑えることが可能であることを示した．

産業連関分析により，炭素価格の導入によって製品や投入物にもたらされる価格上昇の短期的な影響の分析を行うことができた．中期的には，この価格上昇により各財の需要が減少すると考えられる．相対価格が変化するため，企業は中間投入物の投入比率も変更するだろう．しかし，活動量が一定であると仮定する産業連関分析では，この生産量減少や排出削減の効果は分析できない．また，何よりも，炭素価格がもたらすEITE産業の生産量減少を米国型リベート方式がどの程度緩和できるかは，産業連関分析では明らかにできない．このように，財の消費量や生産量の変化を含めた，中期的な影響の分析を行うためには，応用一般均衡分析が必要となってくる．これが次章の課題である．

謝　辞

渡邊隆俊氏，武田史郎氏，南齋規介氏，Mun Ho氏，及び京都大学ポリシーミックス研究会参加者からコメントをいただいた．ここに謝意を記す．

参考文献

Carbon Trust (2010) "Tackling Carbon Leakage : Sector-specific solutions for a world of unequal carbon prices," London. http://www.carbontrust.co.uk/Publications/pages/publicationdetail.aspx?id=CTC767&respos=0&q=leakage&o=Rank&od=asc&pn=0&ps=10

European Commission (2010) "Commission Decision of 24 December 2009 determining, pursuant to Directive 2003/87/EC of the European Parliament and of the Council, a list of sectors and subsectors which are deemed to be exposed to a significant risk of carbon leakage," *Official Journal of the European Union*. http://eur-lex.europa.eu/LexUriServ/LexUriServ.do?uri=CELEX:32010D0002:EN:NOT

Houser, T. (2009) "Testimony : Ensuring US Competitiveness and International Participation," Testimony before the Committee on Energy and Commerce, US House of Representatives April 23, 2009, Peterson Institute for International Economics. http://

www.iie.com/publications/testimony/houser0409.pdf

Morgenstern, R. D., Ho, M. S., Shih, J.-S. and Zhang, X. (2004) "The Near Term Impacts of Carbon Mitigation Policies on Manufacturing Industries," *Energy Policy*, Vol. 32, No. 16, pp. 1825-1841.

明日香壽川・金本圭一郎・盧向春（2009）「排出量取引と国際競争力―現状と対策」2009年度環境経済・政策学会報告論文．http://www.cneas.tohoku.ac.jp/labs/china/asuka/_userdata/ETS-competitiveness.pdf

下田充・渡邉隆俊（2006）「産業連関分析による温暖化対策税の再検討―家計の所得階層別・地域別負担」『商学研究』第46巻，第3号，pp. 47-62.

中央環境審議会（2005）「産業連関表を用いた環境税導入による物価上昇に関する分析」中央環境審議会総合政策・地球環境合同部会環境税の経済分析等に関する専門委員会 http://www.env.go.jp/council/16pol-ear/y163-05/mat03.pdf

中村愼一郎・近藤康之（2004）「炭素税導入がもたらす短期経済効果の産業連関分析：『決して非常に大きくない』のか？」早稲田大学現代政治経済研究所ワーキングペーパー，WP0403，早稲田大学現代政治経済研究所．

藤川清史（2002）「炭素税の地域別・所得階層別負担について」『産業連関』第10巻，第4号，pp. 35-41.

第3章 排出量取引の制度設計による炭素リーケージ対策
——排出枠配分方法の違いによる経済影響の比較

武田史郎・有村俊秀・爲近英惠

3.1 はじめに

　地球温暖化対策のために先進各国で国内排出量取引制度の導入・検討が進んでいる．排出量取引制度については，すでに数多くの分析が行われており，経済効率性（経済厚生，GDPへの影響），公平性という観点からは，オークション方式による割当の配分が望ましいという意見が多い．しかし同時に，オークション方式による配分では，エネルギー集約部門に多大な負担が生じるという問題が指摘されている．特に，海外との競争にさらされているエネルギー集約部門は，国際的な競争力を喪失し，生産の大幅な減少に見舞われるという可能性もあり，実際それらの部門は排出量取引制度の導入に対し強い反対を表明している．排出規制の導入に際しては，エネルギー集約部門も含めた産業界からの政治的支持も当然必要になる．したがって，排出規制のスムーズな導入のためには，単に経済効率性のみではなく，エネルギー集約部門への負担も考慮した形での規制を考案することが必要となる．

　また，エネルギー集約部門の負担を軽減すべき理由は政治的なものだけではない．先進国における排出規制は，先進国のエネルギー集約部門の生産減少を招く一方，エネルギー効率の低い，削減を行わない中国やインドのエネルギー集約財の生産を増加させる．結果的に，先進国での排出削減の努力が途上国での増加によって，相殺される可能性がある．この「炭素リーケージ」という観点からも，エネルギー集約部門に多大な負担をもたらすことは必ずしも望ましいとはいえない．

　以上のような，エネルギー集約部門への多大な負担という問題に対し，排出

枠の配分方法によって，国際競争力・炭素リーケージの問題に対応しようとする考え方が提案されている．特に，排出枠（割当）をオークションではなく，無償で配分するという方式が提案されている．また，近年，無償配分の一方式として，産出量に応じて排出枠を無償配分する方式（Output-Based Allocation 方式，以下 OBA 方式とする）が注目を集めている．例えば米国では，リーバーマン・ワーナー法案やワックスマン・マーキー法案などにおいて，炭素リーケージ防止目的と国際競争にさらされる国内部門保護のために，この OBA 方式が提案されていた．これは，国際競争にさらされる企業に対して，生産量に応じて一定量の排出枠の無償配分を実施するというものである．

米国での OBA 方式への注目の高まりを受け，Fischer and Fox（2007）（以下，"F&F"という）は第1章で紹介した応用一般均衡モデル（Computable General Equilibrium Model，以下 CGE モデルという）を用いて，米国における排出枠の配分についてオークション，グランドファザリング，OBA という3つの方式を定量的に分析している．彼等の分析は，OBA 方式がエネルギー集約部門への負担の集中を防止するとともに，炭素リーケージの抑制に一定の効果を持つことを示唆している．日本においても今後本格的な排出量取引の導入が検討されており，排出枠の配分方式による経済的効果の違いを定量的に分析しておくことは，政策決定のための非常に有用な情報となりうる．そのような問題意識から，本章は F&F の分析を日本に応用し，日本における排出量取引について様々な排出枠の配分（割当）方式を比較する形で分析を行う．

分析には，14地域，27部門の静学的 CGE モデルによるシミュレーションを用いる．比較する配分方式としては，まず，F&F と同じ以下の4つの方式，すなわち，オークション方式（AUC），グランドファザリング方式（GF），部門間の排出枠の配分を過去の付加価値シェアで決定する OBA 方式（OBA-VA），部門間の排出枠の配分を過去の CO_2 排出シェアで決定する OBA 方式（OBA-HE）の4つを取り上げる．GF，OBA-VA，OBA-HE の3タイプの方式はどれも無償配分であるが，GF では初期配分が企業の行動には依存しない形で一括で行われるのに対し，OBA の2つでは部門内における排出枠の初期配分が生産量に応じて行われるという違いがある．

上の4つの方式では，オークション方式と無償配分方式は別々に扱われている．しかし，実際の排出規制の議論においては，無償配分かオークションかと

いう二者択一の選択だけではなく，一部の部門にのみ無償配分を適用するというケースも提案されている．例えば，EU-ETSは将来原則的にはオークション方式に移行する予定であるが，海外との競争にさらされている部門（鉄鋼部門等）については例外的に無償配分を続けるという方針である[1]．また，日本においてもそのようにオークションと無償配分を組み合わせるハイブリッド型の配分方式が検討されている．このような状況に鑑み，上の4つの方式に加え，一部の部門のみ無償配分とする方式も分析する．具体的には，一部の部門のみOBA-HE方式による無償配分，残りの部門はAUCによる有償配分という方式である（シナリオAO）．無償配分を適用する部門としては，米国のワックスマン・マーキー法案における軽減措置の基準を日本に対して適応した場合に軽減措置の対象となる7-11のエネルギー集約的な部門を選択している[2]．

F&Fとほぼ同じフレームワークを利用しているが，相違点もある．まず，F&Fでは労働供給，余暇についてのデータに米国のデータを利用していたが，本章では日本のデータを利用している．第2に，F&Fでは2001年が基準年のGTAP 6データを利用しているが，本章では2004年が基準年のGTAP 7データを利用している．第3に，本章ではオークションとOBAのハイブリッド型の配分方式も分析している．最後に，F&Fでは米国のみが排出規制を導入すると仮定して分析しているが，本章では日本，米国，EU 27カ国（以下，EU27）が排出規制を導入するという前提で分析している．以上のような枠組みの下で，排出量取引の配分方式により，排出規制が日本の厚生，GDP，排出枠価格，炭素リーケージ，各部門・財の生産等に与える影響がどう変わってくるかを分析する．

F&F以外にも排出量取引を排出枠の初期配分方式という観点から比較分析した研究は，CGEモデルを利用したものに限っても数多く存在している．例えば，Parry et al. (1999)，Goulder et al. (1999)，Jensen and Rasmussen (2000)，Böhringer and Lange (2005)，Dissou (2006) 等である．これらの分析は，モデル（生産構造，一国モデルか多地域モデルか，動学か静学か），配分方式，排出規制についての仮定（国際間の排出量取引を認めるかどうか，排

---

1) 2013年以降の第3フェイズからの予定である．
2) 詳細は杉野他（2010），または本書第2章を参照のこと．

出量取引以外も比較対象に含めるか等）といった様々な面において違いがあり，排出規制についての多様な考察を得ることができるが，F&Fを含めどれもヨーロッパ，北米が分析対象で，日本を中心的に分析しているものはない．それに対し本章では，日本における排出量取引を主な分析対象とし，それに適した形になるようにパラメータ，データ，シナリオを設定しているので，日本における排出規制を考案するための有用な情報となりうると考えられる．

本章での分析は，第2章と同様，排出量取引のもとでの費用負担緩和策を対象としているが，いくつかの点で異なる．第1に，本章では炭素価格導入に伴う，生産量や消費量の変化を分析している点が異なる．第2章では産業連関分析を用いたため，経済活動の変化は分析できなかった．つまり，第2章が短期の影響を見ているのに対し，本章は中期的な影響を分析していると考えることができる．

第2に，分析対象となる緩和策の内容についての留意が必要である．第2章では，エネルギー集約産業・貿易依存型産業への一部無償配分方式（リベート方式）を，生産量は不変と仮定して分析した．これに対し，本章では，負担緩和策として，OBA方式の効果を分析する．つまり，無償配分枠が生産量に応じて増加する米国提案のリベート方式になっている．産業連関分析では生産量が固定されているため，OBA方式により生産量減少がどの程度抑制されるのか検証できない．それに対し応用一般均衡分析では，生産量が内生化されているため，OBA方式という無償配分が，該当産業の生産量減少をどの程度緩和するかを検証することができるのである．

3.2 モデル

モデルには，F&Fとほぼ同じGTAP-EGモデル（Rutherford and Paltsev 2000）をベースにした多地域・多部門の静学的CGEモデルを利用する．これは完全競争モデルであり，全ての市場において経済主体はプライステイカーとして行動し，価格は需要と供給が均衡するように決定される．地域，部門は表3-1の14地域，27部門に分割した．以下では，モデルの構造を説明する．

表3-1 国・地域と部門

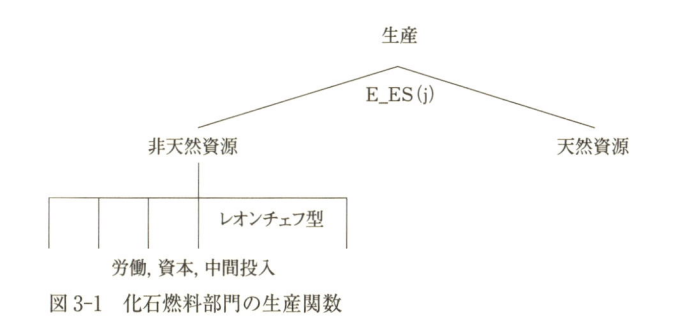

地域	部門		部門	
日本	電力		木・木製品	非エネルギー集約
中国	漁業	エネルギー集約貿易財部門	非鉄金属	部門（NEINT）
韓国	その他鉱業	（EITE）	輸送機械	
その他アジア	砂糖		その他機械	
USA	紙・パルプ		その他製造	
カナダ	化学		石炭	化石燃料部門
その他OECD	非金属鉱物		原油	
EU27	鉄鋼		ガス	
旧ソ連	陸上輸送	輸送部門（TRANS）	石油・石炭製品	
その他ヨーロッパ	水上輸送		建築	サービス部門
インド	航空輸送		商業	（SVCES）
ブラジル	農業	非エネルギー集約部門	放送・通信	
メキシコ＋OPEC	食料品	（NEINT）	その他サービス	
その他地域	繊維衣服			

図3-1 化石燃料部門の生産関数

3.2.1 生産

生産関数は全ての部門について多段階の入れ子型CES関数を仮定する．ただし，化石燃料部門（石炭，原油，ガス）と非化石燃料部門（その他の全ての部門）に対して異なった関数型を想定する．生産要素は労働，資本，土地，天然資源の4つに分割している．土地は農業部門，天然資源は化石燃料部門のみで利用される特殊要素である．

化石燃料部門には図3-1の2段階のCES生産関数を仮定する．まず天然資源以外の全ての生産要素がレオンチェフ型生産関数で統合され，さらにそれが天然資源とCES型関数で投入されるという形式である．天然資源と非天然資

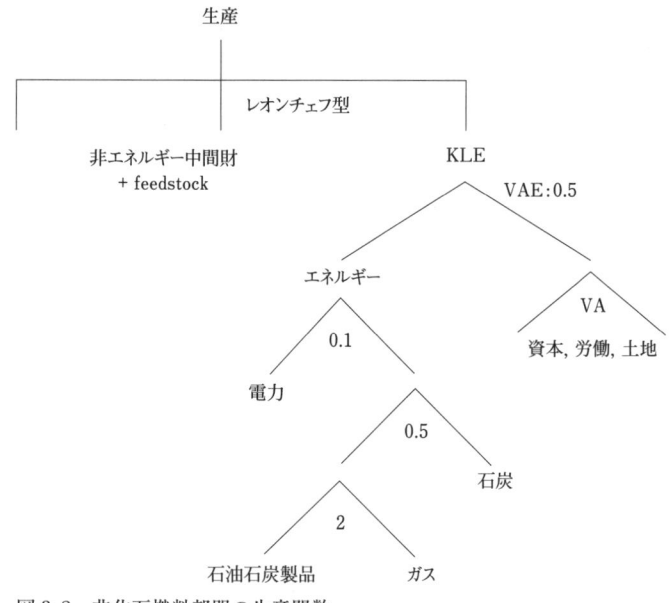

図3-2 非化石燃料部門の生産関数

源の間の代替の弾力性 E_ES(j) は，ベンチマークの化石燃料の供給の弾力性からカリブレートしている．

　一方，非化石燃料部門の生産関数は図3-2である．まず，エネルギー中間財と生産要素が多段階CES型関数によって合成される．そして，生産要素とエネルギー中間財の合成投入物が他の非エネルギー中間財とレオンチェフ型で投入される．また，石油石炭製品部門における原油の投入はそのほとんどが feedstock（原料）としての利用であると考えられるので，エネルギー財ではなく，非エネルギー財として扱っている．さらに，化学部門における石油石炭製品，ガスの投入についてもその一部は feedstock としての投入であるので，その部分は非エネルギー財と同様の扱いをしている．

3.2.2 需要サイド

　モデルでは各地域に1つの代表的家計を仮定する．家計は，生産要素（労働，資本，土地，天然資源）を保有しており，これらの生産要素を企業に供給し対価として所得を得る．生産要素は地域間では移動不可能と仮定する．家計の効

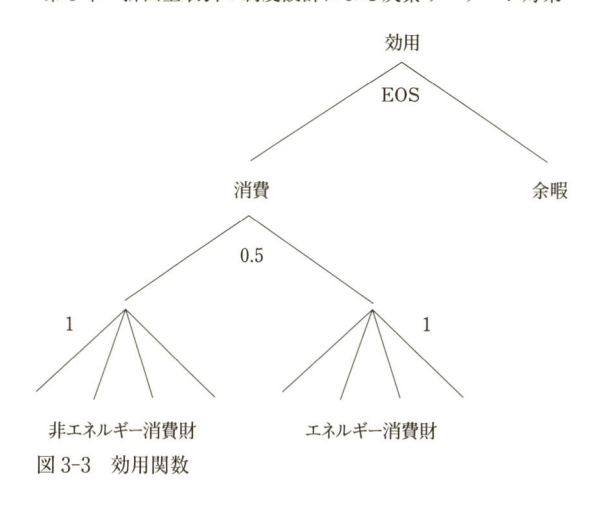

第 3 章　排出量取引の制度設計による炭素リーケージ対策　　　　　　　　69

図 3-3　効用関数

用関数は図 3-3 の多段階 CES 関数である．効用は消費と余暇に依存しており，家計は予算制約のもと効用を最大化するように各財の消費と余暇を決定する．政府は，企業の生産物および中間投入財に対して課される税，資本所得及び労働所得に課される労働課税，輸入関税などを収入として得ている．労働課税以外の税率は一定で，労働課税率は政府の支出を一定にするように内生的に決定される．排出規制を導入する国・地域の政府は排出枠収入を得るが，政府支出が一定に保たれるように，得られた排出枠収入は労働課税の軽減に用いられる[3]．貿易については多くの多地域 CGE モデルと同様に Armington 仮定を置いている．財の統合は，GTAP モデルと同様に，まず異なる地域からの輸入財を統合し，その後に輸入財と国内財を統合するという 2 段階で行っている．

3.2.3　ベンチマーク・データ

ベンチマーク・データには GTAP データ（2004 年が基準年の GTAP 7）を使っている．また，CO_2 排出量データについては，GTAP データのエネルギ

---

[3] 排出枠収入は労働課税の減税に用いる．しかし，シナリオによっては削減負担による生産量，消費量，資本価格，労働価格へ与える負の影響が大きくなり，政府支出を一定にするために労働課税率を基準ケースより引き上げざるをえない場合がある．つまり，政府支出を一定にするために必要な労働課税率の増加率が，排出枠収入による労働課税の減税率より上回る場合がある．

ーデータから導出された Lee（2008）のデータを利用している．基本的にはオリジナルのデータをそのまま利用しているが，日本の鉄鋼部門における CO_2 排出量のみ 3EID 2005 beta（南齋・森口 2010）の値を利用して修正している．

　生産関数内の各種弾力性については，基本的に F&F，GTAP データと同じ値を想定している．また，Armington 弾力性についても GTAP データの値を利用している．もう 1 つ本章のモデルにおいて重要な意味を持つものとして余暇，労働についてのパラメータとデータがあるが，これについては日本と日本以外の地域で異なった扱いをしている．まず，日本の余暇と消費の代替弾力性については畑農・山田（2007）により推定された値 0.73 を採用する．また，日本の余暇の時間については，畑農・山田（2007）と同様に 1 日の選択可能時間を 12 時間と仮定し，厚生労働省（2008）を用いて余暇と労働の時間のシェアを求め，それと GTAP の労働量データを用いてデータを作成している[4]．さらに，『国民経済計算年報』，『財政金融統計月報』より，労働に対する課税率を導出している[5]．日本以外の余暇と消費の代替弾力性と余暇データは F&F が用いたものと同じものを用いる．

3.3　シナリオ

　シミュレーションでは，日本，米国，EU27 が 2004 年の CO_2 排出量レベルからそれぞれ 30％，20％，16％削減を行うものと仮定する．これは，コペンハーゲンでの COP15 において，各国が目標として掲げた削減量を 2004 年基準に換算したものである．米国，EU27 についてはオークションによる排出枠の配分を常に仮定するが，日本については表 3-2 の 7 つの配分方式のシナリオを想定する．AUC は全ての部門にオークションで初期配分する方式，GF はグランドファザリングで無償配分する方式である．OBA-VA と OBA-HE は各部門内での配分が OBA 方式で行われるという方法であり，AO-A～AO-C は

---

[4]　選択可能時間とは 24 時間のうち労働と余暇に割り当てる時間の総計である．こうして導出された選択可能時間に占める総労働時間のシェアは 41.5％となった．
[5]　ベンチマークにおける労働課税率はネットの税率で 50％となった（グロスの税率では 33％に相当）．なお，この導出の際，社会保障負担も労働に対する税の一種とみなして労働課税に含めている．

第3章　排出量取引の制度設計による炭素リーケージ対策　　71

表3-2　比較する配分方式

シナリオ名	説明
AUC	オークションで排出枠を配分.
GF	グランドファザリングで排出枠を無償配分.
OBA-VA	部門間の排出枠の配分を過去の付加価値シェアで決定し，部門内での配分はOBAで決定.
OBA-HE	部門間の排出枠の配分を過去のCO$_2$排出シェアで決定し，部門内での配分はOBAで決定.
AO-A	エネルギー集約部門（電力＋EITE＋TRANS）に対してOBA-HEを適用し，残りの部門にはオークションで配分する（OBA-HEとAUCの組み合わせ）.
AO-B	AO-Aの無償配分の対象部門より電力部門を除いたケース.
AO-C	AO-Bの無償配分の対象部門より輸送部門を除いたケース.

OBA-HEとAUCの組み合わせという方式である．

3.3.1　配分方式

シミュレーション結果を説明する前に，配分方式の違いを詳しく説明する．特に，無償配分方式については，研究者によってグランドファザリング，OBAといった用語を異なった意味で利用していることがしばしば見受けられ混乱がある．誤解を避けるため，以下では本章における配分方式を明確にしておく．

3.3.2　オークション（AUC）

ある部門iを例にとって説明する．各部門は規模に関して収穫一定の技術のもとで生産を行うので，生産の単位費用$c_i(w, p^{CO2})$を定義することができる．ただし，wは投入物の価格，p^{CO2}は排出枠価格である．排出枠価格が中に入っていることから推測されるように，$c_i(w, p^{CO2})$は排出枠への支払いを含んだ形での単位費用である．以上の単位費用関数を利用すると，この部門の利潤は次式となる．

$$\pi_i = (p_i - c_i) y_i$$

シェパードの補題より，$(\partial c_i / \partial p^{CO2}) y_i$が部門$i$の排出枠に対する需要量となる

が，AUCでは無償配分はないので，これがそのまま排出枠購入量 E_i となる．利潤最大化条件より，$p_i=c_i$ が成立するので，利潤はゼロ（$\pi_i=0$）となる．

3.3.3 グランドファザリング（GF）

次にグランドファザリング方式（GF）のケースであるが，部門 i への無償配分量を A_i とすると，部門 i の企業の利潤は次式となる．

$$\pi_i=(p_i-c_i)y_i+p^{CO_2}A_i \qquad (1)$$

すなわち，AUC のケースの利潤に無償配分の価値 $p^{CO_2}A_i$ が加わることになる．問題なのは A_i の捉え方であるが，ここでは F&F, Jensen and Rasmussen (2000), Parry et al. (1999), Goulder et al. (1999), Dissou (2006) 等の GF の定式化を利用する．これは GF を「排出枠の配分が企業の行動には依存しない形で行われる方式」とするアプローチであり，具体的には A_i は企業にとって所与という仮定となる．

排出枠に対する需要が $(\partial c_i/\partial p^{CO_2})y_i$ であるのは変わらないが，このケースでは A_i だけの無償配分があるので，排出枠購入量は $E_i=(\partial c_i/\partial p^{CO_2})y_i-A_i$ となる（マイナスなら需要が無償配分量を下回るので，売却量を表す）．

A_i が企業にとって所与であるという仮定から，利潤最大化条件は AUC と同じ $p_i=c_i$ となるので，利潤は $\pi_i=p^{CO_2}A_i$ となる．この超過利潤は企業の所有者（本章のモデルでは代表的家計）にそのまま一括で渡されると仮定される．AUC と同じ $p_i=c_i$ が成り立つということは，GF であっても生産量決定のための条件（企業の行動を決定する条件）が AUC と全く変わらないということを意味する．

3.3.4 Output-Based Allocation（OBA）

OBA も無償配分であるので，利潤は(1)式と同じである．GF と異なるのは，部門内での各企業への無償割当の配分が生産量に依存して行われるというところである．これは

$$A_i=a_iy_i$$

という仮定を置くということである．ただし，a_i は各企業にとって所与である

生産量1単位当たりの無償割当量である[6]．これより利潤は次式となる．

$$\pi_i = (p_i - c_i)y_i + p^{CO2}a_iy_i$$

部門全体としての割当は A_i に制限されているが，各企業にとっては生産量を増加させるほど無償割当が増加し，その結果利潤にプラスの効果が働くことになる．このように自らの行動が配分に影響を与えるのが GF との大きな違いである．

利潤最大化条件は $p_i = c_i - p^{CO2}a_i$ となる．排出規制によって c_i が上昇したとしても $p^{CO2}a_i$ の部分があるため価格の上昇は抑えられる．このため OBA では他の配分方式と比較し，排出規制による価格の上昇が小さくなる．これにより排出規制導入による tax-interaction 効果を小さくするという効果が生まれる[7]．

部門 i の排出枠購入量は，GF と同様に $E_i = (\partial c_i/\partial p^{CO2})y_i - A_i$ と表現できる．シナリオ OBA では部門内の配分は OBA によって決定するが，部門間の配分は別の方式で決める[8]．この方式としては，①過去（ベンチマーク）の付加価値シェアに応じて部門間の配分を決定する（OBA-VA），②過去の排出量のシェアに応じて部門間の配分を決定する（OBA-HE）という2つのケースを考えている．

3.3.5 オークションと OBA の組み合わせ（AO：AO-A, AO-B, AO-C）

AO-A, AO-B, AO-C は，一部の部門に対してのみ OBA-HE を適用し，残りの部門にはオークションを適用するという方式である．各部門における企業の行動は2つのケースの組み合わせとなる．排出枠の無償配分の対象となる部門は，AO-A においては電力部門，エネルギー集約貿易財部門（漁業，その他鉱業，砂糖，紙・パルプ，化学，非金属鉱物，鉄鋼），輸送部門（陸上輸送，水上輸送，航空輸送）の11部門，AO-B においてはエネルギー集約貿易財部門と輸送部門のみ，AO-C においてはエネルギー集約貿易財部門のみで

---

6) a_i は各企業にとっては所与であるが，一定の A_i に対し $A_i = a_iy_i$ が満たされるように調整される．
7) tax-interaction effect（さらに revenue-recycling effect）については，Bovenberg and Goulder (2002)，武田 (2007) が詳しい．
8) 部門間の配分をも OBA によって決定する場合もある．例えば，Böhringer and Lange (2005) ではそのような仮定を置いている．

ある.つまり,AO-A,AO-B,AO-C の順に無償配分の対象となる部門が減っていくことになる.このように3つのケースを考慮するのは,日本においてどの部門を無償配分の対象とするか(つまり,どの部門に軽減措置を与えるか)について現在のところ確定的になっていないからである.エネルギー集約貿易財部門を無償配分の対象にすべきという意見は多いが,電力部門,輸送部門を無償配分の対象にすべきか否かは意見がわかれている.そこで,電力部門,輸送部門を除いたケースも分析することにした.以下では,AO-A,AO-B,AO-C の3つのケースを総称してシナリオ AO ということにする.また,電力部門,エネルギー集約貿易財部門,輸送部門を総称してエネルギー集約部門という.

3.3.6 部門別の無償配分量

GF,OBA,AO では生産部門に排出枠が無償配分される.各部門内での配分については既に説明した通りであるが,部門間の配分については以下のように行われる.まず,無償配分される排出枠の総量は,ベンチマークにおける産業部門全体での CO_2 排出量を CO_2F0,ϕ を日本の削減率とすると,$CO_2F0 \times (1-\phi)$ で表される.具体的には,排出規制下での排出枠 833.2 $MtCO_2$(=ベンチマークの総排出量×0.7)のうち,720.7 $MtCO_2$ が生産部門に無償配分される.全体の排出枠のうち,86%が無償配分されるということになる.残りの排出枠はオークションによって配分される.

さらに,OBA では2つの方式に従い部門間の配分が決定される.まず,OBA-VA ではベンチマークにおける付加価値シェアに応じて $CO_2F0 \times (1-\phi)$ だけの無償配分が各部門に配分される.一方,OBA-HE では,ベンチマークにおける排出シェアに応じて各部門に配分される.各ケースにおける初期配分値は表3-3にまとめた通りである.

AO では,エネルギー集約部門(あるいはその一部)にのみ無償配分される.無償配分量は,エネルギー集約部門全体が対象の AO-A の場合は 610.2 $MtCO_2$(全体の73%),エネルギー集約貿易財部門と輸送部門のみ対象の AO-B の場合は 332.3 $MtCO_2$(全体の40%),エネルギー集約貿易財部門のみ対象の AO-C の場合は 191.2 $MtCO_2$(全体の23%)となる.

表3-3からわかるように,OBA-VA では部門規模の大きいサービス業,非

表3-3 OBA, AOにおける各部門への初期配分量（MtCO$_2$）

	OBA-VA	OBA-HE	AO-A	AO-B	AO-C
電力	12.3	277.9	277.9	0.0	0.0
漁業	1.3	10.1	10.1	10.1	10.1
その他鉱業	0.7	1.7	1.7	1.7	1.7
砂糖	0.2	0.4	0.4	0.4	0.4
紙・パルプ	11.8	9.5	9.5	9.5	9.5
化学	17.2	46.4	46.4	46.4	46.4
非金属鉱物	4.8	15.8	15.8	15.8	15.8
鉄鋼	6.5	107.3	107.3	107.3	107.3
陸上輸送	29.0	119.3	119.3	119.3	0.0
水上輸送	3.6	13.1	13.1	13.1	0.0
航空輸送	1.4	8.7	8.7	8.7	0.0
農業	9.1	10.5	0.0	0.0	0.0
食料品	16.3	7.1	0.0	0.0	0.0
繊維衣服	4.0	0.4	0.0	0.0	0.0
木・木製品	1.8	0.0	0.0	0.0	0.0
非鉄金属	2.8	1.8	0.0	0.0	0.0
輸送機械	15.5	0.1	0.0	0.0	0.0
その他機械	21.9	1.4	0.0	0.0	0.0
その他製造	34.8	6.1	0.0	0.0	0.0
石油・石炭製品	0.5	8.2	0.0	0.0	0.0
建築	47.0	8.2	0.0	0.0	0.0
商業	112.8	10.5	0.0	0.0	0.0
放送・通信	17.2	1.1	0.0	0.0	0.0
その他サービス	348.2	55.1	0.0	0.0	0.0
無償配布量（合計）	720.7	720.7	610.2	332.3	191.2
オークション分	112.5	112.5	223.0	500.9	642.0
排出枠（合計）	833.2	833.2	833.2	833.2	833.2

注：化石燃料部門（石炭，原油，ガス）は OBA の対象ではないので除いてある．

エネルギー集約部門への配分が多く，その代わりにエネルギー集約部門への配分は少ない．よって，OBA-VA は無償配分といっても，エネルギー集約部門に有利な形にはならない．一方，OBA-HE ではエネルギー集約部門，特に電力，その他輸送，化学，鉄鋼部門への配分が多くなる．このため OBA-HE ではエネルギー集約部門に有利になる．AO では，OBA-HE でのエネルギー集約部門（のさらに一部）のみが無償配分され，残りの全ての排出枠はオークションで配分される．なお，GF では，①配分が企業行動に影響しない，②無償

配分による利潤（レント）は一括で家計にわたるということから，無償配分量全体が意味を持つのに対し，部門間の配分は実質的には意味を持たないので考慮する必要はない．また，家計についてはどのシナリオにおいても，無償配分はなく，オークションで排出枠を購入すると仮定している．したがって，GF，及び2つのOBA（OBA-VAとOBA-HE）のシナリオでも政府は多少の排出枠収入を得ることになる．

3.4 シミュレーション結果

3.4.1 経済全体への効果（経済効率性）

それではシミュレーション結果を検討する．以下，どの地域も排出規制を導入していない均衡を Business as Usual（BaU）と呼ぶ．まず，経済全体への効果を見てみよう．経済全体への効果は表3-4にまとめられている．排出枠価格（CO_2 1トン当たりUSドル）は高いものから順に，OBA-HE，AO-A，AO-B，AO-C，OBA-VA，AUC，GFである．最も高いOBA-HEで133.7ドル，最も低いGFで93.7ドルと，配分方式によって40ドル程度の差が生じる．OBA-HEの排出枠価格が最も高くなるのは，CO_2 集約部門を優遇することになるため，同じ削減量を実現するためには全体として高い排出枠価格が必要になるからである．AUCとOBA-HEのハイブリッド型の配分方式であるAOの排出枠価格はAO-AからAO-B，AO-Cへとオークションによる排出枠配分量が増加（減少）するにつれてAUC（OBA-HE）の排出枠価格に近づく．AO-AはOBA-HEとほぼ同じであるのに対し，AO-B，AO-Cはそれよりはかなり低くAUCに近い値であることから，同じAOであっても電力部門を無償配分の対象とするか否かで結果が大きく変わってくることがわかる．

厚生（代表的家計の効用）への効果はどの配分方式でもマイナスとなる．マイナス効果の小さい（つまり，負担の少ない）順に並べると，AUC，AO-C，AO-B，OBA-VA，AO-A，OBA-HE，GFとなる．マイナス効果が最も小さいAUCで－0.25％，マイナス効果が最も大きいGFで－0.60％となる．AO-Cは－0.31％，AO-Bは－0.36％と，オークションによる排出枠配分量が多いためAUCのマイナス効果の値に近くなるが，電力部門も無償配分対象部門にす

第 3 章　排出量取引の制度設計による炭素リーケージ対策

表 3-4　主要経済指標への効果

	AUC	GF	OBA-VA	OBA-HE	AO-A	AO-B	AO-C
排出枠価格（ドル/トン-CO_2）	99.0	93.7	100.0	133.7	131.6	107.5	105.6
厚生	-0.25	-0.60	-0.38	-0.49	-0.47	-0.36	-0.31
GDP	-0.06	-1.10	-0.47	-0.65	-0.56	-0.30	-0.23
消費	0.10	-1.71	-0.62	-0.95	-0.80	-0.36	-0.19
労働供給	0.89	-0.91	0.17	-0.01	0.15	0.50	0.63
実質賃金	1.00	-3.20	-0.69	-1.31	-0.95	-0.01	0.35
労働課税率（%）	44.3	51.8	49.6	50.5	49.4	46.9	45.7
労働所得	1.90	-4.08	-0.52	-1.32	-0.80	0.48	0.98
家計の総所得	0.10	-1.71	-0.62	-0.95	-0.80	-0.36	-0.19
排出枠収入（10 億ドル）	82.5	10.5	11.3	15.0	29.3	53.8	67.8
炭素リーケージ率（%）	16.1	16.1	16.1	15.3	15.3	15.6	15.6
炭素リーケージ率（単独, %）	36.9	36.6	36.9	32.4	32.6	33.8	34.2

注：特に単位の指定がないものは BaU からの変化率（%）．労働課税率は変化率ではなく水準．炭素リーケージ率（単独）は日本のみが排出規制をした場合の炭素リーケージ率．

　る AO-A は -0.47% と OBA-HE のマイナス効果の値に近くなる．厚生効果についても，電力を無償配分の対象にするか否かで結果がかなり変わることがわかる．一方，GDP への効果についても，厚生効果よりもシナリオ毎の差が若干大きくなるという点を除き，厚生効果と同じような結果となっている．以上より，経済全体での効率性という観点からは，最も望ましいのが AUC であり，次に AO-C, AO-B の順で望ましく，そして OBA-VA, AO-A, OBA-HE が続き，最も劣るのが GF ということになる．また，AO については，電力部門を無償配分の対象に含めるか否かで結果がかなり変わってくる．

　厚生，GDP の動きの要因を考えるため，消費の動きを見てみよう．消費へのマイナス効果の小さい順に並べると，AUC, AO-C, AO-B, OBA-VA, AO-A, OBA-HE, GF となり，厚生，GDP への効果と連動している．AUC では排出規制の導入に伴い消費が増加し，AO-C, AO-B では消費の減少率が小さい．このように消費が増加する，あるいは消費の減少が小さいのは，これらの配分方式では revenue-recycling 効果が強く働くためである．オークションで全ての排出枠を配分する AUC では，他の配分方式と比較して大きな排出枠収入が政府に生じる．政府は一定の政府支出をファイナンスした残りの収入は全て労働課税の軽減に利用すると仮定しているので，排出枠収入が生まれることによって労働課税を軽減できる．この労働課税の低下によって，家計の直

面する実質賃金が上昇し，BaU では過少となっていた労働供給が増加する．この労働供給の増加によって所得が増加し，消費が増加することになる．AUC のシナリオでは，政府に約 825 億ドルの排出枠収入が生じ，revenue-recycling により労働課税率は 6% ポイント（ベンチマークの 50% から 44% に）低下する．それにより，実質賃金は 1.00% 上昇し，雇用は 0.89% 増加，その結果家計の労働所得，総所得はそれぞれ 1.90%，0.10% 増加し，消費が 0.10% 増加する．AO-C，AO-B ではオークションで配分する排出枠の量が AUC より減るため，排出枠収入は小さくなる（AO-C では約 678 億ドルに，AO-B では約 538 億ドルに減る）．しかし，それでも revenue-recycling 効果が働くため，消費の減少率がそれぞれ −0.19%，−0.36% と小さくなる．AO-A ではさらに電力部門が無償配分の対象に加わり，排出枠収入がかなり少なくなるため，消費への悪影響は拡大する．

一方，GF で消費が大きく減少するのは次の2つの理由による．第1に，GF では産業部門に対して全て無償配分するため，revenue-recycling 効果は小さくなる[9]．第2に，生産補助金のような効果が働く OBA に対し，GF ではそのような効果がないため，排出規制の導入に伴う生産コストの上昇幅が大きく，OBA と比較して生産物価格が上昇するので，実質賃金が大きく低下する．この実質賃金の低下はすでに過少な状態にある労働供給を一層減少させ，労働市場における歪みを拡大させることになる（いわゆる tax-interaction 効果）．このように，GF では revenue-recycling が小さくなるとともに，tax-interaction 効果が強く働くため，排出規制の負担が大きくなるのである．

OBA-HE も無償配分方式であるので，revenue-recycling 効果が小さくなるのは GF と同じである．しかし，生産量に応じて部門内の配分が決まる OBA-HE では，生産に補助金を拠出しているのと同じ効果が働くため，GF のケースよりも規制による生産物価格の上昇が抑制される．このため GF では強く働いていた tax-interaction 効果が弱まり，労働供給の減少が GF よりも小さくな

---

[9] GF でも「家計」へはオークションで配布するため，105 億ドル程度の排出枠収入は生じる．よって，GF でもわずかながらも revenue-recycling 効果が働くことになるが，表 3-4 の「労働課税率」の数値を見ればわかるように GF では 51.8% へ労働課税はむしろ上昇するという結果になる．これは脚注3で説明したように，その他の税収が大きく減少するためである．同じことは OBA-HE についても成り立っている．

る．この結果，OBA-HE では消費のロスが GF よりも小さくなるのである．
　OBA-VA は，AO-B，AO-C よりも消費が低下するが，OBA-HE よりはよい．AO-B，AO-C よりも劣るのは排出枠収入が少なく revenue-recycling 効果が小さいためだが，OBA-HE よりもよいのは，OBA-VA では付加価値シェアに応じて無償配分が行われるため OBA-HE のようにエネルギー集約部門を優遇するような政策ではなく，部門の規模に応じて一様に行われる政策であるためである．

3.4.2 炭素リーケージ

　ここでは，配分方式変更による炭素リーケージへの影響を考察する．表 3-4 に日本，米国，EU27 が同時に排出規制を導入する際の各シナリオにおける炭素リーケージ率を示している．ここでの炭素リーケージは削減する地域全体での CO_2 排出量の減少に対し，それ以外の地域でどれだけ排出量が増加するかを表している[10]．表 3-4 によると，日本，米国，EU27 が同時に排出規制を導入する際の炭素リーケージ率は小さい配分方式から順に OBA-HE，AO-A，AO-B，AO-C，GF，AUC，OBA-VA である．GF と OBA-VA を除くと，排出枠が無償配分される CO_2 集約部門の部門数が多いほど炭素リーケージ率は小さくなる．ここから，いくつかのことが明らかになっている．第 1 に，炭素リーケージが起こっても，先進国の削減のうち，一部しか相殺されず，世界全体で排出量が増加することはないということである．第 2 に，配分方式で炭素リーケージ率は，それほど変わらない．これは，①炭素リーケージ率が 3 地域全体での炭素リーケージ率であって，日本の削減による炭素リーケージだけを取り出したものではない，②配分方式を変更しているのは日本のみで，米国，EU27 の削減による炭素リーケージはどのケースでもほとんど変わらないという 2 つの理由による．この数値では，米国，EU27 からの炭素リーケージも含まれており，日本からの炭素リーケージの変化がわかりにくい．そこで，日本の影響のみを考慮するため，日本が単独で排出規制を導入する際の炭素リーケージ率も掲載している．日本，米国，EU27 が同時に排出規制を導入する際と

---

10) 例えば，50% の炭素リーケージは，削減国で 1 億トンの CO_2 排出量を減らした時に，非削減国で 5,000 万トン増加していることを意味する．

同様に，排出枠が無償配分される CO_2 集約部門の部門数が多いほど炭素リーケージ率は小さくなる傾向にあるが，炭素リーケージ率は 32.4-36.9% で，配分方式により炭素リーケージ率にそれなりの差が生じることがわかる．

以上の結果が示すように，OBA-HE と AO の配分方式ではその他の方式と比較して炭素リーケージ率を小さくすることができる．経済全体での効率性という観点からは AUC が望ましいということが示されたが，炭素リーケージをできるだけ防止するという観点からは OBA-HE と AO が AUC よりも優れていることになる．

3.4.3 部門別の効果

無償配分という方式が提案されている大きな理由は，排出規制が一部の部門（特に，エネルギー集約部門）に対して極端に大きい負担をもたらすのを避けるということであった．以下では，配分方式を変えることで，各部門への影響がどう変わるかを確認する．個別の部門に対する影響を見るには，様々な指標が考えられるが，以下では部門別の生産量への効果を分析する．

表 3-5 は部門別生産量の変化率をまとめたものである．個々の部門の生産を見てみると，基本的にはどの部門でも生産は減少する傾向にあるのがわかるが，その減少率は配分方式によってかなり変わってくる．まず，GF は他の配分方式と比較し，ほとんどの部門について生産の低下率が最も大きい．AUC は，エネルギー集約部門の生産の低下率が GF, OBA-VA に次いで 3 番めに大きく，非エネルギー集約部門の生産の低下率が他の配分方式と比較して小さいという特徴がある．また，OBA-VA は全体的に AUC よりも生産の低下率が拡大しているが，部門間の差という点では AUC と同じような傾向を示している．一方，OBA-HE と AO では AUC とはかなり異なる傾向が見られる．すなわち，AUC よりもエネルギー集約部門の生産の低下率が小さくなる代わりに，その他の部門の生産の低下率が大きくなるという結果が出ている．特にOBA-HE, AO-A では，エネルギー集約貿易財部門の生産の低下率が非エネルギー集約部門の生産の低下率よりも小さくなるという逆転の現象が生じている．事前に予測されたように，OBA-HE, AO ではエネルギー集約部門へのマイナスの影響がかなり小さくなるということが確認できる．ただし，AO-B, AO-C については電力部門，輸送部門が無償配分の対象から除外されている

第3章 排出量取引の制度設計による炭素リーケージ対策

表 3-5 部門別生産量の変化率(%)

	AUC	GF	OBA-VA	OBA-HE	AO-A	AO-B	AO-C
電力	−12.6	−13.1	−12.6	−4.6	−4.6	−12.9	−12.7
漁業	−3.6	−4.4	−3.9	−3.5	−3.6	−2.8	−2.6
その他鉱業	−2.0	−2.2	−2.1	−1.1	−1.0	−1.4	−1.5
砂糖	−0.6	−2.0	−1.2	−1.1	−1.2	−0.7	−0.5
紙・パルプ	−0.3	−1.5	−0.8	−0.9	−0.8	−0.7	−0.6
化学	−3.0	−3.8	−3.3	−1.6	−1.5	−1.9	−1.7
非金属鉱物	−2.1	−2.5	−2.3	−0.9	−0.8	−1.2	−1.2
鉄鋼	−11.3	−11.5	−11.5	−2.7	−2.6	−4.2	−4.0
EITE	−4.0	−4.7	−4.4	−1.6	−1.5	−2.1	−1.9
その他の輸送	−1.7	−2.8	−2.2	−1.2	−1.0	−0.7	−2.1
水上輸送	−2.6	−3.0	−2.8	−1.5	−1.4	−1.0	−3.3
航空輸送	−3.8	−4.7	−4.3	−0.5	−0.2	0.9	−5.6
TRANS	−1.9	−3.0	−2.4	−1.2	−1.0	−0.6	−2.5
農業	−0.5	−1.6	−0.9	−1.3	−2.1	−1.3	−1.1
食料品	−0.2	−1.7	−0.8	−1.1	−1.4	−0.8	−0.5
繊維衣服	1.6	−0.2	0.9	−1.4	−1.2	−0.3	0.0
木・木製品	0.6	0.0	0.4	−1.1	−1.1	−0.6	−0.6
非鉄金属	−3.2	−3.8	−3.5	−2.3	−3.0	−5.2	−4.9
輸送機械	−0.2	−1.2	−0.5	−1.7	−1.3	−0.4	−0.2
その他機械	−0.9	−1.6	−1.1	−2.3	−2.0	−1.8	−1.4
その他製造	−0.8	−1.7	−1.1	−1.7	−1.7	−1.7	−1.5
NEINT	−0.6	−1.5	−0.9	−1.7	−1.6	−1.3	−1.0
石油・石炭製品	−14.6	−15.0	−14.7	−14.5	−15.5	−14.7	−14.8
建築	−0.2	−0.3	−0.2	−0.2	−0.2	−0.2	−0.2
商業	0.5	−0.9	0.0	−0.7	−0.5	−0.1	0.2
放送・通信	0.5	−0.8	0.0	−0.7	−0.5	−0.1	0.1
サービス	0.2	−0.8	−0.2	−0.6	−0.5	−0.3	−0.1
SVCES	0.2	−0.8	−0.2	−0.6	−0.5	−0.2	−0.1

ため,電力部門,輸送部門の生産量へのマイナスの効果は AUC 等とそれほど変わらない.

3.5 配分方式の比較

ここまで様々な観点から,日本における排出枠の配分方式の比較を行ってきた.以下で,これまで得られた考察に基づき,配分方式を総合的に評価してみ

よう．まず，経済効率性という観点からの優位性は，AUC が最も高く，次に，AO，OBA となる．一方，炭素リーケージをできるだけ小さくするという観点では，優れているものから順に OBA-HE，AO である．さらに，国内のエネルギー集約部門への負担を軽減するという観点では，AO，OBA-HE が望ましい．

効率性の観点，炭素リーケージをできるだけ小さくするという観点，エネルギー集約部門への負担を軽減するという観点の3つの全ての観点で，GF は他の配分方式より劣る．よって，GF は配分方式として望ましくはない．AUC は効率性の観点からは最も望ましい．しかし，AUC は炭素リーケージ率が大きく，エネルギー集約部門へのマイナスの影響が大きいという問題がある．OBA-VA は炭素リーケージ，エネルギー集約産業への影響という面では AUC と同程度，もしくは AUC よりも悪い一方で，効率性の面でも AUC に劣る．よって，OBA-VA は AUC よりは劣った方式ということになる．

OBA-HE は効率性の面では AUC に劣る．しかし，炭素リーケージ率が小さく，エネルギー集約部門への影響も軽減できる．AO-A については，OBA-HE とほぼ同じような結果であるが，若干 OBA-HE よりはよい結果となっている．AO-A と OBA-HE の違いは非エネルギー集約産業，サービス産業に対して OBA を適用するかオークションを適用するかという点であった．AO-A と OBA-HE の結果がそれほど変わらないということは，非エネルギー産業，サービス産業に OBA とオークションのどちらを適用するかはそれほど重要ではないということを示唆している．

AO-B，AO-C については，効率性の面では AO-A よりもかなり改善する．特に，AO-C については効率性において AUC とそれほど変わらない．また同時に AO-C では，エネルギー集約貿易財産業へのマイナスの影響を AUC よりもかなり軽減することができる．ただし，AO-C では電力部門，輸送部門が無償配分の対象から除外されており，この2つの部門については AUC とほとんど変わらない影響を受ける．

以上の結果から総合的に考えると，経済効率性を第1に考えるならば AUC が最もよい配分方式であるといえる．しかし，経済効率性だけではなく，炭素リーケージ，エネルギー集約部門へのマイナスの効果という観点も考慮するのなら，AO が比較的望ましい配分方式だといえる．特に，AO-C は AUC に近

い効率性を有する一方で,エネルギー集約貿易財産業へのマイナスの効果をAUCよりもはるかに小さくできるという意味でバランスのよい政策であるといえる.経済学の分析では,政策の優劣を判断する際に経済全体での効率性のみを基準とすることが多いため,オークション＋歪みのある税の軽減という方式が望ましいという意見が多い.しかし,効率性以外の基準も考慮した場合には,効率性では若干劣るような方式の方が望ましくなる可能性がある.本章による様々な配分方式の定量的な比較は,実際にOBAとオークションを組み合わせるような方式がむしろバランスのとれたよい方式となりうることを裏付けている.

最後にOBAという方式についての留意点について述べておこう.第1に,削減負担の転嫁の問題がある.OBA-HE,AO-Aではエネルギー集約部門の負担が軽減されるが,そのためには両方式で排出枠価格が上昇する必要が生じ,その結果,家計による削減は他の方式よりもかなり多くなる.これは両方式が本来削減される部分を家計に押し付けているということを意味している.政策決定の際には,このような家計部門への削減の押し付けが許容できるものかどうかも考慮すべきであろう.

第2に,特定部門の過剰な保護の可能性である.OBA-HE,AO-Aでは国内エネルギー集約部門の負担が小さくなったが,3.4節で見たように,非エネルギー集約部門の方がエネルギー集約貿易財部門よりも生産の低下が大きくなるという逆転の現象が生じていた.つまり,負担を減少させるというにとどまらず,むしろ過剰に保護している状態となっていた.このような過剰な保護は公平性という観点からは問題となると考えられる.ただし,無償配分する量を適切に調整することで,このような過剰保護を回避することは可能である.この過剰保護の問題は制度設計によって対処できる問題である.

3.6 おわりに

本章ではCGEモデルを利用して,日本における排出量取引の効果について様々な排出枠の配分方式による比較を行った.モデルには14地域,27部門の静学的CGEモデルを利用し,ベンチマーク・データには2004年を基準年とするGTAP7データベースを用いた.排出規制としては総排出量を規制するキ

ャップ・アンド・トレードを想定し，日本，米国，EU27がそれぞれ30％，20％，16％だけCO_2排出量を削減すると仮定している．以上の設定のもとで，日本における排出枠の初期配分方式を変更し，それにより排出規制の効果がどう変化するかを分析した．比較した配分方式は，オークション方式（AUC），グランドファザリング方式（GF），部門間の排出枠の配分を過去の付加価値シェアで決定する OBA 方式（OBA-VA），部門間の排出枠の配分を過去のCO_2排出シェアで決定する OBA 方式（OBA-HE），一部の部門のみ OBA-HE 方式による無償配分，残りの部門は AUC による有償配分という混合方式（AO-A, AO-B, AO-C）の 7 つの方式である．

分析の結果，次のような考察が得られた．まず，配分方式を経済効率性（厚生，GDP への効果）の観点から比較した場合，オークション（AUC）が最も望ましいという結果となった．一方，炭素リーケージをできるだけ小さくするという観点では，OBA-HE，AO が優れており，AUC，GF は劣っているという結果が得られた．さらに，国内のエネルギー集約部門への負担を軽減するという観点では，AO，OBA-HE が望ましく，GF と AUC は望ましくないという結果となった．

以上の結果から総合的に考えると，経済効率性を第1に考えるならばオークションが最もよい配分方式であるといえる．しかし同時にオークションでは海外への炭素リーケージ，国内のエネルギー集約部門へのマイナス効果が大きい．経済効率性だけではなく，炭素リーケージの抑制，国内のエネルギー集約部門への負担の防止ということも考慮するのなら，効率性の面でオークションより劣ることになるが，混合方式（AO）が望ましい配分方式であるといえる．特に，混合方式 AO-C は効率性ではオークションとそれほど変わらないと同時にエネルギー集約貿易部門へのマイナスの効果を比較的小さくできることから，オークションと比較してバランスのよい配分方式である．

謝　辞

　本章を執筆する際に，鷲田豊明氏，西條辰義氏，ならびに2009年度日本経済学会秋季大会，RFF ワークショップ，上智大学ワークショップ，IGES ワークショップ，WCERE2010参加者の方々から多くの有益なコメントをいただいた．ここに記して感謝したい．

参考文献

Böhringer, C. and Lange, A. (2005) "Economic Implications of Alternative Allocation Schemes for Emission Allowances," *Scandinavian Journal of Economics*, Vol. 107, No. 3, pp. 563-581.

Bovenberg, A. L. and Goulder, L. H. (2002) "Environmental Taxation," in Auerbach, Alan J. and Martin Feldstein eds. *Handbook of Public Economics 3*, Amsterdam, Chap. 21, pp. 1471-1545.

Dissou, Y. (2006) "Efficiency and Sectoral Distributional Impacts of Output-Based Emissions Allowances in Canada," *Contributions to Economic Analysis & Policy*, No. 5, Vol. 1, Article 26.

Fischer, C. and Fox, A. K. (2007) "Output-Based Allocation of Emission Permits for Mitigating Tax and Trade Interactions," *Land Economics*, Vol. 83, No. 4, pp. 575-599.

Goulder, L. H., Parry, I. W. H., Williams, R. C. and Burtraw, D. (1999) "The Cost-Effectiveness of Alternative Instruments for Environmental Protection in a Second-Best Setting," *Journal of Public Economics*, Vol. 72, No. 3, pp. 329-360.

Jensen, J. and Rasmussen, T. N. (2000) "Allocation of CO_2 Emissions Permits: A General Equilibrium Analysis of Policy Instruments," *Journal of Environmental Economics and Management*, Vol. 40, No. 2, pp. 111-136.

Lee, H.-L. (2008) "The Combustion-based CO_2 Emissions Dara for GTAP Version 7 Data Base".

Parry, I. W. H., Williams III, R. C. and Goulder, L. H. (1999) "When Can Carbon Abatement Policies Increase Welfare? The Fundamental Role of Distorted Factor Markets," *Journal of Environmental Economics and Management*, Vol. 37, No. 1, pp. 52-48.

Rutherford, T. F. and Paltsev, S. V. (2000), "GTAP in GAMS and GTAP-EG: Global Datasets for Economic Research and Illustrative Models," *Working Paper*, Department of Economics, University of Colorado.

厚生労働省 (2008)『毎月勤労統計』.

杉野誠・有村俊秀・Morgenstern, R. D. (2010)「国際競争力に配慮した炭素価格政策」上智大学・環境と貿易研究センターディスカッションペーパーシリーズ，CETR DP J-10-1.

武田史郎 (2007)「二酸化炭素の排出規制における二重の配当の可能性：動学的応用一般均衡モデルによる分析」

南齋規介・森口祐一 (2010) 産業連関表による環境負荷原単位データブック (3EID)：2005年表 (β+版), 独立行政法人国立環境研究所 地球環境研究センター, http://www.cger.nies.go.jp/publications/report/d031/index-j.html

畑農鋭矢・山田昌弘 (2007)「家計行動と公共政策の効果—構造パラメータの検証と推定」橘木俊詔編『政府の大きさと社会保障制度—国民の受益・負担からみた分析と提言』, 東京大学出版会, 東京, pp 203-222.

第4章　日本の国境調整措置政策
―― 炭素リーケージ防止と国際競争力保持への効果

武田史郎・堀江哲也・有村俊秀

4.1 はじめに

　先進各国では国内排出量取引制度や炭素税といったCO_2排出削減のための政策の導入が検討されている．その一方で，京都議定書において非附属書I国となった途上国では排出規制導入は見合わされている．このような国家間の非対称な排出規制導入は，炭素リーケージと，先進国企業の国際競争力低下の問題を引き起こす可能性が指摘されている．

　近年，この炭素リーケージと国際競争力の低下への解決策として，国境調整措置の導入とその有効性について活発な議論が行われている．ここでの国境調整措置とは，市場における競争条件のうち，温室効果ガス排出規制によって不利になった部分を補うことを目的とした関税政策である．第3章では，国際競争力問題・炭素リーケージ対策として，排出枠の配分方法によって対処する方法を検証したが，本章では，国境調整措置による対処方法を検証する．具体的には，日本において炭素税や排出量取引制度などの炭素価格政策が導入された際に，国境調整措置を行うことの効果を分析する．特に，炭素リーケージの抑制効果，日本の国内産業の国際競争力低下の抑制効果と，厚生水準に与える効果を定量的に検証する．

　近年，米国ではワックスマン・マーキー法案，ケリー・ボクサー法案，及びキャント・ウェルコリンズ法案といったような，排出量取引制度の導入がもたらす炭素リーケージと国際競争力低下への対策措置や無償配分措置が提案されてきた．特に，国境調整措置が注目を集めており，例えば，2009年に米国の下院議会を通過したワックスマン・マーキー法案では，エネルギー集約貿易財

産業(以下,EITE[1]産業)が炭素リーケージの問題に直面すると判断されれば,排出枠購入の費用を還付されることが提案されていた.さらに排出規制のない国からの輸入品に対しては,排出枠の購入を義務付けるという国境調整措置を,大統領が実施できるように提案されていた.これは,まさに,炭素税を関税として課す国境調整措置と同じである.また,欧州においても同様の議論が行われている.欧州では EU-ETS と呼ばれる CO_2 の排出量取引制度が 2005 年より施行されている.2005 年から 2007 年を第 1 フェイズ,2008 年から 2011 年を第 2 フェイズとし,フェイズが進むにつれ,排出枠が無償配分される割合を少しずつ減らしていた(第 1 フェイズでは 95%,第 2 フェイズでは 90%).2012 年より始まる第 3 フェイズでも,さらに無償配分を減らし,オークション方式による有償配分への移行を進めることになっている.これに当たり,欧州域内産業界への影響を考慮し,費用軽減措置を設けることが,すでに欧州委員会により決定されている(European Commission 2010).そのような議論の中で,フランスのサルコジ大統領は,「取組が不十分な国に対して適切な国境調整措置を取ることは可能であるべき」と主張しており,欧州の各国首脳も国境調整措置に強い関心を持っている[2].

日本においても,炭素価格政策の導入が議論される中で[3],政策導入によって起こりうる炭素リーケージと共に,特に国内産業が直面する生産費用負担の増加による国際競争力の低下が,最大の懸念事項の 1 つとして挙げられている.政策の議論の場で,これらの問題への対策として国境調整措置が注目を浴びる一方で,日本で炭素価格政策が導入された際に国境調整措置が実行された場合の効果の程度を定量的に検証した研究は,いまだなされていない.

さらに,国境調整措置には,様々な種類があることに注意する必要がある.まず,国内市場における公平性を保つために,輸入財に体化された生産時に排出された炭素量に基づいて課される輸入関税がある.この輸入関税は,その輸

---

1) Energy Intensive Trade Exposed の略.
2) 経済産業省通商政策局通商機構部「2010 年版不公正貿易報告書」.http://www.meti.go.jp/report/downloadfiles/g100402a03j.pdf
3) 2010 年 4 月より開かれている中央環境審議会地球環境部会では,日本における排出量取引制度の設計についての議論がなされている.さらに 2010 年 3 月から 6 月にわたって開かれた財務省における「環境と関税研究会」では,排出量取引制度の導入に伴う炭素リーケージ問題と国内産業の国際競争力の低下の解決に焦点が当てられ,議論が進められた.

第4章　日本の国境調整措置政策　　89

入された財と同じ財が，日本国内で生産された場合の排出係数を基にして設定される輸入関税と，輸出国での排出係数に基づいて設定される輸入関税の2種類がある．次に，海外市場での公平性を保つために，国内から輸出される財に対して，炭素価格の負担を割り戻す施策がある．この場合，輸入関税と輸出補助金を同時に使用する国境調整措置も考えられる．さらに，これらの輸入関税と輸出補助金を産業全体に適用する措置と，適用産業を限定する措置もある．このように多岐にわたる国境調整措置の，炭素リーケージと国際競争力低下の抑制への有効性を分析することは，日本における炭素価格政策立案の上で重要な情報を提供するものと考えられる．

　国境調整措置については近年活発に研究されており，すでにFischer and Fox（2009），Alexeeva-Talebi et al.（2008），Kuik and Hofkes（2009），Mattoo et al.（2009）等によって定量的な分析が行われている．Fischer and Fox（2009）は輸入に対する措置，輸出に対する措置，輸出入に対する措置といった炭素リーケージ防止策を理論的分析とシミュレーション分析の2つの手法で比較しているが，シミュレーション分析の対象は米国とカナダであり，しかもシミュレーション手法にはFischer and Fox（2007）で行ったCGE分析の結果を用いた簡易な手法を利用している．Alexeeva-Talebi et al.（2008）は国境調整措置と統合された排出量取引（integrated emissions trading）という2つの炭素リーケージ防止策，競争力対策を理論的，実証的手法（CGE分析）により比較分析している．統合された排出量取引という政策と比較するという点は新しいが，国境調整措置については単純なものしか扱っておらず，さらに欧州の排出規制であるEU-ETSをシミュレーション分析の対象としている．Kuik and Hofkes（2009）はやはりCGE分析によって国境調整措置の効果を分析している．部門別の効果を詳細に分析しているという点は優れているが，Alexeeva-Talebi et al.（2009）同様，EUの排出規制のみが分析対象である．Mattoo et al.（2009）はCGE分析によって先進国の国境調整措置を伴った排出規制の分析をしている．欧米だけではなく日本の国境調整措置も考慮しており，しかも多様な国境調整措置政策を分析しているが，主な分析対象はやはり米国，欧州，及び途上国であり，日本に対する影響は深くは扱っていない．以上のように既存研究では，分析対象のほとんどが欧米であり，日本について詳しく分析したものはない．その中で，本章の貢献は，日本を主な分析対象とし，日本

の国境調整措置政策の日本への影響を詳細に分析し，多様な炭素リーケージ防止策，競争力維持政策を比較検討していることである．

本章の分析には第1章，第3章で紹介した多地域・多部門の応用一般均衡モデル（CGEモデル）によるシミュレーション分析を用いた．モデルはGTAP-EGモデル（Rutherford and Paltsev 2000）を改良した14地域，26部門の静学的CGEモデルであり，ベンチマーク・データには2004年を基準年とするGTAP7データベース（GTAP 2008）を利用した．日本において90年比マイナス25%という削減がキャップ・アンド・トレード型の排出量取引制度の形で導入された状況を想定し，そこに国境調整措置が導入された場合にどのような影響があるかを分析している．具体的には次のような5つのケースを取り上げた．①輸出側の排出係数を基に輸入に対して国境調整措置を行うケース，②輸入側の排出係数を基に輸入に対して国境調整措置を行うケース，③輸出にも国境調整措置を行うケース，④EITE産業にのみ輸入の国境調整措置を行うケース，⑤EITE産業にのみ輸出入の国境調整措置を行うケース．これらの5つのケースを取り上げ，厚生効果，炭素リーケージ，EITEの国際競争力という観点から分析を行った．さらに，参考のためOBAによる排出枠の無償配分措置も分析し，国境調整措置との比較を行った．

本章は以下のように構成される．4.2節において分析に用いるCGEモデルとデータについて説明を行い，4.3節では分析される排出量取引制度と国境調整措置の定義を行う．4.4節では分析結果を提示し，続く4.5節では，政策間の比較を行う．最後に4.6節で結論を述べる．

4.2 モデルとデータ

分析には，GTAP-EGモデルをベースにした多地域・多部門の静学的CGEモデルによるシミュレーションを用いる．モデル，データともに第3章のものとほぼ共通であるので，以下では相違点のみを説明することにする．まず，地域，部門の分類が異なっている．本章では表4-1の14地域，26部門にデータを分割している．さらに，本章ではエネルギー集約貿易財部門（EITE部門）に，漁業，その他鉱業，紙・パルプ，化学，窯業，鉄鋼に加え非鉄金属も含めている．第2に，効用関数が異なる．第3章では，Fischer and Fox（2007）に

表 4-1　地域と部門

	地域	部門	
JPN	日本	漁業	繊維衣服
CHN	中国	その他鉱業	木・木製品
KOR	韓国	紙・パルプ	輸送機械
ASI	その他アジア	化学	その他機械
USA	米国	窯業	その他製造
CAN	カナダ	鉄鋼	石炭
OOE	その他OECD	非鉄金属	原油
EUR	EU27	電力	ガス
FSU	旧ソ連	石油・石炭製品	建築
OEU	その他ヨーロッパ	陸上輸送	商業
IND	インド	水上輸送	放送・通信
BRA	ブラジル	航空輸送	その他サービス
MPC	メキシコ＋OPEC	農業	
ROW	その他の地域	食料品	

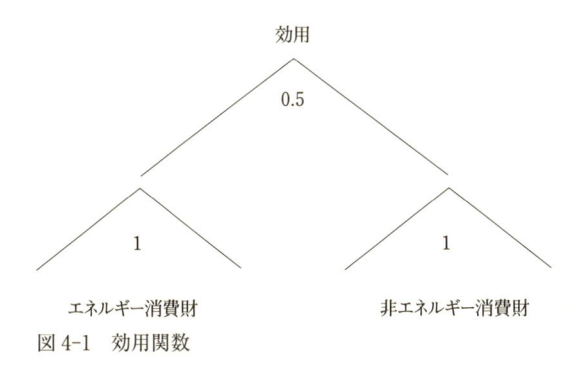

図 4-1　効用関数

ならい，効用が消費だけではなく，余暇に依存すると仮定し，労働供給が内生的に変化するモデルを用いていた．本章では，より単純に効用は消費のみに依存すると仮定し，図 4-1 のような CES 効用関数を前提とする．この修正に伴い，労働供給は外生的に固定されていると仮定している．このため，本章では，第 3 章と異なり，排出枠売却収入を利用した revenue-recycling（二重の配当）は分析対象となっていない．

4.3 排出量取引制度と国境調整措置

4.3.1 排出量取引制度

本章では，日本政府は環境規制としてキャップ・アンド・トレード型の排出量取引制度を導入する．特に，ここではオークションによって排出枠が業種間で分配されるとする．オークション方式のキャップ・アンド・トレード型排出量引制度は，環境税と同等の影響を経済に与えることが知られている．また，オークション収入は一括の形で家計に還元すると仮定する．最後に，CO_2削減率については，90年比25%削減を2004年（データの基準年）比に直した30%という値を仮定する．これは，COP15におけるコペンハーゲン合意以降，国際的に日本のCO_2排出削減目標として認識されている数値である．

4.3.2 国境調整措置

国境調整措置は，国家間の非対称な環境規制の導入が引き起こす可能性のある，炭素リーケージと国際競争力低下の抑制を目的とした政策である．本章では，日本において，国境調整措置が導入されていない場合と5種類の異なる国境調整措置が導入された場合を考える．表4-2には，それぞれの国境調整措置に基づいた政策シナリオの名前と，その措置の特徴が示されている．

まず，1つめの政策シナリオは，排出規制は導入されるが国境調整措置が行われない場合であり，NBAと呼ぶことにする[4]．次に，以下のような5種類の国境調整措置を考える．1つめは，輸入財に対し，輸出側（外国）の排出係数に基づいた炭素関税を課す政策である．この政策が導入されたシナリオを，BIFと呼ぶことにする．このBIFは実際に製品に体現されたCO_2を基準にするということで本来の意味での「炭素関税」といえるが，この政策の実施には海外におけるエネルギー利用のデータが必要になるという問題がある．そこで，関税率を決定する際に参照する排出係数として，輸出側ではなく輸入側（日本）の排出係数を用いるという，より実施がしやすい政策（シナリオBID）

---

[4] NBAは，第3章におけるオークション方式に相当する．しかし，本章では，労働供給が外生的に与えられているため，revenue-recycling（二重の配当）はシナリオに含まれていない．

表 4-2　シナリオ

シナリオ	対象産業	輸入炭素税	輸出払い戻し	OBA
NBA				
BIF	全ての産業	輸出国の排出係数		
BID	全ての産業	日本の炭素排出係数		
BIED	全ての産業	日本の炭素排出係数	日本の排出係数に基づく	
BIDR	EITE産業	日本の炭素排出係数		
BIEDR	EITE産業	日本の炭素排出係数	日本の排出係数に基づく	
OBAF	全ての産業			あり
OBAR	EITE産業			あり

も考える．以上の2つの炭素関税のシナリオで考えられている政策は，日本の国内市場における，国内財と輸入財の価格の平準化を通した，競争力の維持を目的としている．それゆえ，いずれの政策にも，輸入量の増加と国内生産量の低下を抑える効果を期待することができる．

3つめの国境調整措置は，輸入財に対しては輸入側の排出係数に基づいた炭素関税を課し，同時に輸出財に対しては，国内で生産時に支払われた排出枠購入費を払い戻す措置である[5]．このシナリオを BIED と呼ぶこととする．この措置は日本国内市場での国内財と輸入財の価格の平準化と，海外市場における日本からの輸出財と外国の財の価格の平準化を目指したものである．

上記の3つの国境調整措置では，全ての産業が対象になると仮定されている．しかし，これまで蓄積されてきた多くの研究では，国際競争力を大きく失い，炭素リーケージをもたらす危険性を持つため，国境調整措置がなされるべきであるとされている産業は限られており，またその点に関する見解の一致も見られている (Droege 2009；Monjon and Quiron 2010)．実際，欧州委員会は，CO_2 基準と貿易基準の2種類の基準を設け，EU-ETSがもたらす費用上昇が軽減されるべき産業の特定化を行っている．また米国で提案されてきた，ワックスマン・マーキー法案（H. R. 2354）でも，エネルギー費用基準，温室効果ガス基準，及び貿易基準の3基準を設け，国境調整措置を含めた費用緩和措置を受ける対象業種を特定している．次の2つのシナリオでは，対象業種を限定した国境調整措置が導入された場合を考える．特に，炭素価格政策の導入による費

---

5) 炭素税が導入されている場合は，炭素税の払い戻しとなる．

用負担の上昇が著しい，EITE 産業にのみ限定して国境調整措置を行う措置を考えることとする[6]．まず，輸入側の炭素排出係数に基づく炭素関税を EITE 産業の輸入財に限定して導入するケースである．このシナリオを BIDR と呼ぶ．5つめは，EITE 産業の輸入財に対しては，輸入側の炭素排出係数に基づく炭素関税を課し，同産業の輸出財に対しては，炭素関税と同率で払い戻しを行う国境調整措置である．これを BIEDR と呼ぶ．この2つのシナリオにより，対象業種を限定した場合の国境調整措置の政策効果を評価する．

4.3.3 国境調整措置の設定

以下で，既述の5種類の国境調整措置が，モデルの中にどのように導入されるかを説明する．まず，任意の地域 r の任意の部門 i を考えよう．当該部門における CO_2 直接排出量を q_{ir}^{CO2D} とする．CO_2 直接排出量とは，部門 i において生産時に化石燃料の利用から直接発生する CO_2 排出量であり，次のように定義される．

$$q_{ir}^{CO2D} \equiv \sum_e \phi_{eir} q_{eir}$$

ここで，ϕ_{eir} は部門 i における化石エネルギー e の排出係数，q_{eir} は部門 i における化石エネルギー e の投入量である．次に，部門 i における間接排出量を q_{ir}^{CO2ID} とする．間接排出量とは，部門 i において生産時に使用した電力が電力部門で発電される際に発生した CO_2 排出量である．間接排出量 q_{ir}^{CO2ID} は電力部門における直接排出量を電力の供給シェアに応じて，利用者に配分して導出する．具体的には次の手順に従う．θ_{ir}^{ELY} を以下のように定義する．

$$\theta_{ir}^{ELY} \equiv \frac{d_{ir}^{ELY}}{q_{ELY,r}}$$

d_{ir}^{ELY} は部門 i の電力の需要量，$q_{ELY,r}$ は電力の供給量である．つまり，θ_{ir}^{ELY} は部門 i の電力利用シェア（総電力供給に占める部門 i の利用シェア）である．このシェアを利用し，次のように間接排出量を求める．

---

[6] 漁業，その他鉱業，紙・パルプ，化学，窯業，鉄鋼，非鉄金属の7部門．

$$q_{ir}^{CO2ID} \equiv \theta_{ir}^{ELY} q_{ELY,r}^{CO2D}$$

ただし，$q_{ELY,r}^{CO2D}$ は電力部門における直接排出量である．以上のように定義された直接，及び間接排出量を用い，部門 i での CO_2 総排出量 q_{ir}^{CO2T} はそれらの和

$$q_{ir}^{CO2T} \equiv q_{ir}^{CO2D} + q_{ir}^{CO2ID}$$

と定義される．

ここで，地域 r の部門 i の生産量を q_{ir} とする．この時の地域 r の部門 i における炭素排出係数 ξ_{ir} は，次のように計算される．

$$\xi_{ir} = \frac{q_{ir}^{CO2T}}{q_{ir}}$$

次に，地域 r での排出枠価格を p_r^{CO2} とし，また，地域 r が地域 $r' \neq r$ からの財 i の輸入1単位当たりに課す炭素関税率を $\tau_{ir'r}^{CO2}$ とする．ここで，地域 r を日本とする（$r=$JPN）BIF では，炭素関税率は輸出側の地域 r' における排出係数を用いて計算するため，

$$\tau_{ir'r}^{CO2} \equiv p_r^{CO2} \xi_{ir'}$$

となる．また，BID, BIED, BIDR, 及び BIEDR における炭素関税率は，輸入側である日本の排出係数をもとに計算するため，地域 r の財 i の輸入1単位当たりに課す炭素関税率 τ_{ir}^{CO2} は

$$\tau_{ir}^{CO2} \equiv p_r^{CO2} \xi_{ir}$$

となる．この場合には，全ての地域からの輸入に対して同率の関税となる．さらに，BIED と BIEDR では，日本からの輸出財に対して，輸入財への炭素関税率と同率の輸出補助金 τ_{ir}^{CO2} で払い戻しを行う．

4.3.4 国境調整措置以外の費用緩和措置

さらに本章では，国境調整措置と同様に，炭素リーケージ防止，競争力維持政策として注目されている排出枠の無償配分政策も参考のために比較対象に加える．具体的には，第3章で分析されている Output-Based Allocation（OBA）

という無償配分方式である[7]．このOBAは生産量に応じて無償配分量を決定するという方式であり，生産量を増やすほど無償配分量が増加するため，生産量を増加させるというインセンティブが企業に生まれることになる．また，無償配分であるので，オークションによる初期配分とは異なり，排出規制による政府の収入がなくなる[8]．このシナリオをOBAFと呼ぶ．

国境調整措置に関しては，EITE産業にのみ適用するというシナリオを考えた．OBAについても同様に，EITE産業にのみ適用し，残りの部門はオークションで配分するというシナリオも考える．このシナリオをOBARと呼ぶ．

4.4 分析結果

本節では，シミュレーション結果に基づき，厚生水準，炭素リーケージ率，及びEITE産業の国際競争力の3つの観点から各国境調整措置（及び排出枠の無償配分措置）の政策効果を評価する．

4.4.1 厚生水準への影響

まず，表4-3の2行めに示される通り，国境調整措置を何ら導入しない場合には，排出量取引制度の導入により，厚生は0.83%低下する．これが国境調整措置によってどう変化するかが問題であるが，輸入への炭素関税による国境調整措置（BIF，BID，及びBIDR）を導入することによって改善されることがわかる．この一因は交易条件改善の効果である．3つとも輸入関税を上昇させる政策であるため輸入財の世界価格を押し下げる効果を持ち，その結果，日本の交易条件は改善し厚生にプラスの効果が働くことになる[9]．表4-3の3行めに各シナリオにおける交易条件の変化率を掲載しているが，NBAではBaUと比較し交易条件の改善率が0.9%に過ぎないのに対し，輸入に国境調整措置を行うBIFとBIDでは，より交易条件の改善は大きい．特に，輸出側の排出係

---

[7] 第3章におけるOBAには，OBA-VAとOBA-HEという2つがあったが，ここでのOBAは後者の方式を指す．OBAについて，詳しくは第3章で説明されている．

[8] ただし，家計，及び化石燃料部門に対してはオークションで配分するので，オークション収入は完全にはゼロにならない．

[9] 大国モデルにおいて輸入関税の上昇が交易条件を改善させ，厚生にプラスの効果をもたらすことと全く同じ議論である．

表4-3 シミュレーション結果

	NBA	BIF	BID	BIED	BIDR	BIEDR	OBAF	OBAR
排出枠価格（ドル/トン-CO_2）	93.8	94.0	94.3	97.7	94.4	97.5	130.0	100.8
厚生	−0.83	−0.71	−0.79	−0.83	−0.81	−0.84	−0.97	−0.86
交易条件	0.90	1.80	1.12	0.98	1.01	0.94	0.77	0.89
炭素リーケージ率（%）	24.5	16.8	23.4	20.9	23.8	21.3	19.1	21.0
EITE の輸入量	3.1	−9.5	−0.9	0.6	−1.0	0.2	0.3	1.2
EITE の輸出量	−15.3	−21.1	−16.7	−8.3	−16.2	−6.9	−4.2	−7.3
EITE の生産量	−4.4	−4.2	−4.3	−3.1	−4.1	−2.7	−1.9	−2.5

注：特に単位の指定のない数値は BaU 値からの変化率（%）．

数に基づく炭素関税を輸入財に課す時に，交易条件は比較的大きく改善している．このため，輸入側である日本の排出係数よりも輸出側の排出係数に基づく炭素関税を採用した方が，より大きな厚生水準の改善が見られる．また，BIDR の結果に示されるように，炭素関税の対象業種を EITE 産業に限定すると，交易条件の改善は縮小し，厚生水準の改善率は低下することがわかる．

一方で，BIED，BIEDR の結果で示されるように，輸出にも国境調整措置を適用した場合，国境調整措置を導入しなかった場合に比べ，厚生はほぼ同等，もしくはわずかに悪化することがわかる．これは，排出枠価格の上昇と交易条件改善効果の縮小が関係していると考えられる．表4-3 に示される各シナリオの排出枠価格を見ると，国境調整措置が導入されていない時には，93.8 ドルである排出枠価格が，BIED や BIEDR では 97.7 ドルや 97.5 ドルといったように上昇している．輸出への排出枠購入費の払い戻しは，海外市場における日本の輸出財の国際競争力を維持させ，輸出を促進するという輸出補助金と同じ効果を持つ．しかし，輸出の促進は国内生産を増加させ，排出枠への需要をさらに高め，排出枠価格の高騰を引き起こす．そのための生産費用負担上昇に伴い，財の価格が上昇し，家計の消費を低下させる．この効果が厚生水準を低下させると考えられる．また，輸出の国境調整措置は通常の輸出補助金と同様に交易条件を悪化させる方向に働くため，これも厚生水準の低下の一因となっていると考えられる．実際，輸出への国境調整措置がある時は輸入のみの時よりも交易条件改善効果は縮小していることが確認できる．

国境調整措置は，主に国際競争力維持と炭素リーケージ防止を目指して考案

された政策であり，炭素価格政策の導入によって低下した経済厚生を改善させることを目的とする政策ではない．しかし，以上のように，国境調整措置の設定方法によっては，経済厚生が改善されることがわかる．

最後に，OBA との比較を行おう．何ら国境調整措置，無償配分措置を行わない時と比較し，OBA では厚生への効果は悪化している．特に，全産業を対象とした OBAF では他のシナリオに比較し，かなり悪化する．これは OBAF が排出量の多い産業（EITE 産業，電力産業，輸送産業）を優遇する政策であるため，同水準の削減率を実現するための排出枠価格が他のケースよりもはるかに高くなってしまうためである．実際，排出枠価格は OBAF では 130 ドルという非常に高い水準になる．ただし，OBA といっても EITE 産業に対象を限定する場合には（OBAR），排出枠価格はそれほど高くはならず，厚生効果は BIEDR にかなり似た結果となっている．この結果は，国境調整措置と無償配分措置という異なった政策であっても，対象部門を EITE に限定し，かつ輸出にも国境調整措置をする場合には，両者は結果として同じような効果をもたらす政策になるということを示唆している．

4.4.2 炭素リーケージ抑制効果

次に炭素リーケージ率を見てみよう．表 4-3 の 4 行めを見ると，予想されるように，炭素リーケージ率は国境調整措置をしない場合（NBA）に，24.5% と最も大きい値を示している．この炭素リーケージは，BIF, BID, 及び BIDR の結果に示される通り，炭素関税の導入によって抑えることができるが，その中でも，輸出側の炭素排出係数に基づいた炭素関税が最も効果的であり，炭素リーケージを 4 分の 3 程度まで抑えることができる．輸出側と輸入側（つまり日本）の排出係数に基づく炭素関税から期待される効果の方向性は同じではあるが，一般に輸入側の排出係数よりも，輸出側の排出係数に基づく炭素関税の方が，強い効果を持つ．これは，海外の炭素排出係数が，日本のそれと比べて一般的に高いためである．また，各産業につき，輸入側の排出係数に基づいた炭素関税は，輸出国間で一律の関税率であるのに対し，輸出側の排出係数に基づく関税は貿易相手国毎に関税率が異なる．それゆえ，輸出側の排出係数に基づく関税の方が，より効率的に，貿易相手国に炭素費用を負担させることができ，炭素排出係数の高い国での生産増加を抑えることができるのである．

次に，輸入側の排出係数に基づく炭素課税（BID）に，輸出への排出枠購入費用の払い戻しを加えることで（BIED），炭素リーケージ率が約3ポイント低下している．他地域からの輸入財に炭素関税をかけることにより，国内市場での競争力を維持し，さらに日本からの輸出への補償を行うことで，海外市場における国内財の競争力を維持することができる．これにより，炭素関税のみの国境調整措置が導入された時よりも，さらに炭素リーケージを抑制することができる．また，国境調整措置の対象業種を，EITE産業に限定すること（BIDRとBIEDR）は，炭素リーケージ抑制効果を低下させることがわかる．炭素リーケージには，エネルギー・チャンネルを通じた部分もあることから，国境調整措置だけで大幅に炭素リーケージを抑制することができるわけではないが，それでも国境調整措置により炭素リーケージをある程度抑制できるということがわかる．

OBAについても，OBAFで19.1%，OBARで21.0%と炭素リーケージ率は低下する．特にOBAFについては，BIFを除いた全ての国境調整措置よりも炭素リーケージ率は小さく，炭素リーケージ抑止効果が高いことがわかる．また，厚生効果と同様に炭素リーケージ率についても，OBARはBIEDRとほぼ同じ値を示しており，やはり対象部門をEITEに限定したOBAは，EITE限定，かつ輸出にも国境調整措置をする場合とほぼ同じ政策効果となっている．

次に，地域ごとのCO_2排出量に与える国境調整措置の影響を見ることにしよう．図4-2は，日本におけるCO_2削減が引き起こす，環境規制の導入を行っていない日本以外の地域におけるCO_2排出の増加量を示している．ただし，ブラジル，その他ヨーロッパ，及びカナダへの炭素リーケージはゼロに近いので，図からは除外している．まず，全ての地域のCO_2排出量が，日本における排出規制の導入によって増加することがわかる．インド（IND），韓国（KOR），その他OECD（OOE），及びその他地域（ROW）において増加したCO_2は，他の地域に比べて最大で5 $MtCO_2$と小さく，さらに国境調整措置によるCO_2増加量の変化も最大で1 $MtCO_2$程度と小さい．その一方で，中国（CHN），その他アジア（ASI），米国（USA），EU27（EUR），及びメキシコ＋OPEC（MPC）におけるCO_2増加量は大きく，国境調整措置間での増加量の差異は顕著である．その中でも最もCO_2の増加量が多い国は中国であり（NBAで23.5 $MtCO_2$），その増加量は，中国の次に最も増加量の多い地域であ

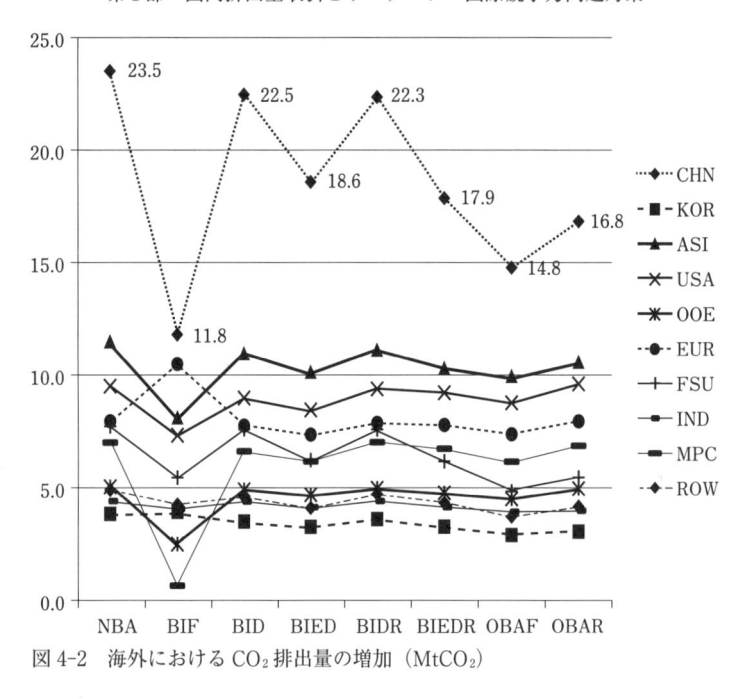

図 4-2　海外における CO_2 排出量の増加（$MtCO_2$）

るその他アジア（11.5 $MtCO_2$）のほぼ2倍に達する．輸出側の排出係数に基づく炭素関税（BIF）が，中国，その他アジア，米国，及びメキシコ＋OPEC諸国における CO_2 増加量を大きく低下させる．その一方で，この炭素関税により，EU27 では CO_2 排出量はむしろ拡大する傾向にあるが，上で挙げた地域での CO_2 増加抑制効果が EU における拡大効果を凌駕する．このため，結果として世界全体での炭素リーケージは，表 4-3 で示されたように，輸出側の排出係数に基づく炭素関税によって最も抑制されることがわかる．さらに，中国では，他の地域よりも国境調整措置のタイプが CO_2 増加量に与える影響の差異が大きいことも，注目すべき点である．これは，日本の国境調整措置が中国の産業に対し強い影響を与えるということを示唆している．最大の炭素リーケージを記録する中国における国境調整措置間の効果の差異は，世界全体での炭素リーケージに大きく影響する．そのため，日本の排出規制に伴う炭素リーケージ防止，及び競争力維持政策を考える時には，特に中国との関係が重要になると考えられる．

4.4.3 国境調整措置の国際競争力への影響

　ここでは，EITE産業の国際競争力に対する効果を比較する．EITE産業の国際競争力の変化は，通常，その生産量の変化によって判断することが多い．ここでもそれに従いEITE産業の生産量への影響を見るが，その前に，EITE産業の輸入量と輸出量への影響を考察し，その後に，生産量への影響を見ることにしよう．

　まず，国境調整措置の非導入時には，表4-3の5行めに示される通り，EITE産業における輸入量は増加する．これは排出規制の導入によって国内財の価格が輸入財に比べ高くなり，国内財の競争力が弱まるためである．国境調整措置は，この輸入の増加を抑制する効果を持つ．例えば，排出量取引制度の導入によって3.1%増加した輸入が，輸出と輸入の両方に対して国境調整措置を行った場合（BIEDとBIEDR）では0.6%，0.2%と増加率がかなり低下している．一方，輸入にのみ国境調整措置を行う場合（BIF，BID，及びBIDR）では輸入量はBaUよりも逆に減少している．これは炭素関税により国内製品よりも輸入製品の方が逆に不利な状況に陥っていることを示唆している．

　輸出については，国境調整措置に輸出財への排出枠購入費の払い戻しを含むか否かで効果が大きく変わってくる．表4-3の6行めに示される通り，排出量取引制度の導入によって，日本国内から輸出される財の海外市場における競争力は低下するが，その影響の程度は，輸入よりもはるかに大きく，EITE産業の輸出は15.3%の減少を見せる．この減少が国境調整措置によってどれだけ緩和されるかが問題であるが，輸入に対して炭素関税を課すケースでは，輸出量の減少率は，むしろ大きくなる．これは，輸出量への影響という観点からは，炭素関税のみの国境調整措置は，状況をさらに悪化させるということを示唆している．この理由は，炭素関税を課すことで国内市場における競争力は維持できるが，炭素関税により輸入財の価格が上昇し，その結果生産費用が増加するため，海外市場での競争力を一層悪化させてしまうからである．

　一方，輸出に対しても国境調整措置を行うケースでは，輸出量の減少は大幅に緩和される．全産業に対し国境調整措置を行うケース（BIED）では8.3%，EITE産業のみを対象とするケース（BIEDR）では6.9%の減少というように，2分の1から3分の1程度までにマイナス効果が縮小する．以上より，輸出量

へのマイナス効果を抑えるには，輸出も含めた国境調整措置を行う必要があることになる．

生産量については，表4-3の7行めに見られるように，国境調整措置がないケースでのマイナス効果は当然大きいが，輸出へのマイナス効果が非常に大きいことから輸入のみに国境調整措置を行う場合でも同様に減少率が大きい．まず，輸入に対してのみ国境調整措置を行うケース（BIF, BID, BIDR）では，生産量減少のせいぜい1割未満の抑制しか実現できておらず，ほとんど生産量減少は是正されていない．これに対し，輸入だけではなく輸出に対しても措置を講じた場合（BIED, BIEDR）には，NBAと比べて生産量の減少を約3分の2程度まで緩和させることができる．生産量への効果には，輸出への効果が大きく反映されており，輸入のみに国境調整措置を行う場合では，生産量の減少の程度は，措置が講ぜられていない場合とほとんど変わらない．輸入に加えて輸出にも国境調整措置を行うことではじめて，排出量取引制度がもたらす生産量へのマイナス効果を軽減できるということがわかる．

OBAについては，その導入により，輸入の増加，及び輸出，生産量の減少は縮小する．特に，全産業に対するOBAのケース（OBAF）では，輸出量の減少を大幅に抑制できることもあり，生産量減少はかなり小さくなる．その結果，どの国境調整措置よりもEITE産業の生産へのマイナス効果は小さくなる．これは，EITE産業の国際競争力を維持するという観点では全産業を対象としたOBAの方が効果的であるということを示唆している．また，EITE産業の生産への効果においても，BIEDRとOBARはほぼ同じような効果を持つことが確認できる．

最後に，個別のEITE産業への効果を見ることにしよう．表4-4はEITE産業内の各産業の生産量への効果を掲載している．国境調整措置の効果は，産業間で異なっている部分もあるが，多くの部門についておおむね全体と同じ傾向を見せている．また，個別の産業としては，非常に大きい影響を受ける産業が存在することもわかる．その代表は鉄鋼産業であり，例えば排出量取引制度が導入されることによる輸入の増加率は約33％，輸出の減少率は約43％，生産量の減少率は約11％と，非常に大きい影響を受けている．また，このように排出規制の影響を強く受けることから，国境調整措置から受ける影響も大きく，例えば，輸出と輸入の両方に対して措置を行うケースであるシナリオBIEDで

表 4-4 EITE 産業の生産量への効果（BaU 値からの変化率，%）

	部門	NBA	BIF	BID	BIED	BIDR	BIDER	OBAF	OBAR
輸入量	漁業	6.0	2.2	0.9	1.2	0.8	1.0	4.9	3.8
	その他鉱業	−6.1	−5.7	−6.2	−4.5	−6.1	−4.2	−2.0	−3.3
	紙・パルプ	0.3	−8.9	−1.8	−0.7	−1.9	−1.3	0.5	1.1
	化学	2.3	−7.7	−1.2	0.4	−1.4	−0.1	0.5	1.1
	窯業	6.9	−30.3	0.9	1.9	0.7	1.3	1.6	3.6
	鉄鋼	33.2	−1.3	13.4	15.9	13.8	15.4	2.2	6.8
	非鉄金属	0.9	−17.1	−1.5	−0.5	−1.5	−0.7	−0.3	1.6
	EITE	3.1	−9.5	−0.9	0.6	−1.0	0.2	0.3	1.2
輸出量	漁業	−16.1	−18.8	−17.8	−7.5	−17.6	−7.1	−13.6	−11.2
	その他鉱業	−3.6	−4.7	−4.0	−2.2	−3.9	−2.0	−2.3	−3.7
	紙・パルプ	−2.4	−5.4	−3.1	−0.1	−2.7	1.2	−2.6	−3.8
	化学	−9.0	−15.2	−10.5	−4.2	−9.8	−2.6	−3.7	−5.2
	窯業	−12.8	−15.5	−13.5	−4.2	−13.2	−3.2	−3.8	−7.4
	鉄鋼	−43.0	−45.8	−44.1	−26.5	−44.0	−25.6	−6.2	−13.5
	非鉄金属	−8.6	−23.1	−11.7	−5.1	−11.3	−3.7	−3.6	−11.1
	EITE	−15.3	−21.1	−16.7	−8.3	−16.2	−6.9	−4.2	−7.3
生産量	漁業	−4.0	−3.6	−3.6	−3.6	−3.6	−3.6	−3.5	−3.0
	その他鉱業	−2.2	−1.0	−1.9	−1.6	−1.8	−1.5	−1.1	−1.6
	紙・パルプ	−0.9	−0.6	−0.9	−0.9	−0.9	−0.8	−1.0	−1.0
	化学	−3.7	−4.1	−3.7	−2.4	−3.4	−1.8	−2.0	−2.4
	窯業	−2.4	−0.7	−2.2	−1.5	−2.2	−1.3	−1.1	−1.6
	鉄鋼	−11.1	−11.0	−10.7	−7.8	−10.6	−7.5	−2.7	−4.1
	非鉄金属	−3.4	−1.0	−3.6	−3.0	−3.4	−2.6	−2.2	−4.3
	EITE	−4.4	−4.2	−4.3	−3.1	−4.1	−2.7	−1.9	−2.5

注：EITE は EITE 産業全体での変化率．

は，輸入の増加率は，措置がされない場合の半分程度にまで縮小され，輸出と生産量の減少率も措置がされない場合の3分の2程度に縮小しており，大幅に競争力へのマイナス効果が緩和されることがわかる．このように，部門によっては国境調整措置があるか否かで受ける影響が大幅に異なってくる．

4.5 政策の比較

これまで，様々な国境調整措置，無償配分措置を厚生効果，炭素リーケージ，EITE 部門の国際競争力への効果という観点から比較してきた．これらの結果をもとに総合的に炭素リーケージ防止，競争力維持政策を考察しよう．

まず，厚生効果という観点からは，輸入側のみに国境調整措置をするBIF，BID，BIDR等が望ましいという結果となった．一方，炭素リーケージ抑制という観点では，輸出元の排出係数に基づいた炭素関税（BIF），また，輸入，輸出ともに国境調整措置を講じるBIED，BIEDRが望ましい．国内の排出係数に基づいた炭素関税（BID，BIDR）は炭素リーケージ抑止効果が小さいのに対し，それに輸出側の国境調整措置を加えると炭素リーケージ防止効果が大きくなるという結果は，日本における国境調整措置では，輸出側にも国境調整措置を行うかどうかが非常に重要な意味を持つことを示唆している．

　さらに，EITE産業の国際競争力を維持するという観点からは，輸入，輸出ともに国境調整措置を講じるBIED，BIEDRが優れており，輸入側のみに国境調整措置を行う政策は国際競争力をほとんど回復させない，もしくは悪化させるという結果となった．国境調整措置というと，輸入に対する措置がまず注目されるが，本章の分析は，日本に関しては輸入側のみの国境調整措置はEITE産業の国際競争力を維持するのに役に立たないということを示している．

　以上の結果をもとに，個別の国境調整措置を比較してみよう．まず，国境調整措置は導入しないという政策（NBA）は，厚生効果という基準で輸入での国境調整措置を行うシナリオより劣っているのに加え，炭素リーケージ，EITEの競争力という2つの基準でも最も評価が低い．よって，望ましい政策とはいいがたい．次に，輸入元の排出係数に基づいた炭素関税を課す国境調整措置（BID，BIDR）は，厚生効果ではNBA，BIED，BIEDRよりも望ましい．しかし，BID，BIDRは炭素リーケージの抑制，国際競争力の維持の効果が非常に小さい．国境調整措置を行う主な理由は，炭素リーケージの抑制，EITE産業の国際競争力維持であり，それが実現できないことは国境調整措置の本来の目的を実現できないということになるので，この2つの政策も望ましいとはいえない．

　一方，輸出元の排出係数に基づいて輸入に炭素関税をかける国境調整措置（BIF）は，厚生効果，炭素リーケージ抑制という2つの基準で望ましい．しかし，この措置はいくつかの問題点を有している．まず，EITE産業の国際競争力へのマイナス効果が非常に大きい．第2に，BIFではEITE産業の輸入がBaUよりも大きく減少することになり，何も排出規制がない場合よりも国内財が輸入財と比べて国内市場において有利ともいえる状況になっている．これ

はEITE産業を過剰に保護していると見なされる可能性がある．さらに，BIFでは，輸出国に応じて異なった関税を課すことになり，これは差別的な貿易政策と見なされる可能性もある．国境調整措置が「隠れた貿易障壁」として利用されるのではないかということは，それが地球温暖化対策の1つとして議論されるようになった当初から強く懸念されており，そのWTOとの整合性が争点の1つとなっている．BIFに関しては，WTOの規程との整合性が特に問題になりうる．第3に，BIFでは国境調整措置を行うにあたり，海外での排出量の情報が必要になる．したがって，国内での排出量の情報を利用する他の国境調整措置（及び，無償配分措置）と比較し，実施がより難しいといえる．BIFは厚生効果，炭素リーケージ抑止効果という2つの観点で望ましい政策であるが，以上のような問題から，その有用性は低いと考えられる．

　輸入のみではなく，輸出にも国境調整措置を行うBIED，BIEDRは，厚生効果という観点では，BIF，BID，BIDR等に劣るが，EITE産業の国際競争力維持という点では非常に優れており，さらに炭素リーケージの抑制でも（BIFほどではないが）比較的望ましい．このように，国境調整措置の目的をどちらもそれなりに達成できているという意味で，BIED，BIEDRという政策はバランスのとれた政策であるといえる．

　また，BIDとBIDRを比較してみると，その効果にそれほど大きな差はない．これは国境調整措置の対象を全産業とするかEITE産業のみとするかということは，結果に大きな影響を与えないということを意味する．BIEDとBIEDRについても同様のことがいえる．国境調整措置の議論において，その対象産業の選択がしばしば議論になるが，本章の分析はEITE産業に限定するか，全産業とするかという選択はそれほど重要な違いをもたらさないということを示唆している．

　最後に，国境調整措置とOBAの比較をしよう．OBAはまず厚生効果では非常に劣る．特に，全産業を対象としたOBAFでは他の政策と比較し，厚生の低下が非常に大きい．一方，炭素リーケージ防止，EITEの国際競争力維持という観点では，OBAは望ましい．特に，OBAFではEITEの生産量低下をかなり小さく抑えることができる．以上のように，炭素リーケージ防止，EITEの国際競争力維持という目的からは，OBAは国境調整措置よりもむしろ効果的な政策であるといえる．ただし，対象産業をEITE産業に限定した

OBA (OBAR) は，対象産業を EITE 産業に限定し，かつ輸出入に国境調整措置を行う BIEDR とほぼ同じような効果を示している．これは，国境調整措置と排出枠の無償配分措置は，導入の仕方によっては，同じような効果をもたらす政策となるということを示唆している．

4.6 おわりに

本章では，応用一般均衡モデル（CGE モデル）を利用し，日本の CO_2 排出規制における国境調整措置，排出枠の無償配分措置の効果を様々な角度から分析した．モデルは，14 地域，26 部門の静学的 CGE モデルであり，ベンチマーク・データには GTAP 7 データを用いた．日本において 90 年比マイナス 25% という削減がキャップ・アンド・トレード型の排出量取引制度の形で導入された状況を想定し，そこに国境調整措置，排出枠の無償配分措置が導入された場合にどのような影響があるかを分析した．

主な結論は以下の通りである．まず，国境調整措置は，国際競争力維持に一定の効果を持つことが確認された．ただし，日本に関しては，EITE 産業の国際競争力維持，炭素リーケージ防止のためには，輸入側だけではなく，輸出側に対しても国境調整措置を導入する必要がある．第 2 に，厚生効果，炭素リーケージ防止効果，EITE 産業の国際競争力維持という 3 つの基準のどれを重視するかによって望ましい政策は変わってくるが，輸入側だけではなく輸出側にも国境調整措置を行う政策が，国境調整措置の本来の目的をバランスよく達成する政策といえる．最後に，OBA も炭素リーケージ防止，EITE 産業の国際競争力維持という観点では国境調整措置と同等，あるいはそれ以上に有効であるが，一方で厚生へのマイナス効果が非常に大きいという難点がある．また，OBA といっても対象産業を限定するならば，結果的に国境調整措置と同じような効果を持つ政策となる場合がある．

国境調整措置や OBA が国内産業の国際競争力維持に対して，一定の効果を持つのに比べて，これらの政策による炭素リーケージ率の変化はそれほど大きくなく見える．これは，エネルギー・チャンネルによるリーケージのためである．つまり，先進国での温室効果ガス排出削減は，国際市場における化石燃料の需要を減少させ，結果的に価格を低下させる．そのため，結果的に，排出規

制のない途上国での化石燃料需要が増加するのである．このエネルギー・チャンネルの影響は，国境調整措置では是正できないものである．このエネルギー・チャンネルによるリーケージが，実際にどの程度の大きさになるものかは，実証的な問いであり，今後の課題としたい．なお，国境調整措置は，その方法や規模によっては自由貿易を阻害するか，そうではなくても，保護主義と捉えられる危険性もある．つまり，WTO との整合性の問題がある．この点に関しては，本書の第 8 章，第 9 章等を参考にされたい．

謝　辞

　本章を執筆する際に，李秀澈氏，岡川梓氏，鄭雨宗氏，伴金美氏，日引聡氏，松本茂氏ならびに 2010 年度環境経済・政策学会，2011 年度日本経済学会春季大会，神戸大学環境経済研究会，EAERE2011，環境と貿易研究センター・ワークショップ参加者の方々等から多くの有益なコメントをいただいた．ここに記して感謝したい．もちろん本章に残る誤りは全て筆者に帰するものである．

参考文献

Alexeeva-Talebi, V., Löschel, A. and Mennel, T. (2008) "Climate Policy and the Problem of Competitiveness : Border Tax Adjustments or Integrated Emission Trading?," *Discussion Paper*, No. 08-061, Center for European Economic Research (ZEW).

Fischer, C. and Fox, A. K. (2009) "Comparing Policies to Combat Emissions Leakage : Border Tax Adjustments versus Rebates," *Discussion Papers*, dp-09-02, Resources For the Future.

Fischer, C. and Fox, A. K. (2007) "Output-Based Allocation of Emission Permits for Mitigating Tax and Trade Interactions," *Land Economics*, Vol. 83, No. 4, pp. 575-599.

GTAP (2008) Global Trade Analysis Project, GTAP7 Data Package, University of Purdue.

Kuik, O. and Hofkes, M. (2009) "Border Adjustment For European Emissions Trading : Competitiveness and Carbon Leakage," *Energy Policy*, Vol. 38, No. 4, pp. 1741-1748.

Mattoo, A., Subramanian, A., van der Mensbrugghe, D. and He, J. (2009) "Reconciling Climate Change and Trade Policy Aaditya," *Working Paper Series*, WP-09-15, Peterson Institute for International Economics.

Rutherford, T. F. and Paltsev, S. V. (2000) "GTAP in GAMS and GTAP-EG : Global Datasets for Economic Research and Illustrative Models," *Working Paper*, Department of Economics, University of Colorado, http://www.gamsworld.org/mpsge/debreu/papers/gtaptext.pdf

●第1章コメント●

松本 茂

　今日では環境税や排出量取引といった市場メカニズムをベースにした地球温暖化対策が多くの国々で導入されるようになってきている．わが国でも遅ればせながら，そうした市場メカニズムをベースにした地球温暖化対策が導入されつつある．

　市場メカニズムをベースにした地球温暖化対策では，化石燃料とその他の経済資源の間の相対価格を変化させることで排出源に温室効果ガスの削減を促すこととなる．しかし，経済主体が互いに依存しあっているために，化石燃料の価格変化が特定の経済主体に与えた影響は別の経済主体へと伝播していくこととなる．また，化石燃料は大多数の経済活動で使用されているために，そうした相互作用は無視できないほど大きなものとなると予想される．以上の理由から地球温暖化対策の影響を適切に知るためには，経済主体間の相互作用を踏まえた分析が必要となり，応用一般均衡分析が利用される．応用一般均衡分析は古くは税制変更の影響分析などに利用されてきたが，上述の背景から，近年では盛んに地球温暖化対策の影響分析にも利用されるようになってきている．

　スカンジナビア諸国が地球温暖化対策を目的に最初に環境税を導入したのは1990年代初頭であるが，それから数年を経ると，Bovenberg, Goulder, Mooijなどが中心となり，アカデミズムの分野でも応用一般均衡モデルを用いた環境税の影響評価が盛んに実施されるようになった．彼らの研究成果は，環境経済学の専門誌の枠を超えて，*American Economic Review* を始めとする一般誌に掲載されている．また，2000年代に入りコンピュータの能力が飛躍的に向上するようになると，地球温暖化の影響分析にとどまらず，海外では多数の研究者が様々な分野の政策影響評価のために応用一般均衡分析を用いるようになってきている．

　第1章の執筆者である武田史郎氏は応用一般均衡モデルを用いた地球温暖化対策分析のわが国における第一人者であり，同分野で，これまでにも数多くの研究をされてきた．武田氏が *Journal of the Japanese and International Econo-*

mies に 2007 年に執筆された論文に対しては,環境経済・政策分野の奨励に値する論文であるとして環境経済政策学会から奨励賞が授与されている.

　第1章は以下の章を読み進めていくために必要な基礎知識を提供することを目的に設けられた章である.しかし,応用一般均衡分析とはどのようなものか,地球温暖化対策の分析に応用一般均衡分析を利用することのメリットは何か,応用一般均衡分析の結果の解釈にはどのような注意が必要かなどが非常に簡潔にまとめられており,本章は応用一般均衡分析を用いた地球温暖化対策分析に関する非常によい概説となっている.

　武田氏が解説されているように,応用一般均衡モデルは種々の仮定のもとに構築されている経済モデルであり,経済活動全般の動きを大雑把に把握することをその主眼としている.モデルを構築しシミュレーションを実施するためには,関数形やパラメータの特定化を行う必要があるが,応用一般均衡分析を嫌う人はこの点をしばしば問題視する.しかし,物理学における重力定数の利用など,経験則に基づいた数値を利用したシミュレーションは経済学以外の分野では非常に頻繁に行われており,経済活動の変化を描写することを主眼にするのであれば,関数形やパラメータの特定化は特に目くじらをたてることではないと思われる.費用便益分析で割引率について感度分析を実施するように,パラメータ値を変化させて感度分析を行ったり,シミュレーションの妥当性に応じてモデルや関数形をアップデートしたりすればよい.

　Popp (2001, 2002) によれば,平均的な産業においてエネルギー価格上昇が引き起こす省エネ対策の約3分の2は既存の技術制約下での化石燃料からその他の資源への代替効果で説明され,残りの3分の1は技術革新により説明される.地球温暖化対策の議論では,技術革新や生産代替を通してどれ位の省エネが見込めるかが大きな争点となっており,応用一般均衡分析の地球温暖化対策でもそれらが重要になるはずである.残念ながら,武田氏自身が記述されているように,この点について既存の応用一般均衡分析の研究は十分な成果を挙げられていない.

　諸外国に比べて日本では応用一般均衡分析を用いた政策分析があまり浸透していないと思われる.様々な理由が考えられるが,分析ができるようになるまでに多くの訓練期間を要すること,モデルに様々な相互作用が盛り込まれているために算出した結果に関して明確な結論を導くことが難しいこと,日本のデ

ータを用いた分析をすると評価の高い英文誌に掲載されにくいことなども挙げられよう．分析結果が社会的に非常に重要であるにもかかわらず，残念ながら若手の研究者には応用一般均衡分析が労多くして功少なしと映ってしまう感がある．武田氏の丁寧な解説を参考に応用一般均衡分析の重要性が学会でもきちんと認知されるようになり，より多くの研究者がこの分野の研究に参入するようになることを期待したい．

参考文献

Popp, D. C. (2001) "The effect of new technology on energy consumption," *Resource and Energy Economics*, Vol. 23, pp. 215-239.

Popp, D. C. (2002) "Induced Innovation and Energy Prices," *American Economic Review*, Vol. 92, pp. 160-180.

● 第 2 章コメント ●

諸富 徹

　排出量取引制度導入をめぐる政策論議の中で，それを導入した時の産業影響，とりわけ，それが産業国際競争力に与える影響は，導入の是非や，その具体的な制度設計のあり方を考える場合の最大の論点の1つといえる．しかし，日本におけるこの論点での実証研究は，第2章の参考文献にも挙げられている明日香壽川氏（東北大学）らの研究ぐらいしかなく，その他にも，炭素税の効果分析がいくつかあるぐらいである．排出量取引制度は，いったん導入されると産業に対して大きな影響を与えるため，定量的な分析を丁寧に行った上で，その成果を制度設計に生かす必要がある．

　この点，数多くの実証研究の厚みの上に，濃密な政策論議を行っている欧州と比べ，日本はいかにも手薄であった．本章は，日本における排出量取引制度の制度設計論議の深化をにらみつつ，産業国際競争力をめぐる実証分析と，それに基づく制度設計論を初めて本格的に遂行しようとしている点で，高く評価されるべきである．

　さて，本章の貢献は，産業部門における排出量取引制度（炭素価格）導入のインパクトを業種別に明らかにした点にある．特に，米 W-M 法案と EU-ETS の2つのタイプの炭素リーケージ対策を比較しながら，それぞれの基準を日本の産業に当てはめた場合の分析結果を比較することで，両対策の特質と効果を明らかにすることに成功している．また，排出量取引制度導入がもたらす規制対象産業への直接影響のみならず，中間投入財の購入を通じて伝達される間接的な影響が意外に大きくなりうることを明らかにした点は，一読者として蒙を啓かれる思いがする．

　日本で排出量取引制度を導入する場合に，どのような炭素リーケージ対策を打つべきかを考える上での論点は，米 W-M 法案と EU-ETS の炭素リーケージ対策をめぐる議論で，ほぼ出尽くしていると考えてよい．つまり，炭素集約度と貿易集約度という2つの尺度を用いて，産業国際競争力上，影響を受けやすい産業を特定化し，どこに手を打つべきか判断するための材料とするのであ

る.あとは,どちらの尺度を相対的に重視するのか,あるいは,どの程度の大きさの影響までを政策的に手当てすべきか,という点が論点として残っていることになる.これは,その国の産業構造の特性に応じて丁寧に判断するということになるだろう.

　本章の研究でわかったことは,米国基準,欧州基準,いずれの場合であっても,それで特定される対象業種の日本経済全体に占める比率は意外に低いが,それが産業のCO_2排出総量に占める比率はきわめて大きいということである.欧州基準では,対象業種は総生産額の約12%,付加価値額の約6%,従業員数の約5%,米国基準ではさらに低く,総生産額の約1%,付加価値額の0.6%,従業員数の0.3%でしかない.これに対して対象産業のCO_2排出総量に占める比率は,欧州基準では3分の1,米国基準では28.5%となっている.この結果は,両基準が鉄鋼,石油化学,セメント業などのエネルギー集約型産業を抽出することに成功している証左である.そして,米国基準に即して,対象業種にリベート・無償配分を行えば,排出量取引制度導入に伴う費用上昇をかなり抑えることができることを本章は明らかにし,これら炭素リーケージ対策の有効性を立証した点は,意義が大きい.

　以上の評価を踏まえた上で,最後に若干のコメントを付しておきたい.第1点目は,本章の結果を踏まえれば,次の課題は「結局,日本にとってはどの基準がよいのか」という点に絞られていく.この問題に対する回答は,本章の研究から直接引き出せるわけではないが,日本の産業構造の特性を踏まえて,影響の大きな業種をうまく抽出できる尺度を開発すると共に,どの範囲までを対象とすれば影響を極小化できるのかを判断するための基準を提供することが必要になる.そのためには,本章での研究内容に加えて,なぜ欧州,米国がそれぞれ,現在の基準を採用するに至ったのか,その背景理由を探究することが必要であるように思われる.第2点目は,対象業種の絞り込みである.影響の大きい業種といっても,その業種をさらに詳細に見てみると,実際には影響を受ける工程は,その一部であることが多い.影響が大きい業種だからといって,その産業全体を対象にリベート・無償配分を行うと,過剰対策になりかねない.したがって,鉄鋼,化学,セメントいった大分類からさらに深掘りして,それぞれの業種の小分類に基づいて分析を深め,その業種の中で真に影響を受ける工程を特定化して対策をとることができるような情報的基盤を作り出す研究が,

次に必要になるだろう．

　もちろん，これらの研究は本章の土台の上に初めて可能になるものであり，その点で，本章が達成した成果は，今後の日本の排出量取引制度をめぐる制度設計論に関心を持つ全ての研究者，政策担当者によって共有化されるべきであろう．

● 第3章コメント ●

諸富 徹

　本章は，排出量取引制度導入がもたらす産業国際競争力への影響に対処するためには，具体的にどのような方法を採用するのが最も効率的で，なおかつ炭素リーケージ対策として有効かを詳細に比較検討することを目的としている．そのための手法として，第1に「国境調整措置」（自国の排出量取引と同等の地球温暖化対策を課していない外国からの製品輸入に対し，その輸入業者に，当該製品の製造段階における排出量相当の排出枠購入を義務付ける手法），そして第2に，自国の排出量取引制度対象企業への排出枠の無償配分という，2つの選択肢が存在することが知られている．

　第1の国境調整措置は，欧州でも米国でも導入可能性が検討されたが，①それを実行するための情報的基礎が十分ではないこと（輸入品の炭素含有量を正確に確定するのはきわめて困難），②海外からの製品輸入に対して，地球温暖化対策を理由に一定の制約を設けることは，WTOルール上，疑義を差し挟まれる余地があること，そして，③このような国境調整措置の導入が，相手国を刺激し，相互に様々な理由を挙げて，相手国製品を自国から締め出す「貿易戦争」を引き起こしかねないこと，以上3点の理由から，欧州でも結局，国境調整措置の採用は断念し，ベンチマーク方式に基づく無償配分の採用で決着している．

　問題はそうすると，どのような無償配分を行うことが最も望ましいのかという点に絞られてくる．本章は，有償，無償含めて複数存在する排出枠の初期配分法を対象として，厚生，GDPといった経済効率性の観点と，炭素リーケージ対策としての有効性の観点の両面から比較検討し，相対的に望ましい初期配分方式を抽出しようとしている．この問題は，国際的にも関心の高まっている研究領域であり，本コメントで以下に紹介する研究を含め，ほぼ同時期に同様のテーマを扱った研究が発表されるなど，本章は世界的に見て最先端の研究成果の1つであることは間違いない．

　本章の功績は，「産出量に応じた排出枠の無償配分方式（Output-Based Allocation, OBA)」を初めて日本の政策論議に本格的に紹介し，その特性を他の配分方式との比較の中で明らかにした点にある．これまで，排出枠の配分方式は，大きく分けて有償配分（「オークション方式」）と無償配分（「グランドファザリング方式」と「ベンチマーク方式」）の3種に議論が絞られ，OBA は議論の俎上に上ってこなかった．その意味で本章は，OBA を配分方式の1つに加えることで，無償配分方式に関する議論を多様化したという意義を持つ．

OBA は，本章でも定義されている通り，排出総量が規制されているキャップのもとで，生産量の多寡に基づいて排出枠を配分する方式である．こうすると，排出量を削減するために生産を削減したり，停止したりする負の誘因が取り除かれ，むしろ増産インセンティブが働く．とはいえ，キャップはしっかりかかっており，その意味で総量規制は担保される点に留意する必要がある．日本の「排出量取引施行スキーム」で採用されている，「原単位に基づく事前配分」と「生産量に応じた事後配分」の組み合わせが，総量規制の放棄を意味するのとは鋭い対照をなしている．

本章のエッセンスは，効率性の観点から見ればオークション方式が望ましいが，炭素リーケージ対策としての有効性の観点から見れば OBA か，あるいはオークション方式と OBA の組み合わせである AO を採用することが望ましいことを明らかにした点にある．効率性基準だけでなく，炭素リーケージの防止，あるいはエネルギー集約企業の負担軽減という複数政策目的を満たす制度設計はいかにあるべきか，という問いに対し，本章が見事に回答を与えることができた点は，高く評価されるべきであろう．また，この結論はかなり具体的であり，政策論議への寄与もきわめて大きいといえる．

以上の評価を前提として以下，若干のコメントを付しておくことにしたい．1点目としては，仮に OBA（あるいは AO）が望ましいものだとしても，そもそもそれは実行可能なのか，という問題がある．「生産量に応じた配分」といえば一見，シンプルで実行可能な方法に思える．しかし，「生産量」とは何かを厳密に考えてみると，そう簡単ではないことがわかる．たとえば，鉄鋼ならば生産量指標として重量（トン数）をとればよいだろう．しかし，無数の異なる種類の製品を生産している化学産業や電気・機械産業は，単純に重量ベースで生産量を測るよりも個数，あるいは軽くても付加価値の高い製品である場合には，付加価値額のほうがふさわしいかもしれない．つまり，業種特性の違

いを乗り超えて共通尺度としての「生産量」を定義するのは意外に難しく，無理に尺度を作れば公平性を失する恐れもある点で悩ましい．

　第2の論点は，OBAの生産誘発効果についてである．これは排出枠の事後配分なので，企業の今期の行動に影響を与える．つまり排出を増やせば増やすほど配分排出枠が多くなるので，必要以上に（費用最小化が達成されるポイントを超えて）生産増加インセンティブが働いてしまう恐れがある．これに対して，欧州のように過去情報に基づいて排出枠を事前配分する場合は，その排出枠の範囲内で，費用が最小化するよう行動せざるをえなくなる．こうしたOBAの非効率性もまた，比較検討の際に考慮されるべき要因であろう．

　第3に，本章で最も興味深い箇所の1つは，「3.5節　配分方式の比較」で「公平性」の観点から検討を加えているところである．つまり，OBAやAOを採用することは，総量規制が有効に効いている限り，エネルギー集約産業以外の産業や家庭部門に排出削減努力を押し付けることを意味する．それは，エネルギー集約部門の過剰保護を意味し，公平性の観点からみて望ましいか検討しなければならないと本章は指摘している．

　同様に，Dröge（2009）の研究によれば，OBAは，炭素リーケージどころか，「逆炭素リーケージ」（優遇措置に反応して，企業が生産拠点を排出量取引導入国に移す結果，かえって排出量取引導入国で排出量が増加してしまう現象）を引き起こし，かえって排出増加をもたらす恐れがあるという．これは，エネルギー集約型産業に対する過剰な優遇措置の弊害だといえる．したがって，一方で有効な炭素リーケージ対策を行い，他方で，産業間や業種別で公平性を保証するようなバランスを保つような制度設計が必要だ，というのが本章の結論である．

　本章は，日本で初めて本格的に，複数の排出枠の配分方式の効果を徹底的に分析し，相互比較を通じてその特性を明らかにした貴重な研究成果である．本章は，今後の同種の研究が必ず参照すべき業績となるに違いないが，その際には，本分析の徹底ぶりをぜひ，見習ってほしいものである．

参考文献

Dröge, S. (2009) "Tackling Leakage in a World of Unequal Carbon Prices," Climate Strategies Synthesis Report [available at http://www.climatestrategies.org]

● 第 4 章コメント ●

松 本 　 茂

　地球環境問題には全ての国が共通に責任を持つものの，温暖化問題が蓄積性のある環境問題であるという事実を踏まえれば，過去に化石燃料を大量消費してきた先進国が温暖化対策においてより多くの責任を負担すべきであるという考え，共通だが差異ある責任という考えが京都議定書で採られた．京都議定書以降，世界の国々は大きく 2 つのグループに，温室効果ガスの削減義務を負う先進国を中心としたグループと温室効果ガスの削減義務は負わない途上国グループに分けられた．その結果，温室効果ガスの排出費用，化石燃料の使用価格は 2 つのグループ間で大きく異なるようになった．

　しかし，化石燃料の単位当たりの温暖化被害は化石燃料の使用場所には依存しない．化石燃料がどこで使用されようとも単位当たりの温暖化被害は一定になる．したがって，経済効率的な観点からは純粋に化石燃料 1 単位当たりの生産額が最も高くなる地点で生産をすることが望ましく，先進国と途上国の間で化石燃料の使用価格を差別化することは関税と同様に価格体系に歪みを生じさせることとなる．

　第 4 章で取り上げられている国境調整措置とは，京都議定書により歪められた先進国と途上国の間の化石燃料価格を関税などの手段を用いて是正させる取り組みである．例えば，中国で製品を 1 単位生産する時に 1 トンの二酸化炭素が排出され，日本で二酸化炭素 1 トン当たり 1000 円の環境税が課されているなら，中国から日本に製品を輸入する際には 1 トン当たり 1000 円の二酸化炭素関税を課すといった措置となる．国境調整措置は，アカデミズムの分野ではノーベル経済学賞受賞者の Stiglitz などが中心となり提唱されてきたが，近年では政策レベルでも真剣に検討されるようになってきている．

　京都議定書が採択された当時に比べ，世界経済に占める途上国の相対的なウエイトは大幅に拡大した．経済成長と共に途上国の二酸化炭素の排出量も増加し，2011 年現在では中国はすでに世界最大の二酸化炭素排出国となっており，インドの排出量も日本のそれをすでに抜き去っている．化石燃料価格差は，先

進国のエネルギー集約型産業の国際競争力を弱め，製造業を中心に産業の途上国移転を生じさせている．また，産業移転に伴い，温室効果ガス排出の先進国から途上国への移転，いわゆる炭素リーケージも生じさせている．さらに，国境調整措置が採られない場合，途上国で生産された製品を先進国の消費者が購入すると，地球環境により負荷が与えられることとなる．

　以上の理由から，国境調整措置に関する研究は近年盛んに実施されている．そうした中，武田・堀江・有村は，日本政府が温室効果ガスを25％削減するため排出量取引を導入するという想定のもと，諸外国との温暖化対策の費用差を是正するために国境調整措置を導入すれば生産・貿易への悪影響をどの程度緩和できるかを応用一般均衡モデルを利用して推計している．本章では，種々の国境調整措置が3つの潜在的な政策目標（①社会厚生水準の維持，②温室効果ガスの炭素リーケージ防止，③エネルギー多消費産業の生産水準維持）に対し，どの程度有効かが検証されている．本章では，いずれの国境調整措置も3つの政策目標に対して有効ではあるものの，どの政策目標を重視するかで選択すべき国境調整措置は異なってくることが示されている．非常に緻密な分析がなされており，分析手法について問題はないと思われるので，以下では今後の研究の発展を期待したコメントをさせていただく．

　本章では完全雇用を仮定した分析がなされているが，実際には温暖化対策によって影響を受ける産業では雇用調整がなされるはずである．エネルギー集約型貿易産業への影響が中心的に調べられているが，労働者数が多い部門への影響が少なくなる国境調整措置とはどのような措置なのだろうか．

　社会厚生水準として消費からの効用のみが考慮されているが，本来ならば社会厚生水準は消費から得られる効用から温暖化の被害を差し引いたものとなるはずである．温暖化の被害を算定するのは非常に困難であるが，世界レベルでの温室効果ガスの排出状況について報告いただけると，より望ましかったかもしれない．国境調整措置が実施されない場合，先進国から途上国に等量の二酸化炭素排出が移転するだけでなく，温暖化対策の義務のない途上国ではより多くの二酸化炭素が排出されるようになるのではないだろうか．

　いずれにしても，本章はタイムリーな内容を取り扱った実践的な論文であるし，そこから伝わるメッセージもクリアである．温暖化対策を目的とした国内政策を導入するのであれば国境調整措置を同時に導入することが望ましい．本

章がわが国の温暖化対策の議論において参考資料として利用されることが期待される．

第 II 部

地球温暖化対策の国際交渉と国境調整措置の役割

第5章　地球温暖化対策に関する国際交渉
―― ゲーム理論による分析

樽井　礼

5.1 はじめに

　地球温暖化問題に関する経済分析の課題は数多く存在する．その中でも3つの大きな課題として，①（時間を通じて）どれだけ温室効果ガスの排出を削減すべきか，②温室効果ガス排出削減のための国際協力はどのような枠組みのもとで達成されるか，そして③各国が所与の温室効果ガス排出削減目標を達成する上でどのような政策手段がのぞましいのか，が挙げられる．①は，地球温暖化抑制のためには（世界全体で）どれだけ温室効果ガスの排出削減を行うことが社会的に最適（効率的）となるかという問題である．この点に関しては，気候変動に関する政府間パネル（Intergovernmental Panel on Climate Change, IPCC）の報告をはじめ，英国の The Stern Review（Stern 2007），オーストラリアの The Garnaut Climate Change Review（Garnaut 2008），Nordhaus (2008)，Weitzman (2009) 等多くの報告・研究がなされてきている．③に関しては数量的政策措置（例えば排出量取引）や価格的政策措置（例えば炭素税や燃料税），その組み合わせや応用策のうち，どのような政策手段がどのような条件のもとで最も望ましいか，所得分配への影響はいかに異なるか，というような課題に関して多くの研究がなされている．本書の大きな特色は，国際貿易や国境税調整措置が課題③に関連してどのような経済的効果をもたらすのかということに着目している点にある．

　②の地球温暖化対策についての国際協力に関しては，各国の戦略的動機に着目したゲームの理論を応用した分析がなされてきている．本章ではこれらの分析を概観すると共に，今後の研究課題を展望する．

5.2 国際協力に関するゲーム理論分析の有用性

5.2.1 国際協調への障壁となる地球温暖化問題の特徴

　気候変動に関する国際連合枠組条約（1992年採択）は地球温暖化を抑制すべき問題として認識し，先進締約国に対し温室効果ガス削減のための政策の実施等の義務を課している．京都議定書や，その後の度重なる交渉（2009年のコペンハーゲン，2010年のカンクン合意）を含め，国際的な協力への努力はその後も進められている（それらの取り組みの問題点・課題に関しては5.2.2節を参照．政策提言を含めた文献としては，例えばAldy and Stavins 2009を参照）．だが，2011年5月現在において，大規模な温室効果ガス排出国の全てが合意するような地球温暖化対策に関する国際協定は締結・履行されていない．このように地球温暖化抑制への国際協調に関して合意が困難である理由は，経済理論を用いて説明することができる．

　第1の理由は，温室効果ガス排出削減が（国際的な）公共財としての性格を有することである．石炭火力発電所から大気に流出する水銀や，農業での肥料利用による汚染の排出は，比較的局地的な被害を伴う．これら局地的汚染物質と異なり，温室効果ガスはどの国・地域で発生しても世界中の大気中の温室効果ガス濃度に一様に影響を与える．温室効果ガス排出を削減することは，一般的に（企業または国レベルでの）排出削減主体にとっては費用がかかる行為である一方で，一国における排出削減の便益は広く世界的に共有されることとなる．この地球温暖化問題の性質は，各国が他国の温室効果ガス削減にたよるフリーライダーとなる動機を持つ（ただ乗り問題を発生する）ことを示唆する．

　上記の問題に関連して重要な事実は，世界には大規模な温室効果ガス排出国が複数存在するということである．表5-1が示すように，2008年において（化石燃料消費に伴う）二酸化炭素排出量の上位10カ国の合計は，世界全体の排出量の6割以上を占める．中国や米国の排出シェアは15%以上である．世界全体での効果的な温室効果ガス排出削減のためには，これら主要排出国の削減に関する合意が不可欠である．これら大規模排出国の戦略的な行動はこれまでの地球温暖化国際交渉でも顕著であったし，これからの交渉の行方を決める上で大きな役割を果たすと予想される．

第 5 章　地球温暖化対策に関する国際交渉

表 5-1　化石燃料消費による二酸化炭素ガスの排出量（2008 年）

	排出量	シェア	シェア累計
中国	1,918	21.9%	21.9%
米国	1,547	17.7%	39.6%
インド	475	5.4%	45.0%
ロシア	466	5.3%	50.4%
日本	329	3.8%	54.1%
ドイツ	215	2.5%	56.6%
カナダ	148	1.7%	58.3%
イラン	147	1.7%	59.9%
英国	143	1.6%	61.6%
韓国	139	1.6%	63.2%
世界合計	8,749		

単位：百万炭素換算トン．
出典："Fossil Fuel CO_2 Emissions by Nation," Carbon Dioxide Information Analysis Center. http://cdiac.ornl.gov

　同じ公共財とはいえ，1 国内の公共財の供給に関しては国の政府が何らかの制度を用いて（ある時は税等を用いて強制的に）供給を行うことができる．温室効果ガス排出削減のような国際公共財の供給において問題となるのは，国家主権の存在である．各国に削減を強制するような世界政府は存在しない．このことは主要各国が参加し，遵守するような国際協定の策定のためには，参加・遵守により各国が正の純便益を得られるような，すなわち self-enforcing な協定の構築が必要であることを意味する．

　地球温暖化問題において他の国際的な環境問題に比べて国際協調が困難である理由として，Barrett（2003）は最適な政策の便益・費用比率の違いを挙げている（p.379）．例えばもう 1 つの代表的な国際環境問題であるオゾン層の破壊問題に関しては，「オゾン層保護に関するウィーン条約」（1985 年採択）に基づく「オゾン層を破壊する物質に関するモントリオール議定書」が 1987 年に採択されている．議定書とその改定に基づき，各国は主要なオゾン層破壊物質である各種フロンの消費・生産の全廃を進めてきた．米国環境保護庁（US Environmental Protection Agency, EPA）は，モントリオール議定書で国際的に合意されたオゾン層破壊物質の生産・消費制限を米国が遵守した場合に（制限がない場合に比べて）どれだけの費用と便益をもたらすかを試算してい

る．その試算（US EPA 1987）によると，米国にとっての便益は3兆5,750億ドル，費用は210億ドル（共に1985年米ドル換算）となっている．便益・費用比率は実に170倍となる．これは他国のオゾン層破壊物質の制限がなく，米国1国が制限を行う場合の値である．このことは，（国際的な環境問題とはいえ）国際協調がなくとも米国が一方的なオゾン層保護への行動をとるインセンティブがあったことを意味する．

しかし地球温暖化対策の場合には，問題の性質上便益・費用比率に関してはより大きな不確実性が存在する．例えばNordhaus and Boyer（2000）の試算では便益÷費用=2,830億ドル÷920億ドル=3.08（共に1990年米ドル換算）という値が紹介されている．Nordhausに比べてより大規模・迅速な温室効果ガス排出削減を提唱しているStern（2007）においても，便益は年率換算で世界のGDPの約5%，費用は年率換算で約1%との推定がなされており，その場合便益費用比率は5となる．

上記の地球温暖化抑制に関する値は，世界各国が協力して最適な温室効果ガス排出削減を実現した場合についてのものである．オゾン層破壊物質制限に関する（米国1国の）便益費用比率と比較すると，地球温暖化問題についての国際協調が他の国際的な環境問題の場合と比べて困難であることを示唆する．特に，低い便益・費用比率は，非効率的な温室効果ガス排出削減策（例えば一部の温室効果ガス排出国のみによる排出削減）のもとでも1以上の便益・費用比率を保つ余裕が少ないことを意味する．Nordhaus（2002）は，京都議定書のめざす付属書I国での二酸化炭素排出削減は，世界全体で（議定書がない場合に比べて）負の純便益をもたらすと試算している．

5.2.2 近年の国際交渉で残されている課題

地球温暖化抑制に関する国際交渉において画期的なできごとの1つが「気候変動に関する国際連合枠組条約の京都議定書」の採択である（1997年12月）．複数の国に対する温室効果ガス排出削減目標を明記している点が画期的であったが，京都議定書は以下のような特徴・課題を有する．

・途上国に対する排出削減目標の欠如

温室効果ガス排出削減目標は，主に先進国（OECD各国と東欧の移行経済国）が含まれる「付属書I国」にしか設定されていない．中国やインド，ブラ

ジルのような現在・将来の大規模温室効果ガス排出国は削減目標を持たない．先述の通り，世界中どこで排出されても同種の温室効果ガスは同じ温暖化効果を持つ．よって，所与の排出削減を最小の費用で達成するためには世界中で最も費用が低いところから削減が進められるべきである．このことは，議定書が進めるような一部の国のみでの排出削減は非効率となることを示唆する（京都議定書のもとでは付属書Ⅰ国以外の国での比較的低費用の温室効果ガス排出削減を進めるためにクリーン開発メカニズム〔Clean Development Mechanism, CDM〕のような柔軟性措置も許容されている．だが，CDM は案件ベースであり，付属書Ⅰ国の排出削減目標の効率的な達成にどれだけ寄与するかについては不確実性が残されている）．

・米国による批准の欠如

米国が（付属書Ⅰ国でありながらも）京都議定書を批准していないことは，議定書の掲げる排出削減目標が達成されない可能性を高める．また，中国・インドのような大規模排出国が削減に参加しないことに加え，米国が批准していないことは，議定書の排出削減効率がさらに低くなることを示唆する．

・排出削減目標が達成されなかったら？

京都議定書は，排出削減目標を達成できなかった付属書Ⅰ国が，どのような対処（制裁）に直面するかを特定しなかった．その後の交渉で排出枠を遵守しなかった国に対する制裁措置が特定されたが，そのような措置には法的拘束力はないとされている．このような制裁メカニズムの欠如は，付属書Ⅰ国の削減目標達成への動機を弱める可能性がある．現実に，全ての付属書Ⅰ国が京都議定書の（2008-2012 年の）削減目標を達成できない可能性はまだ残っているといわれている．いくつかの付属書Ⅰ国は，削減目標を達成しない見込みを明言している．

・Self-enforcing でない

Nordhaus（2002）は，いくつかの国については，京都議定書の排出削減目標遵守にあたって，費用が便益を上回る可能性があると指摘している．費用が便益を上回る度合いは，特に米国について大きくなると試算している．この試算は，米国政府が京都議定書を批准しなかったことと整合的である．

5.2.3 ゲーム理論の有用性

地球温暖化抑制の公共財としての性格，少数の大規模温室効果ガス排出国の存在，そして国家主権の存在は，国際協力の進展のためには各国の戦略的動機と整合的な協定の構築を要求する．また，京都議定書やその後の国際交渉で温室効果ガス排出削減に関する世界的な合意が達成されていないことは，self-enforcing な協定構築に関する研究の必要性を示唆する．プレーヤーの戦略的動機・行動を明示的に考慮し，協力の可能性を分析するゲームの理論が，国際協定分析で有用となるのはこのためである．以下ではゲーム理論の応用研究を概観する．

5.3 近年の研究に見られる特徴と主要な結論

5.3.1 協定参加ゲームとその応用

国際公共財の供給を促す条約に各国が参加する動機を分析する研究においては「協定参加ゲーム」の応用が数多くなされている．その研究目的は，「各国が自国の利益を追求する時に，どの国（いくつの国）が協定に参加することがゲームの均衡となるか」を分析することにある．主要な研究としては，Barrett（1994, 2003），Carraro and Siniscalco（1993），de Zeeuw（2008）等が挙げられる．

標準的な協定参加ゲームでは，所与の数のプレーヤー（国）が2期（2つのステージ）にわたって協定に関する選択を行う．単純な越境汚染を想定したモデルでは，各国の戦略変数は①協定に参加するかしないかの選択と，②自国の汚染排出量の2つである．各国の利得関数は①自国の汚染排出による便益（例えば化石燃料の利用により得られる経済的な便益）と，②全ての国の汚染排出量の合計に依存する被害（費用）より成り立つ．

第1ステージでは，各国が協定参加・不参加の選択を行う．第2ステージでは各国は汚染排出量の選択を行う．そこでは以下が仮定される．

・第1ステージで協定に参加した国は，参加国の利得関数の合計（M カ国が協定に参加している場合には，M カ国の利得関数の合計）を最大化する

ようにそれぞれ汚染排出量を選択する．
・第1ステージで協定に参加しなかった国は自国の利得を最大とする排出量を選択する．

この際，各国は協定参加国の数と他国の汚染排出量を与件として行動する．
サブゲーム完全均衡は，①第1ステージで協定に参加しなかった国は，参加を選択することによってより高い利得を得ることはできない，②第1ステージで協定に参加した国は，非参加を選択することによってより高い利得を得ることはできない，という2つの条件を満たす．すなわち，均衡においては各国は第2ステージの帰結を予想した上で，非参加国は協定に参加するインセンティブを持たず，参加国も非参加するインセンティブがない．この均衡は d'Aspremont et al. (1983) において導入された "Coalition stability"（結託の安定性）という概念に基づく．d'Aspremont et al. (1983) は産業組織論の文脈において寡占企業が結託する可能性に関して分析を行っているが，その均衡概念は環境経済学において協定参加ゲームで広く応用されてきている．

協定参加ゲームを応用した分析の多くは，全ての国が同じ利得関数を持つと仮定する．そこでは，均衡ではいくつの国が協定に参加するかが主要な研究課題となる（例外として，例えばオランダの Wageningen 大学の STACO〔Stability of Coalitions〕プロジェクトによる一連の協定参加ゲームシミュレーションモデルが挙げられる．そこでは地球温暖化対策の費用・便益に関する国際間の非対称性を明示的に考慮し，どの国の組み合わせが均衡となるか等の研究が行われている）．全ての国が協定に参加する場合は，社会的（世界的）に最適な汚染排出配分が行われるし，協定参加国が1つもない（または1つのみの）場合は，全ての国が自国の利得最大化を追求するナッシュ均衡解に対応する．協定参加国の数が多いほど，協定はより効率的な汚染排出の配分を均衡として支持することとなる．

多くの協定参加ゲーム分析は，協力達成の可能性に関して悲観的である．多くの国が協定に参加することが均衡となるのは，協力の純便益が小さい時のみであるという結論が導かれている．すなわち，多くの国が均衡で参加するような協定は，非協力解（すなわち協定がない場合）と比べて利得の面であまり変わりがない，ということになる．この悲観論に基づいて，研究者や政策・交渉関係者の中には排出量削減に加えて（代えて）削減技術開発に関する協定・協

力を提唱する意見も存在する（例えば Barrett 2003 を参照）．

5.3.2 協定参加ゲーム分析の仮定と課題

①多くの分析は上記のような2期モデルを応用している

そのようなモデルでは協定参加の決定と汚染排出量の選択はそれぞれ1度ずつしか行われない．そのため，地球温暖化やその将来的な影響，各国の時間を通じた参加・非参加の意思決定を考慮しない．例外としては de Zeeuw（2008），Rubio and Ulph（2007）が挙げられる．

②協定参加国は協定を遵守すると仮定されている

上記のような協定参加ゲームでは，第2ステージにおいて，全ての協定参加国が（参加国全体の）共同利得を最大とするような汚染排出量を選択すると仮定されている．これは，一度条約に参加した国は仮定によって条約を遵守することを意味する．この仮定のもとでは，条約が参加国にとって self-enforcing であるのかどうかという根本的な課題の分析が不可能である．

③協定への参加と遵守を促すような 'carrot and sticks'（アメとムチ）は考慮しない

多くの協定は，参加国が遵守しなかった場合の制裁措置について言及を行っている．また Hufbauer *et al.*（2007）は，第1次大戦までに100以上の経済制裁が実行されてきた経緯を詳述しており，制裁が国際協調において頻繁に使われてきた事実を指摘している．モントリオール議定書がオゾン層破壊の進行防止に効果的に寄与した原因の1つとして，議定書が非遵守国に対する貿易制裁を明記していた点を挙げる識者も存在する（Barrett 2003）．

5.3.3 繰り返しゲーム・動学ゲームの応用

(1) 繰り返しゲームと協力の可能性

上記のように，協定参加ゲームを応用した分析には，その仮定によっていくつかの問題点が残る．それらの問題点を克服する試みは動学ゲームの応用によって行われており，そこでは，地球温暖化対策に関する動学的な側面に焦点が当てられている．効果的な地球温暖化抑制のためには，各国が温室効果ガスの排出削減を長年にわたって継続的に行う必要がある．これは各国が戦略的な政策・意思決定を長期間にわたって何度も行うことを意味する．よって，地球温

第 5 章 地球温暖化対策に関する国際交渉

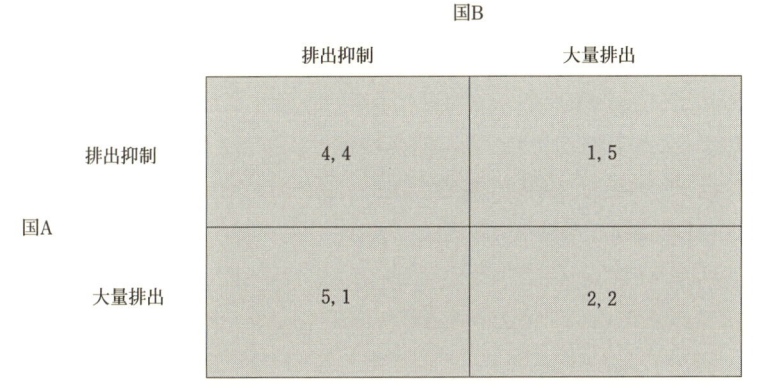

	国B 排出抑制	国B 大量排出
国A 排出抑制	4, 4	1, 5
国A 大量排出	5, 1	2, 2

図 5-1 越境汚染排出ゲーム
各ます内の 1 番めの数字は国 A の利得を，2 番めの数字は国 B の利得を示す．

暖化対策は「繰り返しゲーム」としての側面を持つのである．

繰り返しの側面を考慮すると，国際協定がもたらす報償と制裁（rewards and punishment，アメとムチ）が協力を達成できる可能性を考慮できる．それは以下の例によって説明できる（図 5-1）．いま，2 つの国が越境汚染物質を排出していると仮定する．協調して排出抑制を行えば各国は 4 単位の利得を得るが，協調せずに過剰排出がなされる場合には両者の利得はそれぞれ 2 となる．他国が協調して排出抑制を選ぶ際に自国が協調しない場合には，自国は 5 単位の利得を得られるが他国は 1 単位の利得を得るにとどまる．

この場合は両国とも過剰排出を選択することがナッシュ均衡となり，非効率的な汚染排出が実現する．

上記のゲームが無限回繰り返されるとしよう．いま δ を割引因子（割引率に 1 を加えたものの逆数）とする．各国の利得は

$$1 \text{期目の利得} + \delta \times 2 \text{期目の利得} + \delta^2 \times 3 \text{期目の利得} + \cdots$$

となる．各国は過去の選択に依存して毎期の選択を行うことができると仮定した上で，以下のような戦略（協定）を考えよう．

フェイズ I（協力）：各国は「排出抑制」を選択する．もし国 A または B が異なる選択を行った場合には，次期にフェイズ II に移行する．

フェイズⅡ（離反への制裁）：各プレーヤーは「大量排出」を選択する．

このような戦略はゲーム論では「ナッシュ均衡に戻るトリガー戦略（Nash-reversion trigger strategies）」と呼ばれる．各フェイズがナッシュ均衡になっていれば，この戦略はサブゲーム完全均衡となる．フェイズⅡでは両国はステージゲームのナッシュ均衡戦略を選択し続けるので，ナッシュ均衡となる．フェイズⅠで協調した場合の利得は

$$4+\delta 4+\delta^2 4+\cdots = \frac{4}{1-\delta}.$$

協調しない場合の利得は

$$5+\delta 2+\delta^2 2+\cdots = 5+\frac{2\delta}{1-\delta}$$

となる．よって，前者が後者を下回らなければ，すなわち $\delta \geq 1/3$ であるならフェイズⅠはナッシュ均衡となる．両者の割引率（時間選好率）が十分に低い場合には協調が均衡となるというフォーク定理の帰結が得られることとなる．このようなフォーク定理の主要な帰結は，離反に対する制裁メカニズムを持つ国際協定が協力的な帰結を均衡として支持しうる可能性を示唆する．すなわち，将来の制裁の可能性が各国の離反を防止しうるという直観を説明している．この定理の応用例としては軍縮交渉，貿易自由化交渉の経済分析が挙げられる（Shelling 1960, Bagwell and Staiger 2002）．

フォーク定理は地球温暖化防止交渉の分析にそのまま適用可能であろうか．この質問に関しては，上記の議論は多くの仮定の上に成立していることに留意する必要がある．その1つは，「繰り返されるのは同じゲームである」ということである．地球温暖化問題の原因とされる大気中の温室効果ガスの濃度は，毎年の各国の温室効果ガス排出量（と微量の自然減少）に応じて変化する．すなわち，各国が毎期（毎年）温室効果ガス排出量の選択をする際に直面する（ステージ）ゲームは，それまでに各国がどれだけ温室効果ガス排出を行ったかによって変化するのである．ステージゲームは温室効果ガスストックの蓄積や気候の変化のみならず，経済成長や技術進歩によっても時間を通じて変化する．これは地球温暖化問題が単なる繰り返しゲームではなく，ステージゲーム

が内生的に変化する動学ゲームであることを意味する.

(2) 動学ゲームによる分析

動学ゲームは, 世界全体にとって最適な排出削減をめざすような協定は, どのような報償・制裁の仕組みのもとで均衡となるか, そして時間を通じて変わってゆく気候・経済条件のもとで, 各国が協定を遵守するインセンティブはどのように変わるかという分析に有効なモデルである.

Prajit Dutta と Roy Radner は, 動学ゲームを応用した地球温暖化に関する国際協力についての分析を数多く行っている (Dutta and Radner 2004, 2006a, 2006b, 2009 他を参照). そこでは温室効果ガスをストックとして扱う無期限モデルを応用しており, 各国は毎期その後の利得の現在価値の最大化を行うようなマルコフ完全均衡解を求めている.

その一連の研究では, 上記の繰り返しゲームの例にあるように「一度の離反・過ちは永久に続く制裁を起動する」というトリガー戦略による協定の支持を分析している. トリガー戦略は1国による一度の (温室効果ガスの過剰排出という形の) 過ちが協力の解消をもたらし, その後国々は永遠に非協力的な温室効果ガス排出の選択を取り続けることを意味する. その場合は地球温暖化が進行し, それに伴って各国の被害は時間を通じて次第に大きくなることが予想される. そのような予想のもとでは, 各国は再交渉を行って協力再開の可能性を模索するかもしれない. そのような再交渉の可能性に関しては, 上記のようなトリガー戦略に基づく協定は頑健ではないのである. また, Hufbauer *et al.* (2007) は国際的な制裁は通常数年しか続かない事実を指摘している.

フェイズ II (制裁フェイズ) が有限期間続くと共に, 各プレーヤーが制裁を全うした際には再び協力的な行動を再開するような設定は, Fudenberg and Maskin (1986) により理論的に究明されている. そのような設定は共有資源利用の文脈で Polasky *et al.* (2006), Tarui (2007), Tarui *et al.* (2008) で, また国境を越える汚染に関しては Froyn and Hovi (2008) にて応用されている. 以下では Mason *et al.* (2011) における地球温暖化交渉に関する応用分析を紹介する.

Mason *et al.* (2011) での動学ゲーム分析の概要は以下の通りである.
・世界の各国・地域が毎年温室効果ガス排出量を選択する.

- 各国の各年の純便益は,その年の自国の温室効果ガス排出による便益からその年の気候(温室効果ガスの大気濃度)がもたらす被害額をさし引いたものとする.
- 便益関数は自国の温室効果ガス排出に関して凹関数であり,ある一定の排出量までは増加し,それ以上の排出のもとでは減少する.
- Dutta and Radner の一連の分析とは異なり,非線形の被害関数を仮定している.特に,限界被害は温室効果ガスストックの上昇に伴い逓増すると仮定する.この仮定は Nordhaus の分析や Weitzman の一連の不確実性と地球温暖化に関する分析(例えば Weitzman 2010)でも採用されている(IPCC の報告書にも紹介されているように,多くの研究は地球温暖化が進むにつれて,追加的に増える被害が大きくなることを予測している).
- 各年の気候は過去の排出量蓄積に依存して変化する.

このような仮定のもとで,Mason *et al.* (2011) は「離反国への制裁は有限期間続き,その後各国は協力を再開,最適な温室効果ガス排出を再開する」という協定を想定する(図 5-2 参照).

協定が遵守されるための必要十分条件,すなわち協定がサブゲーム完全均衡となる必要十分条件は以下の通りである.

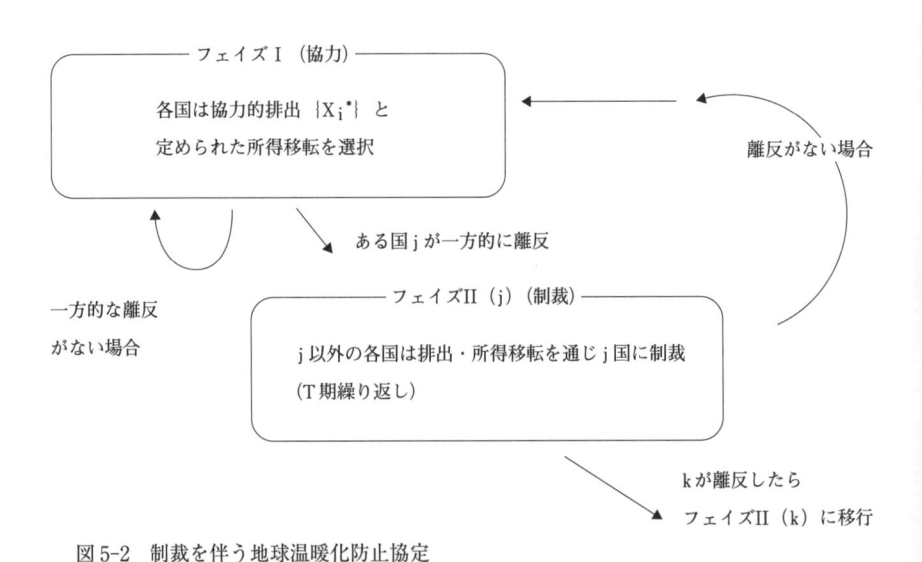

```
        ┌─── フェイズ I (協力) ───┐
        │ 各国は協力的排出 {X_i*} と │ ←── 離反がない場合 ──┐
        │ 定められた所得移転を選択    │                      │
        └────────────┬───────────┘                      │
          ↑          │ ある国 j が一方的に離反            │
一方的な離反         ↓                                   │
がない場合  ┌─── フェイズ II (j) (制裁) ───┐              │
            │ j 以外の各国は排出・所得移転を通じ j 国に制裁 │
            │ (T 期繰り返し)                              │
            └──────────────────────────┘
                              │ k が離反したら
                              ↓ フェイズ II (k) に移行
```

図 5-2 制裁を伴う地球温暖化防止協定

①どの国もフェイズⅠから離反するインセンティブがない
②フェイズⅠで離反した国はフェイズⅡでもう一度離反するインセンティブを持たない
③フェイズⅡで制裁を加える国は離反するインセンティブを持たない

上記が関連する全ての温室効果ガスストックレベルのもとで成立すれば，協定はサブゲーム完全均衡となる．

上記の動学ゲーム分析からは，協定が均衡となるかどうかに関して以下のような結果が得られる．

・温室効果ガス蓄積が一定以上進まないと，各国が地球温暖化協定を遵守しない場合がある．これは地球温暖化に伴う被害が非線形性である場合には，各国の協力へのインセンティブが時間を通じて変化するからである．このことは，現在は協力的な国際協定が self-enforcing とならなくても，将来温室効果ガスの大気濃度が上昇した後に協定が均衡となりうることを示唆する．

・各国の割引率が低い（将来の費用便益を重視する）ことは，必ずしも協定の維持につながらない．図 5-3 は Mason *et al.* (2011) にある数値例に基づいて，協定がサブゲーム完全均衡となるパラメータ値の範囲を示している．そこでは，割引因子（割引率に 1 を加えた値の逆数）が高くなる（割引率が低くなる）と協定が均衡とならなくなる可能性を示している．繰り返しゲームでは，「プレーヤーの割引率が十分に低ければ協調解がサブゲーム完全均衡となる」というフォーク定理の結果が得られることは先述したが，この結果は割引率に関する（協力の可能性の）単調性と呼ばれている．それに対して，（繰り返しでない）動学ゲームではそのような帰結が得られないことがわかっている（Dutta 1995a, b）．その理由は，繰り返しゲームの最適（協力）解は各プレーヤーの割引率に依存しないのに対し，動学ゲームの最適解は割引率の大きさに依存して変わるからである．割引率が小さい場合，最適解を達成するためには，各プレーヤーはより多くの温室効果ガス排出削減を通じ，定常状態ではより低い温室効果ガスストック（大気濃度）の維持をしなければならない．そのため，割引率が低下するにつれ，協力から得られる便益のみならず協力から離反することによる便益も増加することになる．結果として，より低い割引率のもとでは協調が均衡

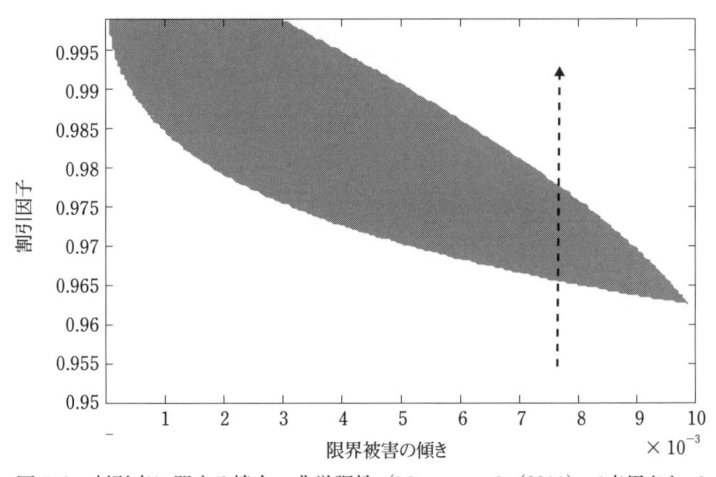

図5-3 割引率に関する協力の非単調性（Mason *et al.*（2011）で応用されている温暖化抑制動学ゲームのシミュレーション結果に基づく）
割引因子・限界被害のパラメータ値が色のついた部分にある場合には，条約は均衡で支持される．

解とならない可能性が出てくるのである．
・温室効果ガス排出削減の限界費用が，気候安定の限界便益に比べて大きすぎる（または小さすぎる）場合，協定は均衡とならない．図5-4は限界排出削減費用の傾きと地球温暖化に伴う温室効果ガス蓄積による限界被害の傾きに応じて協定の均衡としての達成可能性がいかに変化するかを示している．2つの傾きの比が高すぎたり（点H）低すぎる（点L）と，協定が均衡とならない．このことの理由は，上記の非単調性の理由と関連している．限界被害の傾きが小さい場合には，社会的に最適な温室効果ガス排出量は大きくなる（排出削減の幅は小さくなる）．このことは協調からの利益が各国にとって小さくなることを意味し，そのため協定が均衡とならなくなる可能性を示している．逆に限界被害の傾きが大きい場合には，社会的に最適な温室効果ガス排出量は小さくなり，各国に求められる排出削減幅は大きくなる．この場合には低い割引率のもとと同様，各国の協調から離反するインセンティブが大きくなる可能性が存在する．

上記の2つの非単調性は，地球温暖化交渉の文脈でも発生する可能性がある．すなわち，地球温暖化に関する経済分析で用いられるシミュレーションモデル

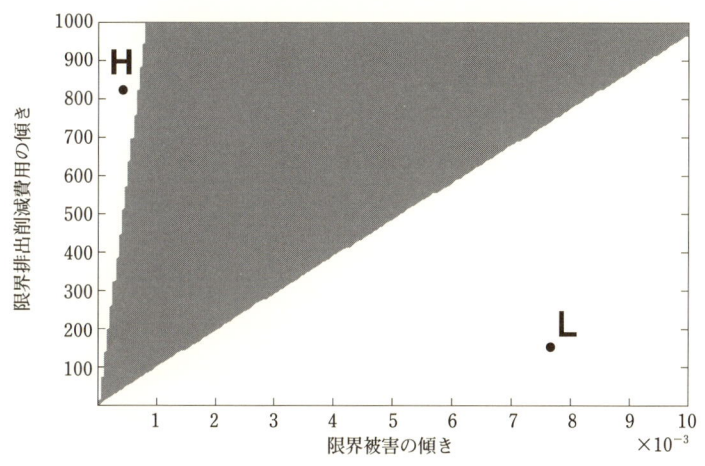

図5-4 限界排出削減費用と限界被害の傾きと協力の非単調性(Mason et al. (2011)で応用されている温暖化抑制動学ゲームのシミュレーション結果に基づく)
限界排出削減費用・限界被害のパラメータ値が色のついた部分にある場合には,条約は均衡で支持される.

で仮定されている範囲の(割引率,温室効果ガス濃度上昇に伴う限界被害の変化,温室効果ガス排出削減に伴う限界排出削減費用の変化等に関する)パラメータの値のもとで上記の非単調性は観察される.このことはMason et al. (2011)に詳述されている.

5.3.4 動学ゲーム分析で残されている課題

地球温暖化対策国際交渉に関するゲーム論の応用分析で近年特に注目されている話題としては,国際間の温室効果ガス排出削減費用や地球温暖化による被害に関する非対称性や,異質性(Heterogeneity)が各国に与える影響に関する実証・理論分析が挙げられる.国により異なる費用・便益は,国際間の費用負担の方法が協定の安定性に大きな影響を与えることを意味すると考えられる.

上記のDutta and RadnerやMason et al.の分析では,全ての国が協定に参加した上での,各国の協定遵守のインセンティブを分析している.一方,協定参加ゲームでは協定への参加・非参加へのインセンティブを分析するが,参加後の協力維持へのインセンティブの分析は行っていない.両者を組み合わせて,

協定への参加・非参加へのインセンティブと参加後の協定遵守へのインセンティブの両方を明示的に分析することも将来の研究課題となる．この点に関連して，Saijo and Yamato（1999）の理論分析は「各プレーヤーが参加・非参加，参加後の遵守・非遵守の両方を戦略的に選ぶ場合には最適解は均衡とならない」という結果を発見している．このような分析の地球温暖化対策の文脈での応用も期待される．

上記の研究では，各国は排出量のみを選択すると仮定している．よって，排出量の増減を通じた制裁しか考慮していない．貿易制裁や（締約国間の排出量取引を想定する条約の場合には）時間を通じた排出枠の調整を利用した制裁，また非加盟国・離反国からの輸入に対する他国による関税の制裁としての有効性の分析は，効果的な協定構築に関する議論に有益な示唆を与える可能性がある．

人口増加，経済成長や技術進歩，そして温室効果ガス排出削減技術と地球温暖化による被害の大きさに関する不確実性の考慮に関してもゲーム論を応用した分析はまだあまり多くなされていない．

5.4 おわりに

京都議定書や近年のコペンハーゲン・カンクン合意を越えて，各国が参加・遵守するインセンティブを有するような協定はどのように策定できるのか．この課題に関しては経済学のみならず政策科学，政治学や社会学的な分析が必要となる．その一環として，ゲームの理論を応用した分析は今後重要な示唆を持ち続けると期待できる．

特に貿易と環境に関する研究課題の対象としては，国境調整措置の制裁としての有効性が挙げられる．先進国で議論されている国境税調整の利用は，中国等の新興国での地球温暖化防止政策促進を意図している．実際にそのような効果はあるのか．また，例えば欧米が国境調整措置を導入した場合には，日本も追随して国境調整措置を導入すべきであるのか．続く2つの章では，これらの疑問に関する初期的な試みを紹介する．

第5章 地球温暖化対策に関する国際交渉　　　139

謝　辞

　この章での記述の一部は Stephen Polasky 氏，Charles F. Mason 氏との共同研究に基づく．章の作成にあたっては蓬田守弘氏をはじめ多くの方から貴重な意見をいただいた．丁寧なコメントをいただいた大東一郎氏にも深く感謝する．

参考文献

Aldy, J. and Stavins, R. (2009) *Post-Kyoto International Climate Policy*, Cambridge University Press, Cambridge, UK.
Bagwell, K. and Staiger, R.W. (2002) *The Economics of the World Trading System*, MIT Press, Cambridge, MA.
Barrett, S. (1994) "Self-enforcing International Environmental Agreements," *Oxford Economic Papers*, Vol. 46, pp. 878-94.
Barrett, S. (2003) *Environment and Statecraft*, Oxford University Press, Oxford.
Carraro, C. and Siniscalco, D. (1993) "Strategies for the International Protection of the Environment," *Journal of Public Economics*, Vol. 52, pp. 309-328.
d'Aspremont, C. A., Jacquemin, J., Gabszeweiz, J. and Weymark, J. A. (1983) "On the Stability of Collusive Price Leadership," *Canadian Journal of Economics*, Vol. 16, pp. 17-25.
de Zeeuw, A. (2008) "Dynamic Effects on the Stability of International Environmental Agreements," *Journal of Environmental Economics and Management*, Vol. 55, pp. 163-174.
Dutta, P. K. (1995a) "A Folk Theorem for Stochastic Games," *Journal of Economic Theory*, Vol. 66, pp. 1-32.
Dutta, P. K. (1995b) "Collusion, Discounting and Dynamic Games," *Journal of Economic Theory*, Vol. 66, pp. 289-306.
Dutta, P. K. and Radner, R. (2004) "Self-Enforcing Climate-Change Treaties," *Proceedings of the National Academy of Sciences*, Vol. 101, pp. 5174-5179.
Dutta, P. K. and Radner, R. (2006a) "A Game-Theoretic Approach to Global Warming," *Advances in Mathematical Economics*, Vol. 8, pp. 135-153.
Dutta, P. K. and Radner, R. (2006b) "Population Growth and Technological Change in A Global Warming Model," *Economic Theory*, Vol. 29, pp. 251-270.
Dutta, P. K. and Radner, R. (2009) "Strategic Analysis of Global Warming : Theory and Some Numbers," *Journal of Economic Behavior and Organization*, Vol. 71, pp. 187-209.
Froyn, C. B. and Hovi, H. (2008) "A Climate Agreement with Full Participation," *Economics Letters*, Vol. 99, pp. 317-319.
Fudenberg, D. and Maskin, E. (1986) "The Folk Theorem in Repeated Games with Discounting or with Incomplete Information". *Econometrica*, Vol. 54, pp. 533-554.
Garnaut, R. (2008) *The Garnaut Climate Change Review*, Cambridge University Press, Cambridge, UK.
Hufbauer, J. C., Schott, J. J., Elliott, K. A. and Oegg, B. (2007) *Economic Sanctions Reconsidered, third edition*, Peterson Institute for International Economics, Washington,

D. C..
Mason, C. F., Polasky, S. and Tarui, N. (2011) "Cooperation on Climate Change Mitigation," *Working Paper*, University of Hawaii.
Nordhaus, W. D. (2002) "After Kyoto: Alternative Mechanisms to Control Global Warming," *Working Paper,* Yale University.
Nordhaus, W. D. (2008) *A Question of Balance*, Yale University Press, New Haven, CT.
Nordhaus, W. D. and Boyer, J. (2000) *Warming the World: Economic Models of Global Warming*, MIT Press, Cambridge, MA.
Polasky, S., Tarui, N., Ellis, G. M. and Mason, C. F. (2006) "Cooperation in the Commons," *Economic Theory*, Vol. 29, pp. 71-88.
Rubio, S. J. and Ulph, A. (2007) "An Infinite-horizon Model of Dynamic Membership of International Environmental Agreements," *Journal of Environmental Economics and Management,* Vol. 54, pp. 296-310.
Saijo, T. and Yamato, T. (1999) "Voluntary Participation Game with a Non-excludable Public Good," *Journal of Economic Theory,* Vol. 84, pp. 227-242.
Shelling, T. (1960) *The Strategy of Conflict* (改訂版は 1981 年), Harvard University Press.
Stern, N. (2007) *The Economics of Climate Change: The Stern Review*, Cambridge University Press, Cambridge, UK.
Tarui, N. (2007) "Inequality and Outside Options in Common-Property Resource Use," *Journal of Development Economics*, Vol. 83, pp. 214-239.
Tarui, N., Mason, C. F. Polasky, S. and Ellis, G. M. (2008) "Cooperation in the Commons with Unobservable Actions," *Journal of Environmental Economics and Management*, Vol. 55, pp. 37-51.
US Environmental Protection Agency (1987) "Regulatory Impact Analysis: Protection of Stratospheric Ozone," Volumes I and II, OAR, US EPA (米国環境保護庁), December.
Weitzman, M. L. (2009) "On Modeling and Interpreting the Economics of Catastrophic Climate Change," *Review of Economics and Statistics*, Vol. 91, pp. 1-19.
Weitzman, M. L. (2010) "GHG Targets as Insurance Against Catastrophic Climate Damages," *NBER Working Paper*, No. 16136, National Bureau of Economic Research.

第6章 国境調整措置は地球温暖化対策の厳格化を促すのか
――部分均衡モデルによる分析

樽井 礼・蓬田守弘・姚 盈（Ying YAO）

6.1 はじめに

　開発途上国における地球温暖化対策が注目される中で，政策担当者や研究者の間で，国境調整措置が温室効果ガスの排出量や貿易国の経済厚生に与える効果に対する関心が再び高まっている．Hufbauer et al.（2009）によると，国境調整措置を実施するための根拠に関わる論点は，以下の3つに要約される．
①排出規制が厳しい国からそうでない国に排出を伴う生産活動が移転することによる炭素リーケージを防止する．
②厳格な排出規制が課せられている企業との競争条件を平準化する．
③開発途上国における排出規制の厳格化を促す手段となる．
　米国議会にはワックスマン・マーキー法案，ケリー・リーバーマン法案，またカントウェル議員のCLEAR法案など国境調整措置に関する法案がいくつか提出されている．これらの法案で議論されているように，中国，インド，ブラジルなどの非付属書Ⅰ国では，温室効果ガスの排出削減が将来の経済成長を妨げると考えられており，国境調整措置はこれらの国に国内での温室効果ガス削減策の実施を促すために提案されている．現行の国連の枠組みにおける（気候変動枠組条約を通じた）多角的交渉は，これらの開発途上国に温室効果ガスを削減する対策を講じるインセンティブを与えようとしている．しかし，京都議定書，コペンハーゲン・サミット，カンクン・サミットのいずれにおいても，地球温暖化対策に関する国際的な合意に達することはできなかった．こうした従来型の国際環境条約の限界を受け，国境調整措置は個別の2国間交渉において貿易相手国に同様の温室効果ガス削減のインセンティブをもたらす柔軟な手

段となりうると主張する識者もいる．国境調整措置が用いられれば，中国などは貿易相手国の国境調整措置による自国産業への負の影響を軽減するため，温室効果ガス削減対策に力を入れるようになるかもしれないという論理である．

本章では，2国（地域）の貿易モデルを用いて，国境調整措置に関してHufbauer et al. (2009) が提示した3番目の役割について考察を行う．すなわち，貿易制限措置が，輸出国の温室効果ガス排出に対する課税インセンティブにどのような影響をもたらすかについて，部分均衡分析によって考察する．具体的には，排出削減政策を実施している輸入国が貿易制限を課すと，輸出国も排出削減規制を強化するかどうかを検討する．米国や日本は途上国に先行して温室効果ガス排出削減を行う可能性があり，また国境調整措置を採用することも想定される．よって，排出量の大きい中国のような非付属書Ⅰ国がどのような反応を示すかを考察することは有用であると考える．

本章では，輸入国と輸出国の政策決定ゲームでの非協力解においては，輸入国の関税率が高くなると輸出国の炭素税率はより低くなることが示される．また，関税率が内生的に決定される場合には，輸入関税が課されると，輸入国が関税を課すことができない場合と比べて，輸出国は炭素税の税率を低下させることがわかる．この分析結果は，輸入制限を通じて他国に環境規制の厳格化を促すことはできないことを示唆している．

これまでも数多くの研究によって，小国および大国の最適な環境政策と貿易政策が分析されてきた．しかし，既存の文献においては，複数の国が戦略的に行動するゲームではなく，あくまで1国の最適な意思決定に焦点を当てている．Krutilla (1991) は部分均衡モデルを用いて，大国の最適関税と最適な汚染税の税率を求めている．そこでは，汚染が国境を越えないローカルなものであれば，最適な汚染税率はピグー税に一致し，最適関税は標準的な貿易理論で決まるものと等しいことが示されている．Markusen (1975) は，1国の観点から最適な税を分析し，政策手段が（例えば輸入税と排出税のどちらか）1つしかないケースにおける次善の政策を考察した．Copeland (1996) は，自国が一方的に決定する最適政策を分析しており，外国が排出規制を導入すると，それによって発生するレントを奪うことが可能になるため，自国が汚染税を課すインセンティブは強まることを示した．

これらの研究とは別に，多国間で貿易政策と環境政策が戦略的に決定される

状況を分析している文献もある．Ludema and Wooton（1994）は，外国における汚染排出が国境を越えて他国に外部性をもたらすが，自国の生産活動は外部性を発生させないような部分均衡モデルを考察した．Copeland（1990）は，第1段階で関税率が協力的に決定され，第2段階で汚染税が非協力的に決定されるような2段階ゲームを分析している．Ferrara *et al.*（2009）は差別化関税，MFN（最恵国待遇）関税，自由貿易の3つの貿易ルールがそれぞれ環境基準に与える影響を分析している．各国は第1段階で非協力的に汚染の削減基準を選択し，第2段階においては貿易ルールを所与として関税率を同時に決定する．いずれの場合もモデルの性質上，1国の生産が国境を越えて世界全体に外部性をもたらすような状況（例えば温室効果ガス排出に伴う気候変動）にその結論を一般化することは難しい．

これらの先行研究を踏まえた上で，本章では大国間の戦略的な相互依存関係を考慮した枠組みを用いて，地球温暖化対策における貿易政策の役割を検討する．

以下，6.2節ではモデルを説明する．6.3節で協力解の結果に触れた上で，6.4節において非協力ゲームの均衡解を検討し，政策的な含意を導く．6.5節では今後の研究拡張の可能性について議論する．

6.2 モデル

貿易理論は，通常一般均衡モデルによって分析されるが，国家間の戦略的相互依存関係の分析には，部分均衡分析を用いることが多い（Ludema and Wooton 1994, Barrett 1994, Mæstad 1998, Limao 2005）．本章では部分均衡分析を用いて貿易政策が各国の環境政策に及ぼす影響を説明する[1]．

国1と国2の2つの国が炭素集約財と価値基準財の2つの財を貿易している状況を考える．炭素集約財は，双方の国で生産と消費が行われ，生産に伴って温室効果ガスが発生する．温室効果ガス排出に伴う外部不経済は国境を越えて他国に波及する．炭素集約財には関税が課せられるが，価値基準財については，

---

1) ここで用いられる2財モデルは，炭素集約財の消費に関して準線形な効用関数を仮定した（よってその消費に関して所得効果が発生しないような）一般均衡モデルと解釈することは可能である．

自由貿易が行われるとする。i 国（$i=1,2$）が選択する従量炭素税を e_i，従量関税を τ_i とおく。i 国における消費者価格 p_i と生産者価格 q_i は，それぞれ以下のように表される。

$$p_i = p_w + \tau_i$$
$$q_i = p_i - e_i = p_w + \tau_i - e_i$$

ただし，p_w は国際価格である。$x_i(p_i)$，$y_i(q_i)$ は，それぞれ消費者価格と生産者価格が与えられたもとでの需要と供給を表すものとする。i 国の国内における超過需要関数は

$$M_i(p_w, \tau_i, e_i) = x_i(p_w + \tau_i) - y_i(p_w + \tau_i - e_i)$$

となる。世界市場の需給一致条件より，以下が得られる。

$$M_1(p_w, \tau_1, e_1) + M_2(p_w, \tau_2, e_2) = 0$$

それぞれの国で炭素集約財を1単位生産することにより，温室効果ガスが1単位排出されると仮定する。ここでは，生産量1単位当たりの温室効果ガス排出量が削減される可能性は考慮しない。j 国（$j \neq i$）で発生する温室効果ガスのうち λ の割合が i 国に波及するものとみなすと，i 国に影響を及ぼす温室効果ガスの総排出量は $Y_i \equiv y_i + \lambda y_j$ と表される。温室効果ガス排出に伴う外部不経済が i 国にもたらす被害を $D_i(Y_i)$ と表す。被害関数は線形であり，$D_i(Y_i) = \delta_i Y_i$（δ_i は正の定数）と仮定する。地球温暖化の文脈においては，年単位の追加的な温室効果ガス排出がもたらす環境被害は相対的に小さく，また将来の気候変動による限界被害に影響を与えるとは考えにくい。したがって，静学的なモデルによる地球温暖化対策の分析に際しては，線形の被害関数の想定は妥当である。パラメータ λ は，外部不経済が国境を越えて波及する程度を表す。例えば $\lambda = 1$ の場合は，温室効果ガスのように他国に完全に波及する外部不経済のケースに相当し，$\lambda = 0$ の場合は，外部不経済は国内に限定される。i 国の総余剰は，以下のように表される。

$$\Pi_i(\tau, e) = \int_{p_i}^{\infty} x_i(\omega) d\omega + \int_0^{q_i} y_i(\omega) d\omega + \tau_i M_i + e_i y_i(q_i) - D_i(Y_i)$$

右辺各項は順番に消費者余剰,生産者余剰,関税収入,炭素税収入そして温室効果ガス排出による環境被害に対応する.

以下では,(両国間での生産の限界費用の違いや消費需要の違いによって)国2が炭素集約財を国1に輸出するような状況を想定し,炭素税率決定の協力解と非協力解を分析する.

6.3 協力解

両国の総余剰の合計を最大化するような関税と炭素税の組み合わせを「協力解」(最適解)と定義する.協力解は以下の問題を解くことにより求められる.

$$\underset{\tau_1,\tau_2,e_1,e_1}{\text{Max}} \Pi_1(\tau_1, e_1) + \Pi_2(\tau_2, e_2)$$
$$s.t.\ M_1(p_w, \tau_1, e_1) + M_2(p_w, \tau_2, e_2) = 0$$

この場合,最適解では $\tau_1^* = \tau_2^* = 0,\ e_i^* = \delta_i + \lambda \delta_j\ (i, j = 1, 2, i \neq j)$ が成立する[2].炭素税率は双方の国における限界被害の合計であるピグー税に一致する.

6.4 非協力的なケース

ここでは,各国が政策を非協力的に決定するケースを考察する.輸入国による関税が,輸出国の炭素税率の決定にどのような影響を及ぼすのかを検討する.本節では,①両国での関税率が外生的に与件であり,輸入国と輸出国が同時に炭素税率を決定する同時手番のゲーム,そして②輸入国が関税率と炭素税率を選択し,同時に輸出国が炭素税率を選択する同時手番のゲームを用いてこの課題を分析する[3].①では輸入国の外生的な関税率が上昇した場合の輸出国の均衡炭素税率への影響を確認し,②では輸入国が最適関税率を選ぶ場合と関税率がゼロに制約されている場合の均衡を比較する.

---

[2] このモデルでは,標準的な一般均衡の貿易モデル(例えば Bagwell and Staiger 2002 の第2章を参照)と同様に最適解は一意に決まらない.関税率が共にゼロとならない最適解も存在する.

[3] 輸出国もしくは輸入国が相手より先に政策決定を行う逐次手番の場合についての詳細は,Tarui et al. (2011) を参照.

6.4.1 関税が外生的に与件の場合

市場均衡条件は，以下のように表される．

$$x_1(p_w+\tau_1)+x_2(p_w+\tau_2)=y_1(p_w+\tau_1-e_1)+y_2(p_w+\tau_2-e_2)$$

この条件を全微分することにより，均衡国際価格の各種税率に関する導関数が得られる．

$$P_{e_i}\equiv\frac{\partial P_w}{\partial e_i}=\frac{y_i'}{y_1'+y_2'-x_1'-x_2'}>0, \quad i=1,2,$$

$$P_{\tau_1}\equiv\frac{\partial P_w}{\partial \tau_1}=\frac{x_1'-y_1'}{y_1'+y_2'-x_1'-x_2'}<0.$$

$i=1,2$ について $0<P_{e_i}<1$ であることから，炭素税率が上昇すると炭素集約財の均衡国際価格が上昇することがわかる．また，$-1<P_{\tau_1}<0$ であることから，輸入国の関税が上昇すると均衡国際価格は低下することが示される．

各国が相手国の炭素税率を与件として，自国の総余剰を最大化するように炭素税率を決定する時，炭素税率の内点解が満たす一階条件は以下のように導かれる．

$$(y_i-x_i)P_{e_i}+e_iy_i'(P_{e_i}-1)-\delta_i(y_i'(P_{e_i}-1)+\lambda y_i'P_{e_j})+\tau_i(x_i'P_{e_i}-y_i'(P_{e_i}-1))=0,$$
$$i,j=1,2, \quad j\neq i$$

よって，各国の総余剰を最大化する炭素税率は以下を満たす．

$$e_i=\frac{(y_i-x_i)P_{e_i}}{y_i'(1-P_{e_i})}+\delta_i-\frac{\delta_i\lambda y_j'P_{e_j}}{y_i'(1-P_{e_i})}+\tau_i\frac{x_i'P_{e_i}-y_i'(P_{e_i}-1)}{y_i'(1-P_{e_i})}, \quad i,j=1,2, \quad j\neq i.$$

(1)

右辺第1項は交易条件効果を表し，輸出国の場合は正，輸入国の場合は負となる．第2項は各国の温室効果ガス排出が国内にもたらす限界被害の効果であり，常に正である．第3項は温室効果ガス排出の外部不経済が国際的に波及することによる限界被害の効果を表しており，常に負である．第4項は関税（または輸出税）収入の効果を表す．この項で関税率に掛かっている係数は分母が正で

あり，分子も

$$x_i' P_{e_i} - y_i'(P_{e_i} - 1) = \frac{y_i'(y_i' - x_j')}{y_1' + y_2' - x_1' - x_2'}$$

となり正である．よって第4項は輸入国で関税率が正である場合は正に，輸出国が輸出税を課す場合には負となる．関税率が与件のもとでは，均衡においては，これらの効果はすべて炭素税率に反映されることになる．同様の結果は，Markusen (1975), Krutilla (1991), Rauscher (2005) などの先行研究でも得られている．

ここで $\hat{e}_1(e_2; \tau_1)$, $\hat{e}_2(e_1; \tau_1)$ を両国の最適反応と定義する．これらの関数は以下の性質を満たす．

補題1： 両国について線形の需要関数，供給関数，被害関数（すなわち，$x_i'' = y_i'' = 0$ 及び $D_i'' = 0$）を仮定する．この時，(a) 相手国の炭素税率の大きさに関わらず $\partial \hat{e}_1 / \partial e_2 > 0$，及び $\partial \hat{e}_2 / \partial e_1 > 0$ が成立する．また，(b) 相手国の炭素税率の大きさに関わらず，全ての関税率において $\partial \hat{e}_2 / \partial \tau_1 < 0$ 及び $\partial \hat{e}_1 / \partial \tau_1 > 0$ が成立する．

証明は全て補論にまとめられている．補題1 (a) は最適反応曲線の傾きに関する性質であり，輸出国の炭素税と輸入国の炭素税は戦略的補完関係にあることを示している．式(1)（最適反応の条件）にあるように，炭素税率は交易条件効果，国内の限界被害，関税収入効果，外部性の国際波及効果に関わる要因に分解できる．線形性の仮定のもとでは，最後の3項は炭素税率に依存しない．輸出国の炭素税率が上昇すると炭素集約財の国際価格の上昇に伴い貿易量が減少する．輸入国にとっての交易条件効果は負の値であるが絶対値は小さくなるので，輸入国の炭素税率は上昇することとなる．輸入国の炭素税率上昇が輸出国の炭素税率に与える効果も同様に解釈できる．補題1 (b) は輸入国の関税率の（外生的な）変化に伴い最適反応関数がどのようにシフトするかを記述している．関税率の上昇は，輸出国の炭素税率を引き下げる効果を持つ．輸入国の関税率が上昇すると輸出国にとって輸出量が減るので，その交易条件効果が小さくなり，結果として輸出国は炭素税率を引き下げることになるのであ

る．一方で，輸入国の関税率上昇による関税収入効果の増加は，輸入国の炭素税率を上昇させる方向に働く（式（1）の第4項を参照）．また，関税率上昇に伴い輸入量が減り交易条件効果は（絶対値の意味で）小さくなる．これも輸入国の炭素税率を高める方向に働く．

　関税率が上昇すると，ナッシュ均衡における炭素税率はどのように変化するだろうか．これまでの分析で，関税率が上昇するに従って，国2（輸出国）にとって最適な炭素税 e_2 の水準は低下するということが示されている．しかし，e_1 と e_2 は戦略的補完関係にあることから，均衡における e_2 の変化は，関税率の変化によって e_1 と e_2 のどちらがより大きな影響を受けるかにも依存する（図6-1を参照）．関税率が外生的に変化した時に均衡における炭素税率がどのように変化するかを示すために，最適反応関数に基づいて比較静学を行う．ここで，次のような結果が得られる．

命題1：(e_1^*, e_2^*) を外生的な関税率のもとでの同時決定ゲームにおけるナッシュ均衡とする．両国について線形の需要関数，供給関数，被害関数を仮定する．この時，$de_2^*/d\tau_1<0$ かつ $de_1^*/d\tau_1>0$ が成立する．

　この命題から，輸入国の関税率上昇は，均衡において輸出国の炭素税率を低下させ，輸入国の炭素税率を上昇させることがわかる．こうした輸出国の戦略

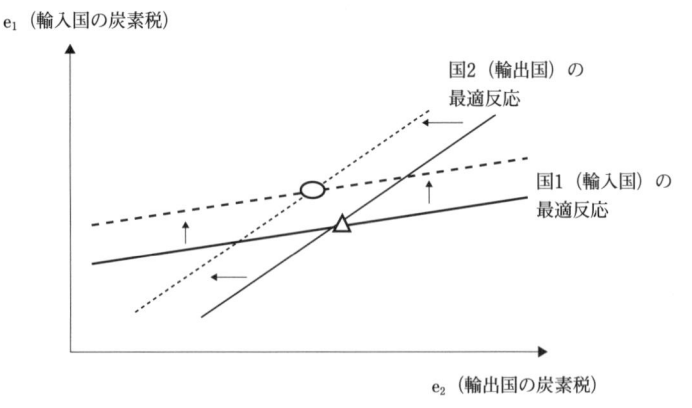

図6-1　輸入国の関税率上昇による最適反応関数のシフト

的な反応を考慮に入れると，輸入関税によって輸出国の排出規制の強化を促すことはできないことが示される．

図 6-1 には，命題 1 の結論が示されている．関税率が高くなると，均衡における輸入国の炭素税率は上昇し，輸出国の炭素税率は低下する．補題 2 より e_1 と e_2 は戦略的補完関係にあることから，反応曲線は右上がりとなる．関税率が上昇すると，輸入国の反応曲線は上にシフトし，輸出国の反応曲線は左にシフトするため，均衡点は△の位置から○の位置まで移動する．

以上の議論では関税率は与件であった．次節では，輸入国がその関税を最適に選択する場合に，この結果がどのように修正されるのかを検討する．

6.4.2 輸入国が最適関税を選ぶ場合

ここまでの分析と同様，$\tilde{\tau}_1$ と $\tilde{e}_i (i=1,2)$ はそれぞれ最適反応関数を表し，$e_i^* (i=1,2)$ は最適税率を表すとする．また，国 1 が輸入関税率を選択することが可能な場合のナッシュ均衡を (e_1^t, τ_1^t, e_2^t)，関税率がゼロに制約されている場合（自由貿易）のナッシュ均衡を (e_1^f, e_2^f) と表す．国 1（輸入国）が炭素税率に加えて関税率も選択できる場合に，輸入国の総余剰を最大化する関税率と炭素税率の内点解が満たすべき一階条件は以下の通りになる．

$$\frac{\partial \Pi_1}{\partial \tau_1} = P_{\tau_1}(y_1 - x_1) - \tau_1(1+P_{\tau_1})(y_1' - x_1') \\ + e_1(1+P_{\tau_1})y_1' - \delta_1(y_1'(1+P_{\tau_1}) + \lambda y_2' P_{\tau_1}) = 0,$$

$$\frac{\partial \Pi_1}{\partial e_1} = P_{e_1}(y_1 - x_1) + \tau_1(x_1' P_{e_1} - y_1'(P_{e_1}-1)) \\ + e_1(P_{e_1}-1)y_1' - \delta_1(y_1'(P_{e_1}-1) + \lambda y_2' P_{e_1}) = 0.$$

これより，次式が得られる．

$$\tilde{e}_1 = \delta_1,$$
$$\tau_1 = \frac{(y_1 - x_1)P_{\tau_1}}{(y_1' - x_1')(1+P_{\tau_1})} - \frac{\delta_1 \lambda y_2' P_{\tau_1}}{(y_1' - x_1')(1+P_{\tau_1})}.$$

国 1 は輸入国であるから，$y_1 - x_1 < 0$ が成立する．第 1 項の交易条件効果，第 2 項の外部不経済の限界波及効果は共に正である．

したがって，均衡において輸入国が選択する炭素税率は，（被害関数の線形

性の仮定のもとでは）輸出国の税率とは独立に $e_1^t = \delta_1$ と定まる．すなわち，政策手段として関税を用いることが可能であるならば，最適な炭素税率は国内の温室効果ガス排出がもたらす限界被害 δ_1 に一致し，関税率は交易条件効果および外部不経済の国際波及効果を反映するように決定される．先行研究においても，同様の結果が得られている（Markusen 1975, Krutilla 1991, Rauscher 2005, Mæstad 1998）．

また，最適反応関数は以下の性質を満たす．

補題 2：2 国が同時に意思決定を行うケースにおいて，両国について線形の需要関数，供給関数，被害関数を仮定する．この時，$\partial \tilde{e}_2/\partial \tau_1 < 0$ 及び $\partial \tilde{\tau}_1/\partial e_2 < 0$ が成立する．

補題 2 は，輸出国の炭素税と輸入国の関税が戦略的代替関係にあることを示している．また $\tilde{e}_1 = \delta_1$ であり，線形の被害関数のもとでは e_1 は e_2 に依存しないことから $\partial \tilde{e}_1/\partial e_2 = 0$ となる．

関税率がゼロに制約されている場合には，炭素税率のみが輸入国の選択変数となる．これは 6.4.1 での分析で $\tau_1 = 0$ である場合に相当し，輸入国の炭素税率は次の式を満たす．

$$e_i^t = \frac{(y_i - x_i)P_{e_i}}{y_i'(1 - P_{e_i})} + \delta_i - \frac{\delta_i \lambda y_i' P_{e_i}}{y_i'(1 - P_{e_i})}, \quad i = 1, 2, \quad j \neq i.$$

右辺第 1 項は交易条件効果を表しており，輸入国である国 1 については負，輸出国である国 2 については正となる．第 3 項は，外部不経済の国際波及による限界被害の効果であり，どちらの国についても負である．したがって，均衡における輸入国の炭素税率は最適関税が用いられるケースよりも低い水準に決定される．

$$e_1^t = \delta_1 > e_1^f.$$

関税が政策手段として有効である場合には，国内の温室効果ガス排出の影響を除く全ての戦略的効果，すなわち交易条件効果と外部不経済の国際波及効果は関税に反映されることになる．よって，輸入関税が最適な水準に設定されて

いれば，輸入国の炭素税はピグー税に一致する．これに対し，政策手段として関税を用いることができない場合には，輸入国は戦略的効果を炭素税に反映させることになるため，炭素税率は低下する．

輸入国による最適関税を伴う均衡と関税率がゼロに制約されている場合のそれぞれにおける輸出国の均衡炭素税率を比較すると，以下の結論が得られる．

命題2：両国について線形の需要関数，供給関数，被害関数を仮定する．この時，以下が成立する．

$$e_2^{t} < e_2^{f}.$$

すなわち，輸入関税が課されると輸出国の炭素税率は低下する．

命題2により，輸入国が関税を課すと，均衡における輸出国の炭素税率は輸入関税が用いられない場合よりも低下することが示される．この結果は，輸入国が関税を政策手段として用いることができるようになっても，輸出国の温室効果ガス排出規制の厳格化を促すことはできない（しかも逆に環境規制の緩和につながる）ということを示している．

以上の分析は輸出国・輸入国が同時に政策決定を行う場合に限定されている．だが，命題1と命題2で得られた結論は，輸出国と輸入国の政策決定の順序に関わらず成立する[4]．

6.5 おわりに

地球温暖化対策の国際的な合意を実現するうえでの最大の障壁は，排出規制の緩い国が規制の厳しい国の負担にただ乗りしようとする動きである．本章では，国境調整措置のような貿易手段が，貿易相手国に温室効果ガス排出削減を促すことができるかを検討した．国境を越えた外部不経済が存在するような2国の部分均衡モデルを用いて，貿易制限（輸入関税）が輸出国の温室効果ガス排出に課税するインセンティブに与える影響を分析した．先行研究とは異なっ

---

4) この点に関しては Tarui *et al.* (2011) を参照のこと．

て，1国の最適な意思決定ではなく複数の大国が戦略的に行動する状況を考察した．その結果，輸入国と輸出国が非協力的に政策を決定する場合，輸入関税の導入は，輸出国の炭素税率を低下させることが示された．本章の分析結果は，輸入制限措置を導入しても，輸出国における排出削減を促すことはできないということを示唆する．

最後に，本章のモデルの拡張の方向について考えてみたい．炭素集約的な財（鉄鋼，紙パルプ，セメント等）に関する貿易統計は，中国，米国，日本の間で産業内の双方向貿易が観察されることを示している．さらに，鉄鋼について見ると日本は対中国で純輸出国なのに対して，米国は中国からの純輸入国である．セメント部門においては，日米両国が中国からの純輸入国であるが，それでもなお，中国はセメント製品のほとんどを国内で消費している（UN Comtrade 2008, 2009）．こうした産業内貿易を考慮に入れた国境調整措置の分析は，本書の第7章で行われている．

2国モデルの拡張として，より多くの国の意思決定をモデル化することも考えられる．開発途上国（輸出国）や先進国（輸入国）が複数存在する場合，炭素税や貿易政策を決定するインセンティブはどのような影響を受けるだろうか．また，本章では国境調整措置は単なる輸入関税と同様に扱われていたが，GATT/WTOで規定された国境税調整を分析対象とした場合，同様の結論が成立するであろうか．さらに，炭素集約財の生産者による排出削減投資を考慮したモデルで検討することもできる．これらの拡張は今後に残された課題である．

補 論
補題 1 の証明

国 i の総余剰最大化のための一階の条件式を全微分することによって,次の式が得られる.

$$(-x_i' P_{e_j} P_{e_i} + y_i' P_{e_j} P_{e_i}) de_j + \Pi_{iee}'' de_i = 0$$

ただし,Π_{iee}'' は,Π_i の e_i に関する二次の導関数であり負となる.よって,$x_i' < 0$, $y_i' > 0$, $P_{e_j} > 0$, $P_{e_i} > 0$ より以下が成立する.

$$\frac{\partial \bar{e}_i}{\partial e_j} = \frac{(y_i' - x_i') P_{e_j} P_{e_i}}{-\Pi_{iee}''} > 0.$$

輸入国の一階の条件式を e_1 と τ_1 について全微分することにより以下を得る.

$$((y_i' - x_i')(P_{\tau_1} + 1) P_{e_i} + x_i' P_{e_i} - y_i' (P_{e_i} - 1)) d\tau_1 + \Pi_{1ee} de_1 = 0.$$

$d\tau_1$ の係数は正であるので,以下が成り立つ.

$$\frac{\partial \bar{e}_1}{\partial \tau_1} = \frac{(y_i' - x_i')(P_{\tau_1} + 1) P_{e_i} + x_i' P_{e_i} - y_i' (P_{e_i} - 1)}{-\Pi_{1ee}} > 0.$$

同様に,輸出国の一階の条件式を e_2 と τ_1 について全微分することにより以下を得る.

$$(-x_2' P_{\tau_1} P_{e_2} + y_2' P_{\tau_1} P_{e_2}) d\tau_1 + \Pi_{2ee} de_2 = 0.$$

ここで Π_{2ee} は Π_2 の e_2 に関する二次の導関数であり,負となる.したがって,$x_i' < 0$, $y_i' > 0$, $P_{\tau_1} < 0$, $P_{e_2} > 0$ より次の式が成り立つ.

$$\frac{\partial \bar{e}_2}{\partial \tau_1} = \frac{(y_2' - x_2') P_{\tau_1} P_{e_2}}{-\Pi_{2ee}} < 0.$$

命題 1 の証明

需要と供給は価格について線形であるので,$x_i(q_i) = a_i - b_i q_i$, $y_i(p_i) = c_i + d_i q_i$ (ただし a_i, b_i, c_i, d_i は正の定数) と仮定する.2 つの国が同時に意思決定を行う場合,輸入国にとっての e_1 に関する一階の条件は次のようになる.

$$\frac{d\Pi_1}{de_1} = e_1[b_1 P_{e_1} P_{e_1} + d_1(P_{e_1}-1)P_{e_1} + d_1(P_{e_1}-1)]$$
$$+ \tau_1[b_1(P_{\tau_1}+1)P_{e_1} + d_1(P_{\tau_1}+1)P_{e_1}] + (-b_1 P_{e_1} - d_1(P_{e_1}-1))$$
$$+ e_3[b_1 P_{e_1} P_{e_2} + d_1 P_{e_1} P_{e_2}] - (a_1 - b_1 \overline{P}_w) P_{e_1}$$
$$+ (c_1 + d_1 \overline{P}_w) P_{e_1} - \delta_1(d_1(P_{e_1}-1) + \lambda d_2 P_{e_1}) = 0$$

一方,輸出国にとっての e_2 に関する一階の条件は次のように表される.

$$\frac{d\Pi_2}{de_2} = e_2[b_2 P_{e_2} P_{e_2} + d_2(P_{e_2}-1)P_{e_2} + d_2(P_{e_2}-1)]$$
$$+ e_1[b_2 P_{e_1} P_{e_2} + d_2 P_{e_1} P_{e_2}] + \tau_1[b_2 P_{\tau_1} P_{e_2} + d_2 P_{\tau_1} P_{e_2}]$$
$$- (a_2 - b_2(\overline{P}_w + \tau_2)) P_{e_1} + (c_2 + d_2(\overline{P}_w + \tau_2)) P_{e_2}$$
$$+ \tau_2(d_2(P_{e_2}-1) + b_2 P_{e_2}) - \delta_2(d_2(P_{e_2}-1) + \lambda d_1 P_{e_2}) = 0$$

上の2つの式を全微分することにより,以下の式が導かれる.

$$[b_1 P_{e_1} P_{e_1} + d_1(P_{e_1}-1)P_{e_1} + d_1(P_{e_1}-1)]de_1 + [b_1 P_{e_1} P_{e_2} + d_1 P_{e_2} P_{e_1}]de_2$$
$$= -[b_1(P_{\tau_1}+1)P_{e_1} + d_1(P_{\tau_1}+1)P_{e_1} + (-b_1 P_{e_1} - d_1(P_{e_1}-1))]d\tau_1,$$
$$[b_2 P_{e_1} P_{e_2} + d_2 P_{e_1} P_{e_2}]de_1 + [b_2 P_{e_2} P_{e_2} + d_2(P_{e_2}-1)P_{e_2} + d_2(P_{e_2}-1)]de_2$$
$$= -[b_2 P_{\tau_1} P_{e_2} + d_2 P_{\tau_1} P_{e_2}]d\tau_1.$$

これより,以下が得られる.

$$\begin{pmatrix} b_1 P_{e_1} P_{e_1} + d_1(P_{e_1}-1)(P_{e_1}+1) & b_1 P_{e_1} P_{e_2} + d_1 P_{e_2}(P_{e_1}+1) \\ b_2 P_{e_1} P_{e_2} + d_2 P_{e_1} P_{e_2} & b_2 P_{e_2} P_{e_2} + d_2(P_{e_2}-1)(P_{e_2}+1) \end{pmatrix} \begin{pmatrix} de_1 \\ de_2 \end{pmatrix}$$
$$= \begin{pmatrix} -[b_1(P_{\tau_1}+1)P_{e_1} + d_1(P_{\tau_1}+1)P_{e_1} + (-b_1 P_{e_1} - d_1(P_{e_1}-1))]d\tau_1 \\ -[b_2 P_{\tau_1} P_{e_2} + d_2 P_{\tau_1} P_{e_2}]d\tau_1 \end{pmatrix}.$$

クラメールの公式を用い,各項を整理すると,$P_{e_1}>0$, $P_{e_2}>0$, $P_{\tau_1}<0$, $P_{e_1}+P_{\tau_1}<0$ であることから以下を得る.

$$\frac{de_1}{d\tau_1} = \frac{d_1 d_2 - d_1 P_{e_2} P_{e_2}(b_2+d_2)}{d_1 d_2 - d_2 P_{e_1} P_{e_1}(b_1+d_1) - d_1 P_{e_2} P_{e_2}(b_2+d_2)} > 0,$$

第6章　国境調整措置は地球温暖化対策の厳格化を促すのか　　155

$$\frac{de_2}{d\tau_1} = \frac{d_1(P_{e_1}+P_{\tau_1})P_{e_2}(b_2+d_2)}{d_1d_2-d_2P_{e_1}P_{e_1}(b_1+d_1)-d_1P_{e_2}P_{e_2}(b_2+d_2)} < 0.$$

補題2の証明

$\hat{e}_1 = \delta_1$ とおくと，輸入国にとっての一階の条件は以下のように表される．

$$P_{\tau_1}(y_1-x_1)-\tau_1(1+P_{\tau_1})(y_1'-x_1')-\delta_1\lambda y_2' P_{\tau_1}=0$$

全微分すると次の式が得られる．

$$(-x_1'P_{e_2}P_{\tau_1}+y_1'P_{e_2}P_{\tau_1})de_2+\Pi_{1\tau\tau}d\tau_1=0$$

ただし $\Pi_{1\tau\tau}$ は，Π_1 の τ_1 に関する二次の導関数であり，負である．よって，以下が成立する．

$$\frac{\partial \hat{\tau}_1}{\partial e_2} = \frac{(x_1'-y_1')P_{\tau_1}P_{e_2}}{\Pi_{1\tau\tau}} < 0$$

ただし $x_1'<0$，$y_1'>0$，$P_{\tau_1}<0$，$P_{e_2}>0$ である．

輸出国にとっての一階の条件は以下の通りである．

$$-x_2P_{e_2}+y_2P_{e_2}+e_2y_2'(P_{e_2}-1)-D_2'(y_2'(P_{e_2}-1)+\lambda y_1'(P_{e_2}))=0$$

これを全微分することにより，以下が得られる．

$$(-x_2'P_{\tau_1}P_{e_2}+y_2'P_{\tau_1}P_{e_2})d\tau_1+\Pi_{2ee}de_2=0$$

ただし，Π_{2ee} は，Π_2 の e_2 に関する二次の導関数であり，負となる．したがって，次の式が成り立つ．

$$\frac{\partial \hat{e}_2}{\partial \tau_1} = \frac{(x_2'-y_2')P_{\tau_1}P_{e_2}}{\Pi_{2ee}} < 0$$

ただし $x_i'<0$，$y_i'>0$，$P_{\tau_1}<0$，$P_{e_2}>0$ である．

命題2の証明

関税率が内生的に決まる場合の e_1 および e_2 に関する一階条件は，関税率が

外生的に与えられた場合の一階条件と同じである．線形の需要関数，供給関数，被害関数を仮定すると，一階条件が成立すれば十分条件も満たされることになる．また，一階の条件より $\tau_1 \geq 0$ が導かれる．自由貿易のケースでは $\tau_1 = 0$ であり，最適な τ_1 の水準は正である．命題1より $de_2^*/d\tau_1 < 0$ であるから，外生的に与えられた関税率がゼロから最適な正の水準に上昇すると，輸出国の炭素税率は低下する．よって，関税率が内生的に決定されるケースにおいて $e_2^i < e_2^e$ が成り立つことが示される．

Q. E. D.

謝　辞

　本章を原稿の段階から上記の形に修正するにあたっては，多くの方から貴重な意見をいただいた．特に杉山泰之氏，北條陽子氏に謝意を表する．また，丁寧なコメントをいただき，節の構成についても有益な提案をしていただいた大東一郎氏にも深く感謝する．

参考文献

Bagwell, K. and Staiger, R. W. (2002) *The Economics of the World Trading System*, MIT Press, Cambridge, MA.

Barrett, S. (1994) "Self-Enforcing International Environmental Agreements," *Oxford Economic Papers*, Vol. 46, pp. 878-94.

Copeland, B. R. (1990) "Strategic Interaction Among Nations: Negotiable and Non-negotiable Trade Barriers," *Canadian Journal of Economics*, Vol. 23, pp. 84-108.

Copeland, B. R. (1996) "Pollution Content Taxes, Environmental Rent Shifting and the Control of Foreign Pollution," *Journal of International Economics*, Vol. 40, pp. 459-76.

Ferrara, I., Missios, P. and Yildiz, H. M. (2009) "Trading Rules and the Environment: Does Equal Treatment lead to a Cleaner World?," *Journal of Environmental Economics and Management*, Vol. 58, pp. 206-225.

Hufbauer, G. C., Charnovitz, S. and Kim, J. (2009) *Global Warming and the World Trading System*, Peterson Institute for International Economics, Washington D. C..

Krutilla, K. (1991) "Environmental Regulation in an Open Economy," *Journal of Environmental Economics and Management*, Vol. 20, pp. 127-142.

Limao, N. (2005) "Trade Policy, Cross-border Externalities and Lobbies: Do Linked Agreements enforce more Cooperative Outcomes?," *Journal of International Economics*, Vol. 67, pp. 175-199.

Ludema, R. and Wooton, I. (1994) "Cross-border Externalities and Trade Liberalization: the Strategic Control of Pollution," *Canadian Journal of Economics*, Vol. 27, pp. 950-66.

Mæstad, O. (1998) "On the Efficiency of Green Trade Policy," *Environmental and Resource*

Economics, Vol. 11, pp. 1-18.
Markusen, J. (1975) "International Externalities and Optimal Tax Structures," *Journal of International Economics*, Vol. 5, pp. 15-29.
Rauscher, M. (2005), "International Trade, Foreign Investment, and the Environment," In *Handbook of Environmental Economics*, Volume 3, Mäler, K. G. and Vincent, J. R. (eds.), edition 1, North Holland, Amsterdanm, pp. 1403-1456.
Tarui, N., Yomogida, M. and Yao, C. (2011) "Trade Restrictions and Incentives to Tax Pollution Emissions," *Working Paper*, Center for the Environment and Trade Research, Sophia University.
UN Comtrade (2008, 2009) http://comtrade.un.org/

第7章　炭素税政策と国境調整措置
―― 国際寡占モデルによる分析

蓬田守弘・樽井 礼・山崎雅人

7.1 はじめに

　近年，地球温暖化対策と通商問題が深く関わり合うようになっている．2009年12月に開催されたコペンハーゲン会議（気候変動枠組条約第15回締約国会議）では，温室効果ガス排出の制限に消極的な新興国からの特定輸入品に対し，米国は国境調整措置を課す権利を主張し，この権利を協定草案に盛り込むよう強く求めた[1]．こうした通商措置は，新興国に温室効果ガス排出の削減を促すための手段だという見方がある一方で[2]，新興国からの反発を招きかねず，通商摩擦に発展する恐れがあることも指摘されている[3]．

　国境調整措置は新しいアイディアではない[4]．GATT/WTOの規定によると，国境税調整（Border Tax Adjustment, BTA）には，①輸入品に対し同種の国

---

1) 中国やインドをはじめとする新興国は，地球温暖化対策に関連した通商措置を制限すべきだと主張し，その一方的な使用を規制する条項を含んだ草案を支持した．EU，米国，日本をはじめとする先進国は，このような条項には断固として反対した．その結果，コペンハーゲン合意では貿易に関する言及はなされなかったが，議長案には貿易に関連した提案が盛り込まれた．
2) 例えば，World Trade Organization (2009)．
3) 例えば，Reuters (2009)．
4) 1960年代から70年代に，間接税に関連する国境調整措置について幅広い議論が行われたが，これらは環境問題を念頭においたものではなかった．地球温暖化対策の文脈における国境調整措置は，国境において課される税または規制であり，生産過程での温室効果ガス排出量が同じであれば外国製品も自国製品も同等に扱うことを意図して実施される（Horn and Mavroidis 2010）．国境調整措置が特定の税の形式をとる場合，国境税調整（Border Tax Adjustment）と呼ばれる．Horn and Mavroidis (2010) は国境調整ではなく国境炭素調整（Border Carbon Adjustment）という語を用いている．経済産業省通商政策局（2011）の『2011年版不公正貿易報告書』には，地球温暖化対策としての国境調整措置とWTOルールとの整合性についてのコンパクトな解説がある．

内産品と同等に税を課す場合と，②国内品を輸出する際に，国内で課税された税を還付する場合があり，この2つのうちの片方，あるいは両方を同時に実施することである（WTO 2009）．法律の分野では，地球温暖化対策を補完する手段としての国境調整措置が，GATT/WTO ルールと整合的であるかについて論争されている（Hufbauer *et al.* 2009, 本書第9章）．通商政策に関係する専門家や実務家の中には，国境調整措置が保護主義の手段として濫用される危険性があることを指摘する者も多い（Fischer and Horn 2010）．経済学者には，地球温暖化対策としての国境調整措置は正当化されうると主張する者もいる．例えば，ノーベル賞を受賞した国際経済学者ポール・クルーグマンは「経済学者の主張のポイントは，生産地に関わらず，あらゆる財の生産において温室効果ガスの限界費用がインセンティブに反映されるべきだということであり，この場合，そのために有効な手段がたまたま国境調整措置を課すことである」と述べている（Krugman 2009）．

本章では，地球温暖化対策としての国境税調整（BTA）の効果を，不完全競争市場を想定した国際貿易モデルで分析することを試みる．先進国が提案する国境調整措置では，適用対象を化学，製紙，鉄鋼，セメントをはじめとする炭素・エネルギー集約的産業としている．こうした炭素集約的産業は，市場支配力や規模の経済といった不完全競争市場の特徴を備えている．そこで，Brander and Krugman（1983）等によって構築された不完全競争市場での産業内貿易モデルを応用した分析を試みる[5]．

関連する先行研究として，戦略的環境政策の文献を挙げることができるが，既存研究では環境保護を目的とした国境税調整（BTA）の効果が検討されていない[6]．また，既存文献とは異なって，輸入国境税調整の手段として炭素関税を取り上げる．炭素関税とは，輸入外国産品に対し製造過程で排出された温室効果ガス排出量に応じて課される国境税である[7]．BTA の制度としては①

---

5) Dixit（1984）は Brander and Krugman タイプのモデルに基づいた通商政策の分析枠組みを開発した．本章のモデルは，Dixit の枠組みを拡張したものである．
6) 例えば，産業内貿易モデルを用いた文献として，Kennedy（1994），Conrad（1996），Burguet and Sempere（2003），Lai and Hu（2008）等がある．また，邦文文献としては，石川他（2007）に戦略的環境政策についての優れた解説がある．
7) 炭素関税は，Copeland（1996）が検討した汚染物質含有関税（pollution-content tariff）の考え方を応用したものである．Copeland は競争市場を想定し BTA には触れていない．

輸出入の両方に BTA を適用する FBTA（Full BTA），②輸入のみに適用する PBTA（Partial BTA），③BTA を一切適用しない NBTA（Non BTA）の 3 つのケースを考察する．FBTA のもとでは，輸入外国産品には，国産品に課される炭素税と同率の炭素関税が課され，国産品が輸出される場合には炭素税が生産者に還付される．PBTA の場合には，輸入外国産品には国内炭素税と同率の炭素関税が適用されるが，国外へ輸出される国産品については政府が炭素税率を裁量的に決定できるとする[8]．NBTA の場合には，外国産輸入品に対して炭素関税は課されず，国産品については国内販売・国外輸出どちらの場合も同率の炭素税が課されるとする．

　本章においては，こうした異なる BTA ルールが，炭素税政策の決定やその国際的な相互依存関係にいかなる影響を及ぼすかについて分析を試みる．具体的には，自国と外国の 2 国の設定を考え，各国はそれぞれの BTA ルールのもと，国内総余剰を最大化するように炭素税政策を決定するものとする．分析によって，BTA ルールの違いが炭素税政策の国際的な相互依存関係に大きく影響することが示される．BTA の適用を認めない NBTA のもとでは，外国が炭素税率を軽減すると，それに対抗して自国は炭素税率を引き下げようとする．つまり炭素税の「国際ボトム競争」が生じうる．一方，輸入への BTA 適用が認められている PBTA の下では，これとは逆の状況が生じうる．つまり，外国が輸出品への炭素税率を軽減し輸出を促進しようとすれば，自国は外国産輸入品への炭素関税率を引き上げるために国内炭素税率を上昇させる可能性がある．この結果は，輸入へ適用される国境調整措置には，国境を越えた外部不経済の内部化という環境目的に加え，国内産業の利益を守るという保護主義的な動機があることによるものと考えられる．

　また本章では，各国が炭素税政策を非協力的に決定した場合の帰結を，FBTA と NBTA の 2 つの異なる制度の間で比較する．この比較では，外部不経済が国境を越す程度が重要な鍵となる．国際的な外部不経済の程度が非常に大きい場合，経済と環境の双方の観点から，FBTA は NBTA よりも優れた制度となりうることが示される．地球温暖化は世界規模の環境問題であり，1 国

---

[8] 先進国で提案されている地球温暖化対策では，国境調整措置が輸入のみに適用されることが多い．

の温室効果ガス排出は地球全体の環境に影響を及ぼす．つまり，地球温暖化問題では国際的な外部不経済の程度が非常に大きいと考えられる．よって，ここで示された結果は，各国が独自に炭素税政策を決定する場合でも，国境調整措置が経済的にマイナスの影響を引き起こさずに，地球温暖化の軽減という目標に貢献しうることを示唆している．

地球温暖化対策としての国境調整措置に関する研究は近年増加している．Matoo et al. (2009), McKibbin and Wilcoxen (2008), Boehringer et al. (2010), 本書第4章等は，先進諸国が温室効果ガス排出削減に伴って国境調整措置を実施した場合の定量的効果を，応用一般均衡モデルを用いて経済と環境の面から検討したものである．こうした研究は国境調整措置が国際競争や炭素リーケージに与える定量的な効果を評価する上ではきわめて有効であるものの，温室効果ガス排出による国際的な外部不経済の効果が考慮されていない[9]．

これに対して Gros (2009), Horn and Mavroidis (2010), Tarui et al. (2011), 本書第6章等は，国際的な外部不経済を考慮した国際貿易の部分均衡モデルを利用して，国境税調整の経済・環境への影響や炭素税政策の国際相互依存関係を理論的に検討している．ただしこれらの文献は，企業が市場支配力をもたない完全競争市場を想定したモデルを用いている[10]．

本章は以下のような点で既存研究を補完するものである．第1に，炭素集約的産業の特徴である不完全競争市場を想定した枠組みを用いている．この枠組みを用いることで，企業利潤や市場シェアといった産業の国際競争力を考慮して分析を行うことができる．また，産業内貿易が生じるモデルを用いることで，輸出入に対する様々なBTAルールを検討することができる．次節で示される

---

9) Fischer and Fox (2009) は，国境調整措置が特定の炭素集約的産業での国際競争力や炭素リーケージにもたらす影響を，競争市場の部分均衡モデルを用いてシミュレーション分析している．また，不完全競争市場において一部の企業のみが温室効果ガス排出規制の対象となる場合に，規制対象とならない企業へ炭素リーケージが生じるメカニズムを分析した研究として，Fowlie (2009) や Ritz (2009) がある．ただし，これらの文献では国際貿易が明示的に考慮されていないため，国境調整措置の分析は行われていない．

10) 間接税制を補正する手段として国境税調整 (BTA) がどのような役割を果たすかについては，多くの研究がなされてきた．既存の研究によれば，BTAを実施することで課税体系が源泉地ベースから仕向け地ベースに転換されるが，一定の条件のもとではこの転換によって貿易が歪められることはない．最近の優れた展望論文として Horn and Mavroidis (2010) が挙げられる．こうした初期の研究と，近年の環境保護を目的としたBTAとの関連については，Lockwood and Whalley (2008) を参照のこと．

ように，BTAの対象となる炭素集約的産業では，かなりの程度で産業内貿易が実際に観察されている．そして最後に，政府が炭素税を戦略的に用いて企業間の国際競争にどう影響を及ぼすか，また他国の炭素税政策にどのような仕方で反応するかを検討することができる．

以下の構成は次の通りである．7.2節では，実際のデータをもとに炭素集約的産業の国際貿易の特徴を日本，米国，中国，韓国の4カ国を例に概観する．7.3節では，国際的な外部不経済を導入した産業内貿易モデルと炭素税・BTAについて説明する．7.4節ではBTAルールが政府の炭素税政策の決定や他国の炭素税政策との相互依存関係に及ぼす影響を検討する．7.5節では，異なるBTAルールの下で各国が炭素税政策を独自に決定した際の帰結を経済と環境の両面で評価する．最後に結論を述べる．

7.2 炭素集約的産業の産業内貿易

この節では，炭素集約的産業の産業内貿易の現状を概観する．代表的な炭素集約的産業として，鉄鋼，アルミニウム，製紙，セメント，石油化学（基礎製品）を取り上げ，日本，米国，中国，韓国の2国間産業内貿易の現状を概観する．その際，産業内貿易の程度を示す標準的な指標として産業内貿易指数 IIT_i を用いる[11]．

$$IIT_i = \frac{(EX_i + IM_i) - |EX_i - IM_i|}{EX_i + IM_i}$$

IIT_i は2国（例えば日本と中国）間での産業 i（鉄鋼等）に分類される製品の産業内貿易の程度を示す．例えば，産業 i の日中間における産業内貿易を例に取ると，EX_i は産業 i の日本から中国への輸出額，IM_i は産業 i における日本の中国からの輸入額を示す．つまり，ある産業でまったく同じ金額規模で輸出及び輸入が生じた場合，IIT_i は1の値をとり，逆に輸出だけ（もしくは輸入だけ）している場合には0の値をとる．

炭素集約的産業の輸出入額は，国際連合作成の商品貿易データベース UN

---

11) $|EX_i - IM_i|$ は輸出額と輸入額の差の絶対値を示す．

表7-1 炭素集約的産業の産業内貿易指数（2009年）

	鉄鋼	アルミニウム	製紙	セメント	石油化学 （基礎製品）
日本-中国	0.14	0.78	0.74	0.81	0.04
日本-韓国	0.38	0.88	0.97	0.92	0.36
日本-米国	0.11	0.71	0.74	0.20	0.01
米国-中国	0.55	0.50	0.40	0.03	0.48
米国-韓国	0.36	0.42	0.82	0.00	0.33
韓国-中国	0.98	0.59	0.80	0.19	0.20

出典：UN Comtradeデータベースより作成．

Comtrade[12]から収集し，産業分類表は標準国際貿易分類（Standard International Trade Classification, SITC）を利用して作成した（補論Aの表7-3を参照）．品目コードの製品ごとに2国間の貿易額および貿易量を調べ，それを分類表に従って産業別に足し合わせたものを，当該産業の貿易額および貿易量としている．

表7-1は炭素集約的産業の2009年の産業内貿易指数である．産業内貿易の程度は，国・産業ごとに異なることがわかる．アルミニウムや製紙といった産業では，どの2国間でも産業内貿易が活発に行われていることがわかるが，セメントでは国ごとにその程度が大きく異なっている．例えば，日中と日韓では指数の値が非常に高いものの，その他の2国間では値がきわめて小さい．また，鉄鋼や石油化学でも，2国間ごとにばらつきが大きい．

産業内貿易の特徴を見る上で，貿易される製品の質の違いを考慮することも重要である．例えば，産業内貿易の程度が高いとしても，質の高い高級品を輸出し，低品質の廉価品を輸入する場合もあれば，同程度の質の品を輸出入する場合もある．国産品と外国産輸入品の質の違いは，内外産品間の製品差別化の程度を通じて，企業間の国際競争にも影響を及ぼすと考えられる．そこで，炭素集約的産業での国際的な企業間競争を検討する際にも，質の面から産業内貿易を見ておくことが重要である．

貿易される製品の質の違いを見るための指標として，輸入単価の比を用いる

---

12) UN Comtrade：http://comtrade.un.org/
13) Greenaway et al.（1995）では，産業内貿易における輸出単価と輸入単価の差は，貿易される製品の品質差を反映しているという仮定に基づき，産業内貿易のパターンを詳細に分析している．同じ手法は例えば石戸他（2005）でも採用されている．

第7章　炭素税政策と国境調整措置

表7-2　炭素集約的産業の輸入単価比（2009年）

	鉄鋼	アルミニウム	製紙	セメント	石油化学（基礎製品）
日本-中国	1.06	0.37	0.84	3.09	0.83
日本-韓国	1.26	0.34	0.47	1.26	0.92
日本-米国	10.05	0.77	0.46	1.01	2.62
米国-中国	0.38	0.89	2.17	0.12	3.45
米国-韓国	0.14	0.43	2.28	0.09	1.53
韓国-中国	0.86	0.66	0.75	0.09	1.21

出典：UN Comtrade データベースより作成．

ことができる[13]．表7-2は炭素集約的産業の輸入単価（トン当たり）の比である[14]．例えば表7-2の日中間の鉄鋼産業貿易に示された値1.06は「日本の中国製鉄鋼製品の輸入単価/中国の日本製鉄鋼製品の輸入単価」の値である．この値が1から乖離するほど，同じ産業の製品でもより品質の異なる製品を貿易している事が示唆される．産業内貿易の程度が比較的高いアルミニウムや製紙といった産業でも，国ごとで輸入単価の比にばらつきがある．

表7-1と表7-2をもとに，炭素集約的産業の産業内貿易の特徴を日本を中心として見てみよう．アルミニウム産業については日中，日韓，日米で産業内貿易が活発であるものの，日韓，日中の貿易では相対的に品質差のある製品が取引され，日米では相対的に品質差の小さい製品が取引されている．また，製紙産業でも同様に，日中，日韓，日米で産業内貿易の程度が比較的高いものの，日米や日韓で相対的に品質差の大きい製品が取引される一方，日中では輸入単価比が1に近く，品質差の小さい製品が貿易されていることがわかる．

鉄鋼産業について見ると，日本は総じて産業内貿易の程度は高くない．また輸入単価比でも日中，日韓の違いは小さいものの，日米では著しく高くなっている[15]．セメント産業では，日中と日韓において産業内貿易が活発であるが，日中では相対的に品質差が大きく，日韓では品質差が小さい．石油化学産業（基礎製品）では，日韓で品質差の小さい製品の産業内貿易がある程度行われ

---

14)　産業分類は補論Aの表7-3に従っている．
15)　韓中では産業内貿易の程度が比較的高く，品質差の小さい製品が取引されている．なお，日米の輸入鉄鋼製品の単価比は10.05と突出して大きい．これは日本の米国からの鉄鋼製品の輸入単価が他国からのそれに比べて突出して高いことが要因である．

ていることがわかる.

よく知られているように，産業内貿易の程度は産業分類の粗さに応じて変化する．つまり産業分類をより細かく設定すると，同一産業に分類される品目数が減るため産業内貿易の程度が小さくなる可能性がある．上記の分析では分類の粗さが産業ごとに統一されていない．こうした限界に注意した上で，次のように結果をまとめることができる．

アルミニウムや製紙といった産業では，日本は中国，韓国，米国との間で産業内貿易を行っている．アルミニウムでは日米，製紙では日中の間で質の似た製品が取引されていることから，こうした製品は国際市場で競合している可能性が高い．また，セメント産業では，日韓で産業内貿易が活発で品質差も比較的小さいことから，日韓の企業が国際市場で競合していると考えられる．

7.3 産業内貿易のモデル

この節では，モデルの構造を解説すると共に炭素税政策の国境税調整（BTA）について説明する．自国と外国の2国からなる世界を考えよう．炭素集約的産業では各国の企業がそれぞれの本国に生産拠点を置き同質財を生産している．企業は製品を国内市場に販売すると同時に海外市場に輸出できる．各国の市場では，国内外の企業がクールノーの数量競争を行うと想定する．企業は輸送費用を負担する必要はないが，国際的な裁定取引は不可能であり，自国と外国の市場需要関数は独立であるものとする．各企業の生産技術は，固定費用と一定の限界費用によって表される．企業の生産活動により温室効果ガスが排出され，その排出は国内のみでなく国境を越えた外部不経済を引き起こす．

自国の企業数を n で表し，各企業の一定の限界費用を c，固定費用を f とおく．各企業の国内市場における販売量を x，外国市場における販売量を y とおくと，総生産量は $z=x+y$ で表される．外国については，変数にアスタリスク $*$ を付けることで区別する．よって，自国市場の総販売量は $q=nx+n^*y^*$ と表され，自国の逆需要関数は $p=p(q)$ で示される．同様にして，外国での総販売量は $q^*=n^*x^*+ny$ であり，逆需要関数は $p^*=p^*(q^*)$ で示される．

各企業が生産を行うと，総生産量に比例して温室効果ガスが排出される．自国企業の排出係数を e，外国企業の排出係数を e^* とおくと，自国企業の排出

第 7 章　炭素税政策と国境調整措置　　　　　　　　　167

量は $e(x+y)$，外国企業の排出量は $e^*(x^*+y^*)$ で示される．

7.3.1 国境税調整

　ここでは国境税調整（BTA）をモデルの文脈で説明しよう．政府は，炭素税と炭素関税を政策手段として用いることができる．自国の炭素税率を τ，輸入に課される炭素関税率を t とおく．これらはいずれも従量税であるとする．同様に，外国政府の炭素税率，炭素関税率をそれぞれ τ^*, t^* とおく．自国を例として，BTA が実施されないケース，輸入に対する BTA，輸出に対する BTA をそれぞれ見ていこう．

　はじめに，BTA が実施されない場合には，企業の炭素税負担は次のように示される．

$$\tau e(x+y)$$

製品の販売先が国内市場か外国市場かに関わらず，国内産品には一律に炭素税が課される．

　次に，輸入に BTA が適用される場合には，外国企業からの輸入に対して国境で次のような炭素関税が課される．

$$te^*y^*$$

競争条件平準化のためには，炭素関税は炭素税と同率でなければならない．すなわち，製造過程で排出される温室効果ガス 1 単位あたりの税負担を平準化するには $t=\tau$ が成り立つ必要がある．

　最後に，輸出に BTA が適用される場合には，企業の輸出向け製品に対して国境で炭素税が還付される．還付率を s とすると，自国企業の輸出向け製品の実質的な炭素税負担は次のように示される．

$$(\tau-s)ey$$

輸出先の外国で炭素税が導入されていない場合，もしくは炭素税が導入されていて，それと同率の炭素関税が輸入品に課される場合には，自国政府は輸出向け国産品の炭素税を 100% 還付することで，輸出市場での自国産品と外国産品の競争条件を平準化することができる．したがって，競争条件平準化のために

は，$s=\tau$ が成り立つ必要がある．

7.3.2 企業行動

　企業は国内販売と輸出販売から得られる利潤の総和を最大化するように行動する．BTA ルールは，企業利潤を通じて企業の生産・販売行動に少なからぬ影響を及ぼす．そこで，それぞれの BTA ルールのもとで企業利潤がどのように示されるのかを見てみる．

　基準ケースとして BTA が適用されない NBTA のケースからはじめる．自国企業と外国企業の利潤をそれぞれ π，π^* とおくと，

$$\pi = [p(q) - \tau e]x + [p^*(q^*) - \tau e]y - c(x+y) - f,$$
$$\pi^* = [p^*(q^*) - \tau^* e^*]x^* + [p(q) - \tau^* e^*]y^* - c^*(x^*+y^*) - f^*$$

となる．つまり，企業は生産国ベースで炭素税を負担することになる．

　次に，輸出と輸入のどちらに対しても BTA が実施される FBTA のケースを見てみる．

$$\pi = [p(q) - \tau e]x + [p^*(q^*) - \tau^* e]y - c(x+y) - f,$$
$$\pi^* = [p^*(q^*) - \tau^* e^*]x^* + [p(q) - \tau e^*]y^* - c^*(x^*+y^*) - f^*$$

生産国では輸出向け製品の炭素税は100％還付されるが，輸入される際に国境で輸入国の炭素税と同率の炭素関税が課される．つまり，企業は仕向地ベースで炭素税を負担する．

　最後に，輸入に対してのみ BTA が実施される PBTA のケースを見てみよう．

$$\pi = [p(q) - \tau e]x + [p^*(q^*) - (\tau_y + \tau^*)e]y - c(x+y) - f,$$
$$\pi^* = [p^*(q^*) - \tau^* e^*]x^* + [p(q) - (\tau_y^* + \tau)e^*]y^* - c^*(x^*+y^*) - f^*$$

ここで，$\tau_y = \tau - s$ および $\tau_y^* = \tau^* - s^*$ である．つまり，τ_y と τ_y^* は自国と外国の輸出向け製品に対するネットの炭素税率を示している．生産国は輸出向け製品の炭素税還付率を必ずしも100％にする必要はなく，裁量的に実質税負担を決定することができる．

　次に企業の利潤最大化行動を考えよう．企業は各国市場でクールノーの数量

第7章　炭素税政策と国境調整措置　　169

競争を展開すると想定する．つまり，他企業の販売量を所与として利潤を最大化するように販売量を決定する．ここでは，PBTA のもとでの企業の利潤最大化条件を示そう．NBTA と FBTA のもとでの条件はその特殊ケースとして示すことができる[16]．

自国市場での自国企業と外国企業の利潤最大化条件は，それぞれ以下の通りである．

$$p(q)+xp'(q)=c+\tau \tag{1}$$

$$p(q)+y^*p'(q)=c^*+(\tau_y^*+t)e^* \tag{2}$$

ただし，$t=\tau$ が満たされなければならない．自国市場の需給均衡式 $q=nx+n^*y^*$ と式（1）と式（2）より，自国企業および外国企業の均衡販売量 x と y^* が求められる．同様に，外国市場における外国企業と自国企業の利潤最大化条件は，それぞれ次式で表される．

$$p^*(q^*)+x^*p^{*\prime}(q^*)=c^*+\tau^*e^*, \tag{3}$$

$$p^*(q^*)+yp^{*\prime}(q^*)=c+(\tau_y+t^*)e \tag{4}$$

ただし，$t^*=\tau^*$ が満たされなければならない．外国市場の需給均衡式 $q^*=n^*x^*+ny$ と式（3）と式（4）を用いると，均衡における外国企業と自国企業の販売量 x^* と y が求められる．

市場均衡の価格と数量は各国で独立に決定されることがわかる．よって，自国の政策手段である τ と τ_y は自国市場にのみ影響を及ぼし，外国の政策手段である τ^* と τ_y^* も外国市場にのみ影響を与える．

7.3.3 国内総余剰

最後に国内総余剰を導く．国内総余剰は政策評価を行う際の重要な経済指標である．以下では，自国を例に国内総余剰の要素となる各項目について説明す

---

[16] NBTA のケースでは，$\tau_y=\tau$ かつ $\tau_y^*=\tau^*$ であり，また $t=t^*=0$ である．FBTA の場合には，$\tau_y=\tau-s=0$ かつ $\tau_y^*=\tau^*-s^*=0$ であり，$t=\tau$ かつ $t^*=\tau^*$ である．

る．はじめに，消費者の粗便益 $u(q)$ は以下のように表される．

$$u(q)=\int_0^q p(z)dz$$

自国の消費者余剰は $u(q)-p(q)q$ となる．

次に自国の温室効果ガス排出総量を $E=n(x+y)e$，外国の温室効果ガス排出総量を $E^*=n^*(x^*+y^*)e^*$ とおく．温室効果ガス排出が自国の消費者にもたらす外部費用を h とおくと，

$$h=h(E+\mu E^*)$$

となる．ただし，μ は外部不経済が国境を越えて拡大する程度を示すパラメータであり，$0<\mu\leq 1$，$h'>0$，$h''\geq 0$ であると仮定する．

前節と同様にPBTAのケースを想定すると，自国政府の財政余剰は次の通りである．

$$\tau nex+tn^*e^*y^*+\tau_y ney$$

ただし，$t=\tau$ であることに注意しよう[17]．

最後に，消費者余剰，企業利潤，財政余剰，外部費用から自国の国内総余剰 w を次式のように導くことができる[18]．

$$w=u(q)-p(q)q+n\{p(q)x+[p^*(q^*)-t^*e]y-c(x+y)-f\}\\+te^*n^*y^*-h(E+\mu E^*)$$

7.4 国境税調整のもとでの炭素税政策

この節では，国境税調整ルールが炭素税政策の決定にどのような影響を及ぼすかを検討する．政府は国内総余剰を最大化するように炭素税率を選択するものとする．貿易相手国が炭素税率を変更した場合，それに応じて政府が炭素税

---

17) FBTAとNBTAについてはPBTAの特殊ケースとして扱うことができる（注16を参照）．
18) 外国の国内総余剰についても同様に導くことができる．

政策をどのように修正することが最適なのかを検討する.

7.4.1 PBTA のもとでの炭素税政策

はじめに，輸入に対しては BTA が適用されるが，輸出については政府が炭素税率を裁量的に選択できる PBTA のケースを考えよう．PBTA では，輸入に課される炭素関税率が国内販売向け国産品の炭素税率に等しいという制約のもとで，政府は国内販売向け国産品の炭素税率と輸出向け国産品の炭素税率を選択する．自国を例に取ると，政府は $t=\tau$ という制約のもとで国内総余剰を最大化するように τ と τ_y を決定する.

式(2)を用いて w を次のように書き換えることができる.

$$w = u(q) - ncx + n(p^* - t^*e - c)y + n^*y^{*2}p' - n^*y^*(c^* + \tau_y^* e^*)$$
$$- nf - h(E + \mu E^*)$$

これより次の式が得られる[19].

$$dw = (p - c - eh' + n^*y^{*2}p'')dq + n^*[c + eh' - (c^* + \mu e^*h' + \tau_y^* e^*) + 2p'y^*]dy^*$$
$$+ n(p^* - c - eh' - t^*e + \mu e^*h')dy + (nyp^{*'} - \mu h'e^*)dq^* \quad (5)$$

$\tau = t$ という制約のもとでは，自国の炭素税が自国の国内総余剰に与える影響は以下のように表される.

$$\frac{\partial w}{\partial \tau} = (p - c - eh' + n^*y^{*2}p'')\frac{\partial q}{\partial \tau} + n^*[c + eh' - (c^* + \mu e^*h' + \tau_y^* e^*) + 2p'y^*]\frac{\partial y^*}{\partial \tau}$$

ここで，需要関数は線形であり外部費用は温室効果ガス排出量に比例して増加するようにモデルを特定化しよう[20]．また，自国と外国の企業数と生産の限界費用がいずれも等しいと仮定すると，最適な炭素税率は次式のように導かれる[21].

---

19) 導出については補論 B を参照.
20) 特定化されたモデルについては補論 C を参照.
21) より一般的なケースの分析については Yomogida and Tarui (2011) を参照.

$$\tau = -\frac{e^{*2}(2n+1)}{n(e+e^*)^2 + 2[e^*(n+1)-en]^2}\tau_y^*$$
$$+ \frac{(2n+1)\{(a-c)(e^*-e) + e\theta[e(n+1)-e^*n] + \mu e^*\theta[e^*(n+1)-en]\}}{n(e+e^*)^2 + 2[e^*(n+1)-en]^2}$$

(6)

ここで，τ_y^* の係数は両国の排出係数の差に関わらず負となる．よって，PBTA のもとでは，外国が自国への輸出に課す炭素税率を下げると，自国は炭素税率を上昇させる．

命題1：企業数及び生産の限界費用が両国で等しいと仮定する．この時 PBTA のもとでは，外国が自国への輸出に課す炭素税率を軽減すると，自国は炭素税率を上昇させる．

PBTA のもとでは，外国が外国企業の輸出に課す炭素税を軽減すると，自国は炭素税率を引き上げるインセンティブを持つ．外国の輸出向け製品の炭素税率低下は外国企業の輸出拡大を促す．自国はこれに対応して，自国企業の市場シェアを外国企業から取り戻そうとする．そのために，自国は炭素税率を引き上げることで炭素関税率を上昇させ，輸入競争から国内企業を保護しようとするのである．

次に自国が企業の輸出に課す炭素税について検討しよう．輸出向け国産品に課される自国の炭素税率の変化が自国の国内総余剰に与える影響は次の通りである．

$$\frac{\partial w}{\partial \tau_y} = n(p^* - c - eh' - t^*e + \mu e^* h')\frac{\partial y}{\partial \tau_y} + (nyp^{*\prime} - \mu h' e^*)\frac{\partial q^*}{\partial \tau_y}$$

特定化されたモデルでは，輸出向けの製品に課される最適炭素税率は次のように導かれる．

$$\tau_y = \theta - \left(\frac{n^*+1-n}{n^*+1}\right)\left(\frac{b^*y}{e}\right) - \left(\frac{n^*}{n^*+1}\right)\left(\frac{\mu e^*\theta}{e}\right)$$

ここで，θ は温室効果ガス排出の限界外部費用である．自国企業の輸出に課される炭素税率は，温室効果ガス排出の限界外部費用より低い水準となる可能性がある．これには2つの理由がある．第1に，自国企業が輸出により獲得する利潤を増やすために輸出促進を行うには，炭素税率を引き下げる必要がある．右辺第2項より，この効果は自国企業の数が小さい場合に生じることがわかる．第2に，自国政府には，外国企業の生産活動が国境を越えてもたらす外部不経済を内部化する手段がない．輸出拡大は外国企業の生産量の減少を通じて，外国企業の温室効果ガス排出が自国へもたらす外部費用を抑制する効果がある．このため，炭素税率を引き下げて自国企業の輸出を拡大しようとするのである．この効果は右辺第3項によって表される．第3項にある μ は外部不経済が国境を越える程度を示すパラメータであり，この値が1に近いほど外国からの外部費用の影響が大きくなる．したがって，右辺第3項の影響は μ の値が大きいほど強くなることがわかる．

両国の企業数及び生産の限界費用が等しいと仮定すると，自国が輸出向け国産品に課す最適炭素税の式は以下のように単純化される．

$$\tau_y = \left[\frac{e(n+1)-e^*n}{2n(n+1)e}\right]\tau^* - \left[\frac{a^*-c-\theta e+(\mu e^*-e)\theta n}{2n(n+1)e}\right] + \theta - \left(\frac{n}{n+1}\right)\left(\frac{\mu e^*\theta}{e}\right)$$

(7)

輸出に課される炭素税の最適反応は，排出係数の差に依存する．外国企業の排出係数が十分大きいのであれば，τ^* の係数は負となる．つまり，PBTA のもとでは，外国の炭素税率が上昇すると自国政府は自国の輸出に課す炭素税率を低下させる．これに対して，外国企業の排出係数がそれほど大きくない場合には，自国の最適反応はまったく逆のものとなる．外国における炭素税政策が厳格化すると，自国政府は輸出への炭素税率を高めることになる．

命題2：両国で企業数及び生産の限界費用は等しいと仮定する．この時，PBTA のもとで自国が持つ生産技術の炭素集約度が外国の生産技術に比べて十分に低い場合には，外国の炭素税率の上昇に応じて自国は輸出に課す炭素税率を低下させる．

この命題は，PBTAのもとで貿易相手国の炭素税政策が厳格化すると，相手国よりも優れた環境技術を持つ国は輸出向け国産品の炭素税負担を軽減させることを示している．逆に，環境技術の遅れた国の場合は，貿易相手国の炭素税率の上昇に応じて，輸出に課す炭素税率を引き上げることがわかる．

7.4.2 FBTAのもとでの炭素税政策

次に，輸出と輸入にBTAが適用されるFBTAのもとでの炭素税政策を分析する．FBTAでは，国内販売向け国産品の炭素税と同等の炭素関税が輸入品に課される一方で，輸出向け国産品の炭素税は100%免除される．自国を例に取ると，$\tau=t$かつ$\tau_y=0$のもとで，自国政府は国内総余剰を最大化するようにτを選択する．外国も同様に$\tau^*=t^*$かつ$\tau_y^*=0$のもとで，国内総余剰を最大化するようにτ^*を選ぶ．したがって，2つの国で企業数と生産の限界費用が等しい場合，自国の最適炭素税率は$\tau_y^*=0$を式 (6) に代入することで導かれる．

$$\tau = \frac{(2n+1)\{(a-c)(e^*-e)+e\theta[e(n+1)-e^*n]+\mu e^*\theta[e^*(n+1)-en]\}}{n(e+e^*)^2+2[e^*(n+1)-en]^2}$$

(8)

FBTAのもとでは，自国の炭素税政策は外国のそれとは独立に決定される．外国についても同様のことが成り立つことから，次の補題が得られる．

補題1：FBTAのもとでは，各国の炭素税政策は互いに独立となる．

この結論は，生産の限界費用が一定であり，国際的な裁定取引ができないという想定から得られるものである[22]．政府は外国企業の犠牲のもとに自国企業の利潤を拡大しようとする．また同時に，排出係数が低い企業は生産も効率的であり温室効果ガス排出量も少ないため，こうした企業を優遇しようとする．しかしFBTAでは，政府は炭素税について自国企業と外国企業を差別的に扱うことはできない．このため，国際的に排出係数が異なる場合には，最適な炭

---

22) Dixit (1984) でも同様の想定がなされている．

素税率は複雑な構造を持つ．そこで，各国の排出係数が同一である場合を考えると，FBTA のもとでの自国の最適炭素税率は次のように表される．

$$\tau = \frac{(1+\mu)\theta}{2} \qquad (9)$$

すなわち，最適炭素税は各国の温室効果ガス排出に伴う限界外部費用の和の半分に等しくなる．

7.4.3 NBTA のもとでの炭素税政策

最後に，BTA が適用されない NBTA のケースを検討しよう．NBTA のもとでは，販売先に関わらず国産品には同率の炭素税が課され，輸入には炭素関税が課されない．自国を例に取ると，政府は $\tau = \tau_y$ 及び $t=0$ という制約のもとで，国内総余剰を最大化するように τ を選択する．炭素税率の変化が国内総余剰に及ぼす影響は次式で示される．

$$\frac{\partial w}{\partial \tau} = (p - c - eh' + n^* y^{*2} p') \frac{\partial q}{\partial \tau} + n^*[c + eh' - (c^* + \mu e^* h' + \tau_y^* e^*) + 2p'y^*]\frac{\partial y^*}{\partial \tau}$$
$$+ n(p^* - c - eh' - t^*e + \mu e^* h')\frac{\partial y}{\partial \tau} + (nyp^{*'} - \mu h' e^*)\frac{\partial q^*}{\partial \tau}$$

これまでの分析と同様に，特定化されたモデルを用いることにより，各国の最適反応関数を導くことができる．両国の消費と生産構造を特徴付けるパラメータが排出係数を除いて同一であるとすると，自国の最適な炭素税率は以下の式で表される．

$$\tau = \frac{e^*(n^2 - n - 1)}{e[n(2n+1) + (n+1)^2]} \tau^*$$
$$+ \frac{(2n+1)\theta[(n+1)^2 e - (n^2+1)\mu e^*] - (n+1)^2(a-c)}{ne[n(2n+1) + (n+1)^2]} \qquad (10)$$

外国の炭素税率の変化に応じて自国の炭素税率がどのように変化するかは，炭素集約的産業の市場集中度に依存する．各国の企業数が少なくとも2社以上であれば，τ^* の係数は正となる．したがって，外国の炭素税率の低下に応じて，

自国の最適な炭素税率も減少する．外国の炭素税政策についても同様の結果が得られるため，以下のような命題を得る．

命題3：自国と外国の経済構造は，炭素排出係数の違いを除いて同一であると仮定する．この時，各国に企業が2社以上操業しているとすれば，NBTAのもとでは，相手国の炭素税率軽減に応じて，政府は炭素税率を引き下げる．

この結論は，PBTAのもとで得られたものとは対照的である．命題1で示されたように，PBTAのもとでは，相手国が輸出に課す炭素税を軽減すると，政府にとって最適な反応は炭素税率を引き上げることであった．NBTAのもとでは，輸入に対して炭素関税を課すことができないため，相手国が炭素税率を引き下げて輸出を促進しても，それに対抗するための手段を政府は持たない．したがってこの場合には，炭素集約的産業の市場集中度が低いという条件が満たされる限り，相手国の炭素税率の低下に応じて，政府は企業の国内販売と輸出の拡大を目的として炭素税率を引き下げる．すなわち，NBTAのもとでは非協力的な炭素税政策の帰結として「国際ボトム競争」が生じてしまう可能性がある．

7.5 国境調整措置の評価

ここでは，各国が独自に炭素税を決定した場合の帰結を経済と環境の2つの側面から評価する．はじめに，それぞれのBTAルールのもとで，各国が独自に政策決定した場合の炭素税政策を導く．次に，完全なBTAが適用される場合とBTAが一切適用されない場合の2つの制度のもとでの帰結を比較し，BTAが経済と環境へ与える影響を評価する．特定化されたモデルを用いると共に，両国の経済構造（消費者の選好および生産技術）は同一であると想定する．また，各国は相手国の政策を一定として，国内総余剰を最大化するように政策を決定すると想定し，その帰結はナッシュ均衡で示されるとする．

7.5.1 非協力的な炭素税政策の帰結

はじめに，PBTA のもとでの帰結を考察する．式（6）より，自国政府が国内販売向け国産品に課す炭素税率を選択する際の最適反応関数は次のように表される．

$$\tau = -\frac{\tau_y^*}{2} + \frac{(1+\mu)\theta}{2} \tag{11}$$

また，式（7）より，自国政府が輸出向け国産品に課す炭素税率を選択する場合の最適反応関数は次の式で表される．

$$\tau_y = \frac{\tau^*}{2n(n+1)} - \frac{a-c-(2n+1)[(1-\mu)n+1]e\theta}{2n(n+1)e} \tag{12}$$

外国政府の最適反応関数も，それぞれ式（11）と式（12）と同様の形で導かれる．ここで，温室効果ガス排出による外部不経済が国境を越えて完全に波及する，すなわち $\mu=1$ と仮定する．この時，両国の最適反応関数を同時に解くことにより，以下のナッシュ均衡解が得られる[23]．

$$\tau = \frac{a-c+[2n(2n+1)-1]e\theta}{(2n+1)^2 e}, \tag{13}$$

$$\tau_y^* = \frac{4(n+1)e\theta - 2(a-c)}{(2n+1)^2 e} \tag{14}$$

両国が対称的であることから，$\tau^*=\tau$ かつ $\tau_y=\tau_y^*$ である．ある条件が満たされれば，ナッシュ均衡での輸出量は正であることが保証される[24]．均衡においては，国内販売向け国産品に課される炭素税率は正であるが，相手国への輸出向け国産品に課される炭素税率は正の値も負の値もとりうる[25]．さらに，国内

---

23) 両国の経済構造が対称的であるから，式（11）と式（12）において τ と τ^* かつ τ_y と τ_y^* を入れ替えることで外国の最適反応関数が導かれる．
24) 各企業の生産量，総販売量，市場価格，各企業の利潤及び各国の総余剰は補論 C で導出される．

市場向け製品に課される炭素税率は輸出向け製品に課される炭素税率よりも必然的に大きい値となり，$\tau-\tau_y>0$ が成立する[26]．PBTAのもとでは，政府は国内販売より海外輸出を炭素税政策で優遇するのである．

命題4：自国と外国の経済構造が同一であると仮定する．また，温室効果ガス排出による外部不経済は国境を越えて完全に波及する（$\mu=1$）と仮定する．この時，PBTAのもとで各国が炭素税政策を独自に決定した場合のナッシュ均衡において，次の結果が得られる．
①国内販売向け国産品に課される炭素税率は正であるが，相手国への輸出向け国産品に課される炭素税率は正の値も負の値もとりうる．
②国内販売向けの製品に課される炭素税率は輸出向け製品に課される炭素税率よりも高い．

次に，FBTAのもとでの帰結を考察する．すでに述べたように，FBTAは輸出向け製品に炭素税が課されない（$\tau_y=\tau_y^*=0$）という点でPBTAの特殊ケースといえる．したがって，各国の炭素税政策は互いに独立となる．両国が同一の経済構造であるとすると，FBTAのもとでの均衡における炭素税率は式（9）で表される．

最後にNBTAのケースを検討する．両国の経済が対称的であるとすると，NBTAのもとでの均衡は，(10)に $e=e^*$，$\tau=\tau^*$ を代入することにより求められる．

$$\tau=\frac{\theta(2n+1)}{2n}-\frac{\theta\mu(2n+1)(n^2+1)}{2(n+1)^2 n}-\frac{a-c}{2ne} \tag{15}$$

まず，炭素税は国内生産による温室効果ガス排出の外部費用を内部化するため

---

25) 補論Dより，$\frac{a-c-\theta e}{e\theta}>\frac{2n+1}{2(n+1)}$ であるならば輸出は正となる．また，$\tau_y\geq 0$ であるための必要十分条件は $\frac{a-c-\theta e}{e\theta}\leq 2n+1$ であることが示される．したがって，$\frac{2n+1}{2(n+1)}<\frac{a-c-\theta e}{e\theta}<2n+1$ が成立するならば，輸出向け製品に対する炭素税は正となる．
26) $\tau-\tau_y=[3(a-c)+(4n^2-2n-5)e\theta]/[(2n+1)^2 e]>0$ が成立する必要十分条件は $n\geq 1$ であることを示すことができる．

に用いられることから，右辺の第1項は正である．第2項については，政府が国内企業の海外輸出を促進しようとするため負となる．外国市場への輸出拡大は次の2つの理由で利益をもたらす．1つめは，外国企業から利潤を奪うことにより利益が生じる．2つめは，外国市場における外国企業の生産減少によって外国の温室効果ガス排出量が削減され，国境を越えた外部不経済がもたらす負の影響を緩和する効果が生じる．また第3項も負となる．企業は市場支配力を持つため，国内市場の販売量は過小となる．政府は税負担を軽減して国内市場での自国企業の販売を促進することで消費者の利益を拡大しようとする．

7.5.2 FBTA と NBTA の比較

この節では，FBTA と NBTA において各国が非協力的に政策決定した際の帰結を，経済と環境の2つの側面から比較する．特定化されたモデルにおいても分析結果は非常に複雑となるため，数値例を用いることとする[27]．

図 7-1 は，国内総余剰と温室効果ガス排出の外部不経済が国境を越える程度の関係を表している[28]．横軸の μ の値が1に近いほど，外部不経済が国境を越えて波及する程度が大きいことを示す．外部不経済が国境を越える程度が十分大きい（小さい）ならば，FBTA のもとで達成される国内総余剰は NBTA の場合よりも大きい（小さい）ことがわかる．FBTA のもとでは，越境する外部不経済を内部化するために炭素関税が用いられるのに対し，NBTA のもとではそのような直接的な手段が存在しない．このため，国境を越えた外部不経済の影響が深刻であるとき，政府が炭素税率を選択する際のインセンティブは，NBTA の場合の方が FBTA のケースよりもいっそう歪むことになる．その結果として，NBTA の総余剰がより悪化してしまうと考えられる．

図 7-2 はそれぞれの国境税調整ルールでの炭素税率を表している．外部不経済が国境を越えて波及する程度が上昇するにつれて，FBTA のもとでの炭素税率は高くなる．これは，各国政府が国境を越えた外部不経済を内部化するために炭素関税を引き上げるインセンティブを持つためである．しかしこれとは逆に，NBTA のもとでは外部不経済が国境を超える程度が増すと，各国は炭

---

27) 数値例の詳細については補論 D を参照のこと．
28) 両国は同一の経済構造を持つことから，世界全体の総余剰は各国の国内総余剰を2倍した値に等しい．

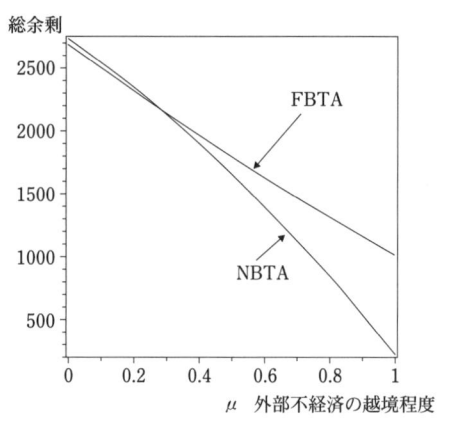

図 7-1 国内総余剰
(Maple 14 を利用して作成)

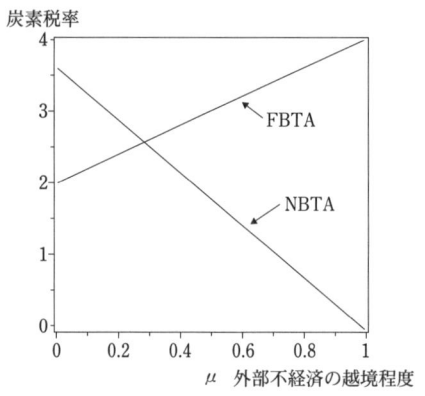

図 7-2 炭素税率
(Maple 14 を利用して作成)

素税率を引き下げる．これは，税率の引き下げによって輸出を促進し，相手国の生産と温室効果ガス排出量を減少させることで，国際的な外部不経済の影響を緩和しようとするためである．

総余剰への影響は，消費者余剰，生産者余剰，税収入，環境の質に及ぼす効果に分解することができる．外部不経済が国境を越えて波及する程度が十分大きいのであれば，FBTA のもとでの方が消費者余剰と生産者余剰は小さくな

第7章　炭素税政策と国境調整措置　　　　　　　　　　　　　　　　181

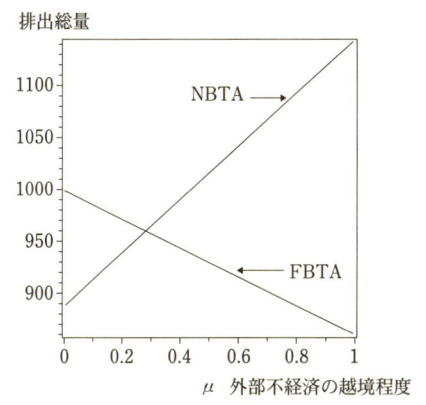

図7-3　温室効果ガス排出総量
（Maple 14 を利用して作成）

るが，炭素税収入は大きくなり，温室効果ガス排出総量は小さくなる（図7-3）．明らかに，これらの結果は2つの制度における炭素税率の変化の違いに起因するものである．

外部不経済が国境を越えて波及する程度の大きさは，考察対象となる環境問題の性質に依存する．地球温暖化問題に関しては，μは1に等しいとみなすことができる．したがって，各国が炭素税率を非協力的に決定する場合，FBTAのもとでは，NBTAと比較して消費者と生産者は高い炭素税を負担することになるものの，国内総余剰は増加し環境の質も高まる可能性がある．

命題6：各国は炭素税政策を非協力的に決定するものとする．この時，完全な国境税調整（FBTA）ルールのもとでは，国境税調整が行われない場合（NBTA）よりも総余剰及び環境の質が改善する可能性がある．

7.6　おわりに

本章では，国境調整措置が炭素税政策に及ぼす影響を，炭素集約的産業の特徴である不完全競争市場を想定したモデルにより検討した．輸入にのみBTAが適用されるPBTAのもとでは，外国が輸出に課す炭素税を引き下げると，自国は炭素税率を引き上げようとする．BTAが認められない場合にはこうし

た効果は存在せず，外国の炭素税率低下に対抗して自国も炭素税を軽減しようとする．つまり，国境調整措置が実施されない場合には，非協力的な政策決定の帰結は国際ボトム競争となる可能性がある．国境調整措置には，ゲームのルールを変化させることを通じて，こうした国際ボトム競争を回避させる効果がある．

地球環境問題のように外部不経済が国境を越えて波及する程度が十分大きい場合には，完全な BTA が実施されることで均衡での炭素税率は高くなる可能性がある．国境調整措置を適用できる場合，炭素関税を輸入に課すことによって国境を越えた外部不経済を内部化することができる．それと同時に，輸入競争から企業を保護することも可能となる．こうした理由から，国境調整措置には均衡での炭素税率を上昇させる効果がある．

国境調整措置は，環境保護を目的として行われるだけではなく保護主義的な動機によっても用いられるが，その結果，必ずしも産業内の資源配分が非効率になるとは限らない．国境を越えた外部不経済の程度が十分大きいならば，完全な BTA のもとでの各国の総余剰は，BTA が行われない場合よりも大きくなる可能性がある．これは，温室効果ガス排出量の減少と税収入の増加による利益が，消費者と生産者の高い税負担による損失を上回ることによるものである．

補 論

補論 A：産業分類表

表7-3　炭素集約的産業に対応する品目コード

鉄鋼	SITC672, SITC673, SITC674, SITC675, SITC676, SITC677, SITC678, SITC679
製紙	SITC641, SITC642
アルミニウム	STIC6841, STIC6842
セメント	SITC6612
石油化学（基礎製品）	SITC51111, SITC51112, SITC51113, SITC51122, SITC51123, SITC51124, SITC51211, SITC52251

出典：SITC 分類をもとに作成．

補論 B：総余剰の変化

w を全微分すると次の式が得られる．

第7章　炭素税政策と国境調整措置

$$
\begin{aligned}
dw &= pdq - ncdx + n(p^* - t^*e - c)dy + nyp^{*\prime}dq^* + n^*y^{*2}p^{\prime\prime}dq \\
&\quad + [2n^*p^\prime y^* - n^*(c^* + \tau_y^* e^*)]dy^* - dh \\
&= (p - c + n^*y^{*2}p^{\prime\prime})dq + n^*[c - (c^* + \tau_y^* e^*) + 2p^\prime y^*]dy^* \\
&\quad + n(p^* - c - t^*e)dy + nyp^{*\prime}dq^* - dh
\end{aligned} \tag{16}
$$

また h を全微分して次式が得られる.

$$
dh = h^\prime[edq + \mu e^* dq^* + n^*(\mu e^* - e)dy^* + n(e - \mu e^*)dy] \tag{17}
$$

式(16)と式(17)より，式(5)が得られる．

補論C：モデルの特定化

　需要関数が線形であると想定する．自国の逆需要関数は以下のように表される．

$$p(q) = a - bq$$

ただし $a, b > 0$, $a > c$, $a > c^*$ である．同様に外国の需要関数は次の式で表される．

$$p^*(q^*) = a^* - b^* q^*$$

ただし $a^*, b^* > 0$, $a^* > c^*$, $a^* > c$ である．自国市場における企業の利潤最大化の条件は以下の通りである．

$$a - b(n+1)x - bn^* y^* = c + \tau e, \tag{18}$$

$$a - bnx - b(n^*+1)y^* = c^* + (\tau_y^* + t)e^* \tag{19}$$

外国市場についても同様に次の式が求められる．

$$a^* - b^*(n^*+1)x^* - b^* ny = c^* + \tau^* e^*, \tag{20}$$

$$a^* - b^* n^* x^* - b^*(n+1)y = c + (\tau_y + t^*)e \tag{21}$$

式(18)と式(19)を解くことにより，自国市場における均衡販売量が導かれる．

$$x = \frac{1}{b(n+n^*+1)}\{(a-c-\tau e)(n^*+1)-[a-c^*-(\tau_y^*+t)e^*]n^*\}, \quad (22)$$

$$y^* = \frac{1}{b(n+n^*+1)}\{[a-c^*-(\tau_y^*+t)e^*](n+1)-(a-c-\tau e)n\} \quad (23)$$

外国市場についても同様に以下を得る．

$$x^* = \frac{1}{b^*(n+n^*+1)}\{(a^*-c^*-\tau^*e^*)(n+1)-[a^*-c-(\tau_y+t^*)e]n\}, \quad (24)$$

$$y = \frac{1}{b^*(n+n^*+1)}\{[a^*-c-(\tau_y+t^*)e](n^*+1)-(a^*-c^*-\tau^*e^*)n^*\} \quad (25)$$

自国市場と外国市場における総販売量はそれぞれ次の式で与えられる．

$$q = \frac{1}{b(n+n^*+1)}\{(a-c-\tau e)n+[a-c^*-(\tau_y^*+t)e^*]n^*\}, \quad (26)$$

$$q^* = \frac{1}{b^*(n+n^*+1)}\{(a^*-c^*-\tau^*e^*)n^*+[a^*-c-(\tau_y+t^*)e]n\} \quad (27)$$

それぞれの市場において，価格は以下のように決まる．

$$p = \frac{1}{(n+n^*+1)}\{a+(c+\tau e)n+[c^*+(\tau_y^*+t)e^*]n^*\}, \quad (28)$$

$$p^* = \frac{1}{(n+n^*+1)}\{a^*+(c^*+\tau^*e^*)n^*+[c+(\tau_y+t^*)e]n\} \quad (29)$$

自国企業と外国企業の利潤は以下で表される．

$$\pi = bx^2 + b^*y^2 - f, \quad (30)$$

$$\pi^* = b^*x^{*2} + by^{*2} - f^* \quad (31)$$

また，両国の被害関数は次の式で表されると想定する．

$$h(E+\mu E^*)=\theta(E+\mu E^*), \tag{32}$$

$$h^*(E^*+\mu^* E)=\theta^*(E^*+\mu^* E) \tag{33}$$

ただし $\theta, \theta^*>0$ である. 自国と外国の総余剰は以下の通りである.

$$w=\frac{bq^2}{2}+n\pi+\tau nex+tn^*e^*y^*+\tau_y ney-\theta[ne(x+y)+\mu n^*e^*(x^*+y^*)], \tag{34}$$

$$\begin{aligned}w^*=&\frac{b^*q^{*2}}{2}+n^*\pi^*+\tau^* n^*e^*x^*+t^* ney+\tau_y^* n^*e^*y^*\\&-\theta^*[n^*e^*(x^*+y^*)+\mu^* ne(x+y)]\end{aligned} \tag{35}$$

補論 D：非協力政策ゲームのナッシュ均衡

自国と外国が同じ経済構造である場合を想定する.

・PBTA のもとでの均衡

式(13)と式(14)及び $\tau=t$ と $\tau^*=t^*$ を式(22)と式(25)に代入することにより, 各企業の販売量が以下のように求められる.

$$x=\frac{2n(a-c)+e\theta}{b(2n+1)^2}, \tag{36}$$

$$y=\frac{2(n+1)(a-c)-(4n+3)e\theta}{b(2n+1)^2} \tag{37}$$

$(a-c-\theta e)/\theta e>(2n+1)/[2(n+1)]$ であれば各企業の輸出は正となる. この条件が満たされているものと想定する. 式(13), (14)を式(26), (28)に代入することにより, 自国市場における総販売量と市場価格を導くことができる.

$$q=\frac{2n(a-c-e\theta)}{b(2n+1)}, \tag{38}$$

$$p=\frac{a+2nc+2ne\theta}{2n+1} \tag{39}$$

式(30)と式(34)より，自国企業の利潤と自国の総余剰は以下のように表される．

$$\pi = b(x^2+y^2) - f, \tag{40}$$

$$w = \frac{bq^2}{2} + n\pi + \tau n e(x+y) + \tau_y n e y + 2\theta n e(x+y) \tag{41}$$

自国と外国が対称的であることから，$y^*=y$, $q^*=q$, $p^*=p$, $w^*=w$ が得られる．

・FBTA と NBTA のもとでの均衡

FBTA の均衡では，$\tau=t=\tau^*=t^*$ 及び $\tau_y=\tau_y^*=0$ が成立する．ここで便宜上，均衡炭素税率（式(9)）を以下のように書き直すこととする．

$$\bar{\tau} = \frac{(1+\mu)\theta}{2}$$

NBTA の均衡では，$\tau=\tau^*=\tau_y=\tau_y^*$ と $t=t^*=0$ が満たされる．さらに，式(15)の均衡炭素税率も次のように書き直すとしよう．

$$\tilde{\tau} = \frac{\theta(2n+1)}{2n} - \frac{\theta\mu(2n+1)(n^2+1)}{2(n+1)^2 n} - \frac{a-c}{2ne}$$

FBTA のもとでの炭素税率は $\tau=\bar{\tau}$，NBTA のもとでの炭素税率は $\tau=\tilde{\tau}$ で示される．両国が同一の経済構造を持つ想定では，価格，数量，利潤，総余剰等の変数は FBTA と NBTA のどちらの場合も，炭素税 τ についてそれぞれ同じ関数形で示されることが容易に確かめられる．式(22)-(24)及び(25)を用いると各国市場における販売量を次のように導くことができる．

$$x = x^* = y = y^* = \frac{(a-c-\tau e)}{b(2n+1)} \tag{42}$$

同様にして式(26)-(29)より，各国市場における総販売量と市場価格を次のように導くことができる．

$$q = q^* = \frac{2n(a-c-\tau e)}{b(2n+1)}, \tag{43}$$

$$p = p^* = \frac{a + 2n(c + \tau e)}{2n+1} \tag{44}$$

式(30)と式(31)を用いると各国企業の利潤が以下のように導かれる.

$$\pi = \pi^* = 2bx^2 - f \tag{45}$$

式(32)と式(33)より,各国の被害関数は次のように表される.

$$h = h^* = 2\theta nex(1+\mu) \tag{46}$$

各国の税収入は以下の通りである.

$$2\tau nex \tag{47}$$

式(34)と式(35)及び式(42)-(47)より,各国の総余剰を次のように求めることができる.

$$w = w^* = 2bn(n+1)x^2 + 2nex[\tau - \theta(1+\mu)] - nf \tag{48}$$

数値例において用いられたパラメータは以下の通りである.

$$a = a^* = 100, \quad b = b^* = 1, \quad c = c^* = 2, \quad \theta = \theta^* = 4$$

$$e = e^* = 6, \quad n = n^* = 15, \quad f = f^* = 0$$

謝　辞

　本章を執筆するにあたって,多くの方々から貴重なご意見を賜った.とりわけ,大東一郎氏,杉山泰之氏,北條陽子氏からは,草稿段階より有益なコメントをいただいた.ここに記して感謝申し上げます.

参考文献

Boehringer, C., Fischer, C. and Rosendahl, K. E. (2010) "The Global Effects of Subglobal Climate Policies," *B. E. Journal of Economic Analysis and Policy*, Vol. 10, Article 13.

Brander, J. A. and Krugman, P. R. (1983) "A Reciprocal Dumping Model of International Trade," *Journal of International Economics*, Vol. 15, pp. 313-323.

Burguet, R. and Sempere, J. (2003) "Trade Liberalization, Environmental Policy, and Welfare," *Journal of Environmental Economics and Management*, Vol. 46, pp. 25-37.

Conrad, K. (1996) "Optimal Environmental Policy for Oligopolistic industry under Intra-Industry Trade," In *Environmental Policy and Market Structure*, Carraro, C., Katsoulacos, Y. and Xepapadeas, A. (eds.), Kluwer Academic Publishers, Dordrecht, pp. 65-83.

Copeland, B. R. (1996) "Pollution Content Tariffs, Environmental Rent Shifting, and the Control of Cross-Border Pollution," *Journal of International Economics*, Vol. 40, pp. 459-476.

Dixit, A. K. (1984) "International Trade Policy for Oligopolistic Industries", *Economic Journal*, Vol. 94, pp. 1-16.

Fischer, C. and Fox, A. K. (2009) "Comparing Policies to Combat Emissions Leakage: Border Tax Adjustments versus Rebates," *Discussion Paper* 09-02, Resources for the Future, Washington.

Fischer, C. and Horn, H. (2010) "Border Carbon Adjustments from a Trade Policy Perspective," ENTWINED Issue Brief.

Fowlie, M. (2009) "Incomplete Environmental Regulation, Imperfect Competition and Emission Leackage," *American Economic Journal: Economic Policy*, forthcoming.

Greenaway, D., Hine, R. and Milner, C. (1995) "Vertical and Horizontal Intra-Industry Trade: A Cross Industry Analysis for the United Kingdom," *Economic Journal*, Vol. 105 (November), pp. 1505-1518.

Gros, D. (2009) "Global Welfare Implications of Carbon Border Taxes," *CESIFO Working Paper*, No. 2790.

Horn, H. and Mavroidis, P. C. (2010) "Climate Change and the WTO: Legal Issues Concerning Border Tax Adjustments," *Japanese Yearbook of International Law*, Vol. 53, pp. 19-40.

Hufbauer, G. C., Charnovitz, S. and Kim, J. (2009) *Global Warming and the World Trading System*, Peterson Institute for International Economics, Washington D. C.

Kennedy, P. W. (1994) "Equilibrium Pollution Taxes in Open Economies with Imperfect Competition," *Journal of Environmental Economics and Management*, Vol. 27, pp. 49-63.

Krugman, P. (2009) "Climate, Trade, Obama," *New York Times*, June 29.

Lai, Y.-B. and Hu, C.-H. (2008) "Trade Agreements, Domestic Environmental Regulation, and Transboundary Pollution," *Resource and Energy Economics*, Vol. 30, pp. 209-228.

Lockwood, B. and Whalley, J. (2008) "Carbon Motivated Border Tax Adjustments: Old Wine in Green Bottles?" *National Bureau of Economic Research Working Paper*, 14025, Cambridge.

Mattoo, A., Subramanian, A., van der Mensbrugghe, D. and He, J. (2009) "Reconciling Climate Change and Trade Policy," *Research Working Paper*, 5123, Development Research Group Policy, The World Bank.

McKibbin, W. J. and Wilcoxen, P. (2008) "The Economic and Environmental Effects of

Border Tax Adjustments for Climate Policy," In Brainerd, L. and Sorkin, I. (eds.), *Climate Change : Trade and Competitiveness*, The Brookings Institution, Washington D. C., pp. 1-34.

Reuters (2009) "Obama Notifies Congress of Asia-Pacific Trade Pact Intentions, " *New York Times*, December 16.

Ritz, R. (2009) "Carbon Leakage under Incompelet Environmental Regulation : An Industry-Level Approach," *Discussion Paper Series*, Number 461, Department of Economics, University of Oxford.

Tarui, N., Yomogida, M. and Yao, C. (2011) "Trade Restrictions and Incentives to Tax Pollution Emissions," *Working Paper*, Center for the Environment and Trade Research, Sophia University.

World Trade Organization (WTO) (2009) *Trade and Climate Change : A Report by the United Nations Environment Programme and the World Trade Organization*, World Trade Organization, Geneva.

Yomogida, M. and Tarui, N. (2011) "Emission Taxes and Border Adjustments for Oligopolistic Industries," *Working Paper*, Center for the Environment and Trade Research, Sophia University.

石川城太・奥野正寛・清野一治（2007）「国際相互依存下での環境政策」清野一治・新保一成編『地球環境保護への制度設計』東京大学出版会，東京，pp. 137-196.

石戸光・伊藤恵子・深尾京司・吉池喜政（2005）「垂直的産業内貿易と直接投資―日本の電機産業を中心とした実証分析」『日本経済研究』第51号，pp. 1-32.

経済産業省通商政策局（2011）「補論 貿易と環境―気候変動対策に係る国境措置の概要とWTOルール整合性」『2011年版不公正貿易報告書』pp. 453-457.

● 第5章コメント ●

大東一郎

　本章は，地球温暖化問題を解決するための国際交渉において，世界各国の合意が形成されるためにどのような条件が満足されていることが重要かをゲーム理論によって考察した既存研究を概観し，今後の課題を展望している．
　地球温暖化の原因とされる温室効果ガスの排出削減は国際公共財であるため，その削減交渉には各国が他国の削減努力にただ乗りする動機を持つという問題が伴う．1997年の「京都議定書」では，大規模排出国である米国や中国・インド等の途上国が不参加であることに加え，議定書批准国の削減努力に戦略的にただ乗りするインセンティブが働き，その協定自体が必ずしも自己拘束的（self-enforcing）でないといった問題が残されている．そこで，各国の戦略的な動機と整合的な自己拘束的な協定が結ばれるためにどんな条件が必要かをゲーム理論により解明する研究が進んでいる．
　本章では，まず，協定参加の意思決定が1回限りの「協定参加ゲーム」では，「多くの国が協定に参加することが均衡となるのは非協力解に比べて純利得が小さい時のみである」という（悲観的な）結果が得られることを指摘する．そこで次に，協定参加の決定が時間を通じて無限回行える「繰り返しゲーム」で分析すると，フォーク定理の教える通り「割引率が十分に小さい時，各国が排出削減で協調することが均衡となる」ことが導かれる．だが「繰り返しゲーム」は毎期のステージゲームの構造が変化しないので，現実の地球温暖化問題で大気中の温室効果ガス濃度や技術が時間を通じて変化しうることと整合的でない．そこで，ステージゲームの構造が毎期変化しうる「動学ゲーム」での執筆者の最新研究を紹介し，「割引率が小さい場合でも協調が均衡となるとは限らない」ことを指摘している．
　本章の最も興味深い論点はこの指摘であろう．割引率が小さい時，人々は将来の環境悪化の損失を重視するから，現在温室効果ガスを排出することによる利得をより多く犠牲にする動機を持つ．したがって，国際環境交渉での合意は達成されやすくなりそうである．実際「繰り返しゲーム」では，最適（協力）

解が割引率に依存しないためこの通りの結論が成り立つ．だが「動学ゲーム」では，割引率が小さいほど，最適（協力）解での定常状態の温室効果ガス濃度が低いため，各国は現在の排出量からより大幅な排出削減を達成しなければならない．逆にいえば，協力解から逸脱することにより各国はより大きな利得が得られるので，協力は均衡になりにくいのである．人々が将来の環境悪化による損失を重視するように社会の環境意識を高めることが，かえって現在の国際交渉での合意を難しくしうるという洞察は逆説的であり，十分な注意を向けるべき論点である．社会の環境意識を高めれば国際交渉も容易になり，地球温暖化問題の解決が促されると考えることは必ずしもできないのである．

● 第6章コメント ●

大東一郎

　本章は，温室効果ガスの排出が他国にも外部不経済を及ぼす2国モデルで，炭素集約財輸入国の関税率引き上げ（国境調整措置）が輸出国の国内炭素税率を高めるかを分析した研究である．もし高めるのなら，国境調整措置は貿易相手国に環境規制を厳格化させるインセンティブを与えるということができる．

　本モデルでは，政府が戦略的に環境・貿易政策を決定することの帰結を明瞭に示すために，2国を大国と考えると共に，企業間の戦略的関係を扱わずに済むよう完全競争経済を想定している．分析では，第1に，関税率が外生的であるとして各国政府が炭素税率を選ぶ非協力政策ゲームのナッシュ均衡を導き，輸入国が関税率を引き上げると輸出国の均衡炭素税率が低下（輸入国の均衡炭素税率は上昇）することを示している．第2に，炭素税率と関税率が共に内生的な政策ゲームのナッシュ均衡では，輸出国の炭素税率が関税率がゼロに制約されている場合より低いことを示している．いずれの意味でも，国境調整措置の導入は貿易相手国の環境規制を緩める行動を誘引し，それを厳格化させる意図とは逆の効果を持つのである．地球温暖化問題でいえば，国境調整措置のもとでは国際的な炭素リーケージが必ず生じると解釈することができよう．

　そこで，この逆説が導かれる本質的理由が何か考えてみよう．政策ゲームのサブゲーム完全均衡で炭素集約財の輸入国（国1）の関税率 τ_1 が高いほど輸出国（国2）の炭素税率 e_2 が高くなるのは，2国の炭素税率どうしが戦略的補完関係にあり，輸入国の関税率と輸出国の炭素税率が戦略的代替関係にあるからである．すなわち，図6-1が示すように，関税率 τ_1 が高くなると輸出国の炭素税率 e_2 が低くなる（代替関係）ことから，輸出国の反応曲線が左にシフトする．輸入国の反応曲線は右上がり（補完関係）なので，e_2 の均衡値は低下する．輸入国の反応曲線が上にシフトし逆に e_2 の均衡値を高める効果も加わるものの，需要関数，供給関数，被害関数が線形である場合には，この e_2 の均衡値の低下効果が生き残るというのが本章の主張である．

　これらの戦略的関係が成り立つ経済学的理由を本章中の式（1）により線形モ

デルの場合について確かめてみよう．第1に，炭素税率どうしの戦略的補完関係を（本章と逆に輸出国について）述べよう．まず1階微分 $x_i' = -b_i < 0$, $y_i' = d_i > 0$, $P_{ei} = d_i/(d_1+d_2+b_1+b_2) > 0$ は定数となるから，炭素税率の上昇により変化するのは交易条件効果の項のみである．輸入国政府が e_1 を高めると炭素集約財の輸入国内での生産が減少するから，国際市場で輸入需要が増加して均衡国際価格 P_W が上昇する．これにより輸出国では炭素集約財の生産 y_2 は増加，消費 x_2 は減少し，輸出量（y_2-x_2）が増加する．したがって，交易条件効果の値が増加し，輸出国政府は e_2 を高めるのである．

第2に，輸入国の関税率と輸出国の炭素税率との戦略的代替関係は，交易条件効果と関税収入効果の項により説明できる．輸入国が τ_1 を高めると，炭素集約財の国内価格が上昇して輸入国内で消費は減少，生産は増加する．そのため国際市場では輸入需要が減少し，均衡国際価格 P_W が低下するので，輸出国では炭素集約財の生産 y_2 が減少し消費 x_2 が増加する．これによる輸出量（y_2-x_2）の減少により，交易条件効果，関税収入効果の値が共に減少するため，輸出国政府は e_2 を低下させるのである．

政府間にこれらの戦略的関係が生じる経済学的理由は民間を完全競争とするモデル設定により見えやすくなっており，分析は一定の成功を収めている．だが，さらに検討すべき問題もある．第1に，現在の線形モデルでの分析（命題1の証明）で，τ_1 の e_1 と e_2 に関する比較静学の結果が確定するためにどのような仮定が本質的に効いているのか，必ずしも明らかではない．符号が確定できることのより具体的な説明を明示することが望ましい．第2に，2国が完全競争経済である時，国境調整措置が貿易相手国の環境規制を緩めてしまうという逆説的な結論が，線形でない一般の関数形のモデルでも成り立つのかも重要である．線形モデルでは式（1）の一部の効果しか働かないから，一般性を検討する余地は残されている．第3に，輸入に対する国境調整措置だけでなく，輸出に対する国境調整措置（輸出される国産品に対して炭素税が τ_2 だけ還付される）も，貿易相手国の環境規制を緩める結果になるのか，検討することが望ましいであろう．

今後の課題としては，第1に，本章の結果を用いて，国境調整措置により世界全体での温室効果ガス排出量が減らせるかを分析することもできよう．国境調整措置が貿易相手国の排出規制強化を促せるのかを考える究極的な問題意識

は，国際的な炭素リーケージにより世界全体の温室効果ガス排出量がどの程度増加し，経済厚生にどのような影響が及ぶのかという点にある．本章の分析では，関税率が高くなる時，炭素税率は輸出国では低下，輸入国では上昇するので，世界全体の総排出量が減少するための条件を解明できるかもしれない．第2に，完全競争経済下での本章の分析結果が一般性を持つのであれば，逆に国境調整措置が貿易相手国の炭素税率を高めるとの結果を得るためには本モデルをいかに修正すればよいのかを探ることも有益であろう．例えば，輸出国が農村・都市を持つ発展途上国だとすれば，輸入国（先進国）の工業品関税率の上昇により都市失業が増加する場合，輸出国（途上国）が石炭などエネルギー財への炭素税率を高めればエネルギー財と協働する資本の使用も減少し労働雇用が増加，失業が減少する可能性がある．本章には，こうしたさらなる研究への出発点を形成するという意義もあるのかもしれない．

● 第7章コメント ●

大東一郎

　本章は，炭素集約的産業で産業内貿易が活発なことを実証的に確認した上で，産業内貿易の代表的モデルの1つである「相互市場モデル」(Brander and Krugman 1983) を基礎に，各国政府が国内炭素税政策と貿易政策を選ぶ非協力政策ゲームを考え，国境税調整 (BTA) が各国の国内炭素税率，温室効果ガス排出量，国内総余剰をどのように変化させるかを分析した研究である．BTA として，輸出入両方に適用される「完全な (Full) BTA」と輸入のみに適用される「部分的 (Partial) BTA」とを区別し，「非 (Non) BTA」(国内炭素税政策のみ) との比較を行っている．はじめに，自国，外国でのクールノー型寡占均衡を導き (7.3節)，厚生最大化を目的として非協力的に行動する各国政府の反応関数の性質を調べる (7.4節)．そして非協力政策ゲームのナッシュ均衡を導出し，数値例を用いて，温室効果ガス排出の外部不経済が国境を超える程度に応じて国内総余剰，炭素税率，温室効果ガス排出量がどのように変化するかを，FBTA と NBTA との間で比較している (7.5節)．

　本モデルでは一般的には複雑な結果が生じるが，関数形が線形の場合や2国が一定の対称性を持つ場合を考えて6つの命題を導いている．特に興味深い結果は3つある．第1に，PBTA のもとで，外国政府が輸出に課す炭素税率を低下させる時，自国政府の最適反応政策は国内炭素税率を上昇させることである (命題1)．外国政府が外国企業の輸出を促進するこの状況では，自国政府は自国企業の市場シェアを守るべく外国からの輸入に課す炭素関税率を高めるインセンティブを持つ．自国は競争条件平準化原則を遵守し外国企業からの輸入に課す炭素関税率と国内企業に課す炭素税率を等しくするので，自国では国内炭素税率が上昇するのである．この結果は，各国が輸出に課す炭素税率と貿易相手国の国内炭素税率とが「戦略的代替関係」にあることを意味しており，BTA が貿易相手国の国内炭素税政策の厳格化を促せるとする根拠となっている．

　第2に，NBTA のもとでは，貿易相手国が国内炭素税率を低下させる時，

各国政府の最適反応政策は国内炭素税率を低下させることである（命題4）．BTAがない状況では，PBTAのもとでとは対照的に，各国の国内炭素税率どうしは「戦略的補完関係」にあるのである．第3に，各国の温室効果ガス排出の外部不経済効果が国境を越える程度が十分に大きい場合には，FBTAの方がNBTAよりも，国内炭素税率が高くなるため温室効果ガス排出量は少なくなり，国内総余剰も大きくなりうる（命題6）．この結果は，地球温暖化問題を軽減する上でBTAが有効な手段となること，また経済厚生で見てもBTAの導入が各国にとって望ましい場合があることを摘示している点で，興味深いものである．

　本章は明瞭な表現と論理展開で書かれており，経済学的説明も丁寧に行われている．その点ではあえて解説を追加する必要はないであろう．ただ，上記第2点の解釈については若干の注意を述べておきたい．執筆者は，NBTAのもとで各国の国内炭素税率が戦略的補完関係にあることに着目して，炭素税率の「ボトム競争が生じてしまう」と述べている（例，7.4節末尾）．だが，命題4の結果は，あくまでも各国の最適反応政策の性質を述べたものだから，実際に各国の炭素税率がゼロまで低下するという意味ではない．ここでの「ボトム競争」とは，むしろ非協力政策ゲームのナッシュ均衡（7.5節で導出）で決まる国内炭素税率（式(15)）に向かって税率が変化する過程と考えるべきであろう．すなわち，当初の各国の炭素税率がナッシュ均衡での炭素税率（式(15)）より高い場合には「切り下げ競争」が，逆に低い場合には「切り上げ競争」が生じ，最終的にナッシュ均衡炭素税率が達成されると考えられる．

　本章は，BTAにより各国に炭素税政策の厳格化を促せる（命題6）との興味深い結論を提示している．だがそれはあくまでも数値例分析の結果であるから，慎重な判断が必要でもある．まず第1に，この数値例を用いることがどの程度適切か，より詳しい説明が望まれる．特に企業数＝15，固定費用＝0との想定は，7.2節で見た炭素集約的産業の実態と整合的なのか．固定費用は寡占産業が成立するための前提ではあるが，モデル分析では重要な役割を果たしていない．したがって，これをゼロとした数値例を用いても差し支えないのかもしれない．だが企業数を15社としたのはどんな理由によるのだろうか．第2に，現在の数値例に強い経済学的根拠まではないとしても，他の数値例を使っても定性的に同様の結果が得られるのか，調べてみることが望ましい．数値例

分析では一般性のある結果が得られたのか不明瞭ではあるものの，現実的な多くの数値例で同様の結果が導かれるかは興味ある点である．第3に，FBTAとNBTAを比較する際，外部不経済が国境を越える程度μを変化させた結果を示しているが，他のパラメータ，例えば企業数を変化させて同様な分析ができないだろうか．もし企業数の違いによってFBTAとNBTAの優劣が変わるなら，市場集中度の異なる産業ではBTAの効果が異なるなど，新しい知見が得られるかもしれない．

今後の課題としては，少なくとも2つが考えられよう．第1に，自国と外国が非対称性を持つ均衡の分析に進むことが重要であろう．本章で各命題を導く際には，何らかの意味で対称性のある均衡に注目していた．だが，BTA問題では先進国が発展途上国に国内炭素税政策の厳格化を促せるかが焦点であるから，2国が異なる特性を持つモデル分析も重要であろう．第2に，本章では非協力的な政策ゲームのナッシュ均衡を検討したが，世界全体の経済厚生を最大化する協力解との比較も，興味ある課題である．協力解は，国際環境交渉が首尾よく合意に達した場合の炭素税率，温室効果ガス排出量，国内総余剰を与える．非協力的な政策ゲームのナッシュ均衡での政策とその帰結が，協力解での政策とその帰結に比べてどのように歪みうるかを解明することも重要であるように思われる．

参考文献

Brander, J. A. and Krugman, P. R. (1983) "A Reciprocal Dumping Model of International Trade," *Journal of International Economics*, Vol. 15, pp. 313-323.

第 III 部

「環境と貿易」問題としての温暖化対策と国際ルール

第8章 地球温暖化の国際枠組みの課題
―― グローバル経済,炭素リーケージ,国境調整措置

高村ゆかり

8.1 はじめに

　地球環境問題の中でも,地球温暖化問題は,生態系と人類の生存基盤である地球の気候系そのものを変化させてしまうとして,ここ20年ほどの間,国際政治の議題としても最も高い優先順位が与えられ,日本国内においても最も注目を集めてきた問題といってよい.

　これまで,国際社会は,1992年の国連気候変動枠組条約(UNFCCC)とそのもとで1997年の京都会議(COP3)で採択された京都議定書を基礎に,地球温暖化問題への国際枠組みを構築してきた.他方で,地球温暖化防止のための国際交渉においては,議定書の第1約束期間(2008年から2012年)の終了後,いかなる国際枠組みのもとで問題に対処すべきかが最も重要な議題となっている.2009年12月のコペンハーゲン会議(COP15)での次期国際枠組みの合意をめざして交渉が進められてきたが,コペンハーゲン会議では期待された水準の合意はできなかった.その1年後,2010年12月のカンクン会議(COP16)では,COPでカンクン合意が合意され,枠組条約のもとでの次期枠組みの形がおぼろげながら見えてきたようにも思える.しかし,米国の国内事情や次期枠組み合意の内容と法形式をめぐる国家間の意見の相違からは,最終的な包括的合意に至るにはまだなお時間がかかりそうである.

　本章では,まず,2013年以降の国際枠組み(次期枠組み)をめぐる交渉の経緯とその到達点を紹介する.そして,形成途上にある国際枠組みが直面する困難の背景とその中での国境調整措置の位置付けと機能・限界を検討してみたい.

8.2 次期枠組みをめぐる交渉の進展と直面する課題

8.2.1 2つのトラックのもとでの交渉

　次期国際枠組みをめぐる国際交渉は，京都議定書発効後の最初の会合であった2005年のモントリオール会議（COP11）以降本格化した．これまで，①京都議定書のもとでの附属書Ⅰ国（先進国と旧社会主義国）の2013年以降の約束に関する交渉と，米国も批准する②枠組条約のもとでの長期的協同行動に関する交渉，という2つのトラックで並行して交渉は進んできた．

　京都議定書3条9項は，第1約束期間終了の7年前（2005年末）までに附属書Ⅰ国の第1約束期間に続く約束期間の削減目標について交渉を開始することを定めている．2005年のモントリオール会議で始まった交渉は，京都議定書作業部会（AWG-KP）を軸に進んでいる．これまでの交渉では，先進国全体の削減目標も含め，具体的な数値目標はまだ合意されていない．京都メカニズム，森林など吸収源（LULUCF）が引き続き利用されることが確認され，先進国の次期約束期間の約束は，主として（principally），京都議定書で採用されているような，基準年を設定し，国ごとに排出量の上限値を設定する形式の数値削減目標（QELROs）の形態をとることに合意している．こうした方向で合意されることになれば，2013年以降についても国別数値目標が設定され，それは国内の削減及び森林等吸収源の吸収促進と，国際的に市場メカニズム（京都メカニズム）を通じて排出枠を購入することによって目標を達成する仕組みとなる．

　他方で，2005年のモントリオール会議で，米国も参加する枠組条約のもとで，2006年，2007年に4回のワークショップを行って地球温暖化に対処するための長期的協同行動への戦略的アプローチを分析する「対話」を行うことに合意した．この対話の後，2007年のバリ会議は，バリ行動計画に合意し，枠組条約のもとに米国も参加した長期的協同行動に関する作業部会（AWG-LCA）という新しい作業部会を設置し，2009年末のコペンハーゲン会議での合意をめざして，「対話」で同定された5つの制度要素（長期目標，排出削減策，適応策，資金供与，技術移転）を検討することとなった[1]．米国と途上国を含む全ての国の排出削減・抑制努力が検討の対象とされ，途上国での森林減

少を止める制度（REDD）も検討対象となっている．

8.2.2 コペンハーゲン会議

これら2つのトラックの交渉は，2009年12月のコペンハーゲン会議（COP15）で合意に至ることがめざされていた．コペンハーゲン会議は，110を超える首脳の参加を得たものの，その交渉は難航をきわめ，会議最終日の前日夜からCOP15議長ラスムセン・デンマーク首相のもとに，オバマ米大統領や新興経済国首脳を含む20数カ国・地域が集まり，コペンハーゲン合意が作成された．しかし，コペンハーゲン合意は，COP議長の提案としてCOPに提示されたものの，ベネズエラ，ボリビア，キューバ，スーダンなど数カ国がその作成の手続が透明性，公正さを欠くとして採択に反対，先進国，途上国の大多数の国は賛意を表明したもののCOPの合意として採択することはできなかった[2]．COPが採択できず「留意する」決定にとどまったことで，コペンハーゲン合意は，枠組条約の外側の合意であり，それだけでは締約国を拘束しない，それに同意する国のみを拘束する政治合意となった[3]．

COPが正式に採択できなかったとはいえ，その合意内容は，交渉史において画期的であった[4]．具体的な中長期の数値目標も文書の法形式についても合意されなかったが，何よりも，先進国の削減努力と途上国の削減努力が1つの文書に規定され，「約束する先進国」と「約束しない途上国」という従来の二分構造を超えた合意となった．それまでの交渉では，気候系の保護にはまず先進国が先導すべきであるとの先進国先導論に依拠して，途上国は削減の約束を

---

1) Decision 1/CP.13, Bali Action Plan, at 3 *et seq.*, U.N. Doc. FCCC/CP/2007/6/Add.1 (Mar. 14, 2008).
2) コペンハーゲン会議の経緯の詳細について，以下を参照．Emmanuel Guérin & Matthieu Wemaere, *The Copenhagen Accord: What Happened? Is It a Good Deal? Who Wins and Who Loses? What Is Next?* (IDDRI, Idées pour le débat n° 8, 2009); Benito Müller, *Copenhagen 2009: Failure or Final Wake-up Call for Our Leaders?* (Oxford Inst. for Energy Stud., EV49, 2010).
3) 同様の見解として，Jacob Werksman, "*Taking Note*" *of the Copenhagen Accord: What It Means*, WORLD RESOURCES INST. (Dec. 20, 2009), http://www.wri.org/stories/2009/12/taking-note-copenhagen-accord-what-it-means. 以下URLについてはすべて2012年2月27日に参照した．
4) コペンハーゲン合意の評価の詳細は，拙稿「コペンハーゲン後の温暖化交渉の課題」『エコノミスト』2010年1月19日号46頁以下所収，拙稿「コペンハーゲン会議の評価とその後の温暖化交渉の課題」『環境と公害』39巻4号46頁以下所収（2010）．

負わないと主張し続けてきた．特に途上国の削減努力が国際的な相互監視のもとに置かれることも定められ，ドグマティックな二分法を超えて，地球温暖化防止に向けてより効果的な削減を進める可能性を示した．

8.2.3 長期目標とその含意

気候変動枠組条約がその究極的な目的と定める「温室効果ガスの大気中濃度の安定化」には，安定化のタイミングや水準に関わらず，排出速度（年間の排出量）＝吸収速度（年間の吸収量）とすることが必要である．現在の世界の排出量に照らせば，現在の排出量よりも排出を優に50％は削減することが必要となる．予測される地球温暖化とその深刻な影響に照らせば，できるだけ低い水準での安定化が望ましい．

2009年のラクイラ・サミットにおいて，2008年の北海道洞爺湖サミットですでに合意された「2050年までに少なくとも50％削減」という目標が再確認された[5]．加えて，そのために，先進国が総体として2050年までに80％以上削減するという目標も確認された．後述するカンクン合意では，工業化以前に比べて全球平均気温上昇を2度未満に抑えるべきとの政策目標が確認された[6]．

表8-1は，気候変動に関する政府間パネル（IPCC）の第4次評価報告書

表8-1 「2050年50％削減」の意味あい

カテゴリー	二酸化炭素濃度（ppm）	二酸化炭素換算濃度（ppm）	工業化以前からの全球平均気温上昇（℃）	二酸化炭素排出量頭打ちのタイミング（年）	2050年の二酸化炭素排出量変化（2000年排出量比）
I	350-400	445-490	2.0-2.4	2000-2015	−85〜−50
II	400-440	490-535	2.4-2.8	2000-2020	−60〜−30
III	440-485	535-590	2.8-3.2	2010-2030	−30〜＋5
IV	485-570	590-710	3.2-4.0	2020-2060	＋10〜＋60
V	570-660	710-855	4.0-4.9	2050-2080	＋25〜＋85
VI	660-790	855-1,130	4.9-6.1	2060-2090	＋90〜＋140

出典：IPCC 第4次評価報告書（2007年）．

---

[5] G8 Leaders Declaration, *Responsible Leadership for a Sustainable Future*, ¶65（July 8, 2009），http://www.g8italia2009.it/static/G8_Allegato/G8_Declaration_08_07_09_final,0.pdf.

[6] Decision 1/CP.16, The Cancun Agreements: Outcome of the Work of the Ad Hoc Working Group on Long-term Cooperative Action under the Convention, ¶4, U.N. Doc. FCCC/CP/2010/7/Add.1（Mar. 15, 2011）．

（AR4）に所収された大気中濃度の安定化目標と2050年目標，排出量頭打ちのタイミング，予測される気温上昇の対応関係を示したものである．この表 8-1 によると，G8 首脳に政治的に合意された「2050年 50% 削減」といった長期目標は，カテゴリーIIに相当し，目標達成のためには，遅くとも2020年までには世界全体の排出量を頭打ちにする速度で大幅な削減を行うことが求められる．それでもなお，2.4-2.8℃の気温上昇は避けることができない．「工業化以前に比べて全球平均気温上昇を 2 度未満に抑える」という目標は，表 8-1 のカテゴリーIかそれよりも低い濃度での安定化の水準に相当し，即時にも世界の排出量を頭打ちにし，強力に削減を進める必要があることを示している．このように，長期目標の妥当性，実現可能性は，2020年頃にどのような排出経路を通るのか，それがいかにして可能かという議論なしには判断できない．

いずれにしてもこうした長期目標の達成は容易なものではない．国際エネルギー機関（IEA）の World Energy Outlook 2009 が描く成り行きシナリオとカテゴリーIに該当する 450 ppm の安定化シナリオと比較すると，2020 年には二酸化炭素換算で 3.8 ギガトンもの削減が必要とされ[7]，その規模の大きさは明らかである．

8.2.4 実効性と参加の課題

次期枠組みの第 1 の課題は，こうした長期目標を実現できるよういかにその「実効性」を高めるかという課題である．現行の京都議定書は，米国が 1990 年比 7% 削減目標を達成したとしても，先進国全体で 1990 年比 5.2% の削減を約束するにとどまる．京都議定書のもとで削減努力を継続していくとしても一層の削減努力が約束され，促進される制度でなければならない．

第 2 の課題は，「参加」の課題である．第 1 の課題「実効性」を高めるためには，世界第 2 の排出国で一人あたり排出量も多い米国をはじめ先進国の削減努力の強化が不可欠である．同時に，排出大国たる途上国について具体的な排出削減努力は国際的に担保されておらず，世界一の排出国となった中国をはじめ，途上国の排出量が世界の排出量に大きな割合を占めるようになり，今後も引き続き排出量が増加する見込みであることに照らして，排出量の多い主要排

---

7) INT'L ENERGY AGENCY, WORLD ENERGY OUTLOOK 2009 (2009).

出途上国における排出抑制もまた必須である.

　IPCC は，AR4 で，異なる安定化の水準によって排出削減量が附属書 I 国と非附属書 I 国にどのように配分されるかというモデル計算の結果を示している[8]．二酸化炭素換算で 450 ppm に安定化するシナリオでは，2020 年に先進国において想定される削減の水準として 25-40% が示される．そして，450 ppm 安定化目標を達成するには，附属書 I 国だけではなく，非附属書 I 国，とりわけ，ラテンアメリカ，中東，東アジアにおいて，成り行き排出量 (BaU) よりも相当に削減することが必要であることも示している．IEA の World Energy Outlook 2009 も，450 ppm 安定化シナリオ達成の場合に先進国は 2020 年に必要な削減量の 43%，途上国は 56%（うち主要経済国において 40%）が削減されるべきことを示唆している[9]．したがって，次期枠組み交渉の課題は，「気温上昇 2 度未満」といった長期目標の達成を可能とする中期的な削減目標の合意と，その達成を可能にする実効的な国際枠組みをいかに構築するかという点にある．

　途上国における削減の促進は，費用対効果の高い削減を行うという観点から国際枠組みの実効性を高めるのに貢献する．加えて，途上国，特に新興国の経済発展と急速な排出増により，先進国は，国内での経済アクターからの新興国との国際競争上の懸念に応えなければ，より野心的な地球温暖化対策について国内で合意を形成することができない状況にある．2020 年 25% 削減目標や国内排出量取引制度の検討の中で示される前提としての「全ての主要排出国が参加する公平かつ実効的な国際枠組み」の構築という日本政府の主張もこうした文脈で理解できる．それゆえ，途上国における削減の促進は，次期枠組み交渉において先進国が野心的な削減目標に同意できるかを決定付ける要件となっている．

　もちろん進行中の交渉でも，新興国を含む途上国の削減努力が先進国と同じものでなければならないとは考えられていない．一人あたり排出量からすれば新興国の排出量はまだなお小さく（中国は米国の 4 分の 1 程度，インドは 14

---

8) BERT METZ ET AL. EDS., CLIMATE CHANGE 2007: MITIGATION; CONTRIBUTION OF WORKING GROUP III TO THE FOURTH ASSESSMENT REPORT OF THE INTERGOVERNMENTAL PANEL ON CLIMATE CHANGE 776, Box 13.7 (2007).

9) INT'L ENERGY AGENCY, *supra* note 7.

分の1程度)¹⁰⁾，国内の経済格差の大きい新興国ではなお生活に必要なエネルギーにアクセスできない相当数の人口を抱えている¹¹⁾．それゆえ，次期枠組みは，目標設定の問題だけではなく途上国の削減努力を支援する資金供与や技術移転を国際的に促進する制度をいかに構築するのかという課題を伴っている．

8.3 次期枠組み交渉の到達点

8.3.1 カンクン合意の主要な合意項目とその評価

2010年11-12月に開催されたカンクン会議（COP16）で採択された「カンクン合意」は，次期枠組み交渉の到達点を示す合意である．カンクン合意は，気候変動枠組条約のCOPによって採択された決定1つと京都議定書の締約国会合（COP/MOP）によって採択された決定2つからなる¹²⁾が，ここでは，カンクン合意の主要部分を占める気候変動枠組条約のCOP決定を中心に紹介する．

カンクン合意では，まず，工業化以前からの全球平均気温上昇を2度未満に抑えるという目標が，締約国が対策をとる際の長期目標として確認された（para. 4）．

先進国の削減目標については，IPCCのAR4で勧告されている水準と合致した水準まで，先進国に対し削減目標の水準の引き上げを要請している（para. 37）．また，先進国は低炭素発展戦略・計画を策定すべきことが決定された（para. 45）．

途上国の排出削減策については，2020年の成り行き排出量と比して排出を抑制するという途上国全体の2020年目標が初めて言及された．そして，その

---

10) 「世界の二酸化炭素排出量に占める主要国の排出割合と各国の一人当たりの排出量の比較」全国地球温暖化防止活動推進センター（http://www.jccca.org/chart/chart03_02.html）．
11) INT'L ENERGY AGENCY, WORLD ENERGY OUTLOOK 2004 (2004).
12) Decision 1/CP.16, *supra* note 6; Decision 1/CMP.6, The Cancun Agreements: Outcome of the Work of the Ad Hoc Working Group on Further Commitments for Annex I Parties under the Kyoto Protocol at Its Fifteenth Session, U.N. Doc. FCCC/KP/CMP/2010/12/Add.1 (Mar. 15, 2011); Decision 2/CMP.6, The Cancun Agreements: Land Use, Land-use Change and Forestry, U.N. Doc. FCCC/KP/CMP/2010/12/Add.1 (Mar. 15, 2011).

目標をめざして,「その国に適切な排出削減行動（NAMA）」をとることに合意した（para. 48）．途上国が NAMA を実施するか，どのような対策を実施するかはその自主性に委ねられているが，実施の意思のある途上国は，事務局に NAMA に関する情報を提出する（para. 50）．自主的に提出された NAMA については，程度の多少はあれ国際的な報告と検証を受けることとなる．国際的に支援を受けた排出削減策は，国内でその効果を測定，報告，検証（MRV）され，さらに枠組条約のもとで策定される指針に従って国際的な MRV の対象となる．国際的支援を受けない排出削減策は枠組条約のもとで策定される一般指針に従って国内で検証される（para. 52）．このように検証された結果は，4 年に一度の国別報告書，2 年に一度の排出目録の更新を含む更新報告書を提出することにより，国際的に報告される（para. 60）．1994 年に枠組条約が発効して以来 15 年の間にほとんどの途上国は 1 回，せいぜい 2 回しか国別報告書を提出していない現状に比べると，具体的かつ制度的に途上国の削減努力が目に見えることとなる．そして，実施に関する補助機関（SBI）が 2 年ごとの報告書の国際的な協議と分析を行う．国内政策・措置の適切さはその協議の対象とはならないが，専門家による分析と意見交換を通じて削減策とその効果の透明性を促進し，最終的に要約報告書にまとめることとなった（para. 63）．持続可能な発展の文脈で低炭素発展戦略・計画を途上国が策定するのも奨励されている（para. 65）．

こうした排出削減策や地球温暖化による悪影響への適応策について途上国を支援するための資金支援，技術支援の制度的取り決めも合意された[13]．

このように，カンクン合意は，コペンハーゲン合意を基礎に，先進国だけではなく途上国も削減努力を行うことを国際的に確認したことによって，これまでの枠組みからの大きなパラダイムの転換を正式に画した．途上国全体の 2020 年目標も示され，すでに新興国を含む多数の途上国がその目標を提出している．途上国が対策をとるかどうか，どのような対策をとるかについては，途上国の自主的決定に委ねているが，提出された対策については，透明性の確保とアカウンタビリティ（説明責任）の強化によってその履行を促進するもの

---

13) 詳細は拙稿「ポスト京都交渉の行方」『Business & Economic Review』21 巻 7 号 15 頁以下所収（2011）．

である．こうした国際的約束の履行監視の手法は，国際人権条約で広く用いられている履行確保手法を想起させる．

8.3.2 残された課題

途上国の排出削減策とその検証の仕組みの大枠が決まった一方で，先進国の排出削減目標についてほとんど合意は進んでいない．京都議定書のもとで目標を設定するのかを含め，どのような形式で目標が定められるべきか意見が対立したままである．コペンハーゲン合意では，京都議定書交渉時のように，国際交渉により各国の削減目標を決める方式ではなく，各国が自発的に誓約し，その実施を約束する，いわゆる「誓約と審査（pledge and review）」方式をとるものといえる．これは米国が 2009 年 6 月に提出した実施協定案[14]にそうものであり，米国が国際条約を批准するには上院の 3 分の 2 の多数決による「助言と承認」が必要なため，議会の現勢では，議会が可決する国内法を超える目標を国際的に約束することは困難との見通しのもとで，米国の現政権にとってはどうしても譲れない事項であった．

しかし，こうした自発的誓約に基づく方式が，全体として地球温暖化防止の究極的な目的の達成に科学が求める水準の削減を担保しうるかは不透明である．欧州のシンクタンク Climate Analytics と Ecofys による試算では，2009 年 12 月 15 日までに表明された先進国，途上国の目標を積み重ねると，2100 年までに工業化以前より 3.5 度の気温上昇，約 700 ppmv の二酸化炭素濃度に達する[15]．Nature に発表された Rogeli らの計算では 50％ を超える確率で 2100 年に 3 度を超える気温上昇を引き起こす水準であるとする[16]．このことは，カンクン合意で確認された「工業化以前に比べて気温上昇を 2 度未満に抑える」といった目標の水準と整合性を欠いていることを意味する．自発的誓約に基づく場合，自国がその時点で容易に達成可能な水準の目標の誓約となり，他国との

---

14) Draft Implementing Agreement under the Convention Prepared by the Government of the United States of America for Adoption at the Fifteenth Session of the Conference of the Parties, U.N. Doc. FCCC/CP/2009/7 (June 6, 2009) [hereinafter Draft Implementing Agreement].

15) Niklas Höhne et al., Copenhagen Climate Deal ― How to Close the Gap (Dec. 15, 2009) (Climate Analytics & Ecofys, Briefing paper).

16) Joeri Rogelj et al., *Copenhagen Accord Pledges Are Paltry*, 464 NATURE 1126 (2010), *available at* http://www.nature.com/nature/journal/v464/n7292/pdf/4641126a.pdf.

衡平性，国際競争への懸念を感じる国は，相手国との均衡を考えてより低い水準の誓約となりがちである．実際に，コペンハーゲン合意のもとで，カナダは，AWG-KP で提出していた 2020 年目標よりも目標を引き下げ，米国と同じ水準の誓約を提出した[17]．この自発的誓約の方式で，日本を含め米国以外の先進国が懸念していたバリ行動計画の定める「先進国間の削減努力の同等性（comparability）」が確保されるかも不透明である．

8.4 変容を迫られる国際枠組みとその要因

8.4.1 新興国の台頭と国際社会における政治力学の変化

　このように，地球温暖化の次期枠組みは，枠組条約と京都議定書を中心とした現行の枠組みからそのパラダイムを大きく転換しつつあるが，全ての国に適用される次期枠組みに国家が合意し，その枠組みが始動するにはなお時間がかかりそうである．1 つの理由は，米国の国内事情がある．2012 年の大統領選挙が終わるまで，次期枠組みの合意といった大統領選挙に争点を加えるような大きな政策決定を現政権ができる可能性は小さい．大統領選挙の結果が米国のその後の交渉上の立ち位置を大きく規定するのはいうまでもないが，さらに，現在の両党均衡した上院において，民主党が大きく議席を伸ばさなければ，米国が新たな国際条約を批准するに必要な上院の「助言と承認」を得ることができる 3 分の 2 の多数を得ることはできず，仮に次期枠組み合意が採択されたとしても，米国が早々に合意を正式に批准できる可能性は小さい[18]．米国の枠組みへの正式の参加が得られない中で，他の先進国，新興国の野心的な約束を得るのは容易ではない．

　Young はその著書において，環境資源レジームの変化を実証的に分析し，

---

17) Letter from Michael Martin, Chief Negotiator and Ambassador for Climate Change, Government of Canada, to Yvo de Boer, Executive Secretary, U.N. Framework on Convention on Climate Change（Jan. 29, 2010），http://unfccc.int/files/meetings/cop_15/copenhagen_accord/application/pdf/canadacphaccord_app1.pdf.

18) 米国は，COP15 の前に「実施協定案」を提出している．枠組条約の「実施協定」という形式をとることで，上院の助言と承認を経ることなく締結する国際協定とする余地を残すことを念頭に置いたものではないかとも考えられる．Draft Implementing Agreement, *supra* note 14.

環境資源レジームの変成（transformation）を規定する要因を，内生的要因と外生的要因の2つに区別して論じている[19]が，現在の地球温暖化の枠組みの変成は，Young がいうところの外生的要因によるところが大きい．

中でも，近年の枠組みの変成に影響を与え，そして，本書で取り扱っている国境調整措置に関わるのは，中国をはじめとする新興国という新たなアクターの急速な経済発展とそれに伴う政治的台頭である．例えば，中国は，1990年から2004年の間に年平均10%の経済成長率を記録し，2010年には，中国のGDPは，日本を抜き，米国に次ぐ世界第2の規模を持つようになった．こうした急速な経済発展は，貿易と投資のグローバルな自由化を背景に，先進国への相対的に安価な財の供給，輸出の拡大に依存したものである．新興国は，財の世界的な生産供給拠点となるとともに，エネルギーと資源の消費地となり，それにより環境負荷を生み出す源ともなった．中国の二酸化炭素排出量は，1990年代に緩やかに増加し，2000年以降急速に増加した．2006年には，米国の二酸化炭素排出量を超え，世界最大の排出国となっている[20]．

こうした新興国の経済発展は，同時に，その政治的台頭をもたらすことになった．金融分野ではすでに政策決定に決定的な影響力を有するアクターとして米国と中国が「G2」と呼ばれる[21]が，地球温暖化交渉においても，2009年末のコペンハーゲン会議（COP15）の交渉は，米国と並んで中国が圧倒的な決定力を持っていることを明確に示すものであった[22]．それゆえ最近は米中を「G2」と呼ぶ研究者も少なくない[23]．

他方で，新興国の台頭は，途上国間の発展の格差を拡大し，次期枠組み交渉において途上国間の意見の相違を生み出している．新興国は，途上国グループ

---

19) Oran R. Young, Institutional Dynamics: Emergent Patterns in International Environmental Governance (2010).
20) 1990年以降の国別排出量変化について，*Earth Trends and Climate Analysis Indicators Tool (CAIT) Version 9.0*, World Resources Inst., http://cait.wri.org/．2008年の世界の二酸化炭素排出量（国別排出割合）について，「世界の二酸化炭素排出量―国別排出割合」全国地球温暖化防止活動推進センター（http://www.jccca.org/chart/chart03_01.html）．
21) Geoffrey Garrett, *G2 in G20: China, the United States and the World after the Global Financial Crisis*, 1 Global Pol'y 29 (2010).
22) 拙稿『環境と公害』前掲（注4）．
23) 例えば，Robert Falkner, Hannes Stephan & John Vogler, *International Climate Policy after Copenhagen: Towards a 'Building Blocks' Approach*, 1 Global Pol'y 252 (2010).

の一員という立場を維持しつつ，国際合意が自らの発展を制約しないことを最大の命題に置いて交渉に臨んでいる．しかしながら，地球温暖化の影響に最も脆弱な後発途上国や島嶼途上国は，新興国の排出増に照らして，新興国に対して削減努力を強化することを強く求めるようになっている．2009年6月に島嶼国ツバルから出された議定書案は，先進国は京都議定書のもとで引き続き削減目標を約束し，京都議定書を批准していない先進国（＝米国）と途上国はこの新たな議定書のもとで削減目標や削減行動を実施することを約束するというものである[24]．従来であれば，グループとして1つの意見をまとめることで先進国グループに対する発言力を高めて交渉に臨んでいた途上国グループが，途上国間の立場の違いが大きくなり，1つに意見をまとめて交渉に臨むことができなくなっている．このことは，交渉において合意に実質的に関与する国家（アクター）の数を増やすことになり，国家間の合意形成をこれまで以上に難しくしている．途上国の中の数カ国が強力に異議を唱えることで，正式に締約国会議が決定できず「留意」するにとどまったコペンハーゲン合意をめぐる経過は，新興国の台頭を背景にしたこうした国際政治力学の変化を反映したものといえる．

8.4.2 排出削減義務の配分の論理再考の動き

こうした国際的な政治力学の変化は，現行の枠組みのもとでの排出削減負担配分の論理の見直しを迫る動きにもつながっている．これまでの地球温暖化に対処する2つの国際条約，気候変動枠組条約と京都議定書は，原則として，温室効果ガスの排出源に管轄権を有する国家が，その排出の削減に責任を負うという考え方に基づいている．これは，国家主権に基づいて，国家はその領域内で行われるあらゆる活動に対して規制と履行強制の権限を有するという従来の国際法の原則にかなうものである．その上で，条約の実施を指導する原則の1つとして，枠組条約3条1項は，「締約国は，衡平の原則に基づき，かつ，それぞれ共通に有しているが差異のある責任及び各国の能力に従い，人類の現在及び将来の世代のために気候系を保護すべきである．したがって，先進締約国

---

24) Draft Protocol to the Convention Presented by the Government of Tuvalu under Article 17 of the Convention, U.N. Doc. FCCC/CP/2009/4 (June 5, 2009).

は，率先して気候変動及びその悪影響に対処すべきである」と定め，気候系の保護に関する先進国先導の原則を定めた．これが「先進国と途上国の間の責任の差異化」の根拠となった．

　新興国の台頭を背景に，先進国は，枠組条約3条1項の定める，気候系保護のための責任配分の原則としての共通に有しているが差異のある責任（CBDR）の存在は認めつつも，「先進国と途上国の間の責任の差異」を強調してきた従来のCBDRの援用から，まずは，責任の共通性を確認した上で，各国の問題への寄与度と問題対処能力に応じて責任を配分すべきであると主張する．こうした主張は，先進国並みに急速に排出を増加させ，経済力をつけてきた新興国にも応分の削減負担を求める意図を持っている．それに対して，新興国からは，「歴史的排出量」に依拠した責任配分（ブラジル提案）など，先進国と新興国の差異を正当化し，強調する提案がなされている[25]．中国は，ここ数年の排出増で，国の歴史的排出量でも米国に次ぐ世界2位の排出国になったことから，2009年頃からは「一人あたり累積排出量」に基づく責任配分を主張する．

8.4.3 経済のグローバル化と排出削減負担の配分

　発生源（排出源）に管轄権を有することを基礎に国家に排出削減の負担を配分するこれまでの論理は，グローバル化する経済の中で，さらに別の角度から問い直しを受けている．新興国の経済発展は，資源投入，輸出依存型であり，先進国向けの財の生産，供給源となることで新興国は経済発展を遂げてきた．近年の研究は，こうした発展の構造により，新興国の排出量の相当部分を，新興国で生産されるが先進国で消費される財の生産に由来する排出量が占めることを示している．例えば，Peters and Hertwichの研究では，2001年時点で中国の二酸化炭素排出量の24.4%は国外に輸出される財の生産から生じる排出量で，中国が他国から財を輸入することで他国において排出される排出量6.6%を差し引いても，17.8%分は他国で消費される財に由来する排出量を中国の排出量として勘定していることになる[26]．下田他の研究でも2000年時点の中国

---

[25] 『地球温暖化交渉の行方―京都議定書第1約束期間後の国際制度設計を展望して』第3部第2章（4）（高村ゆかり・亀山康子編著, 2005).

の二酸化炭素排出量の約 23.4% が海外需要によるものとされ,他方で,財の消費地点で排出量を勘定すれば,二酸化炭素発生地点で排出量を勘定するよりも日本は 15.7%,米国は 7.3% 上乗せされるとされる[27]. 渡邉他の論文では,中国,東南アジア諸国について,こうした生産から生じる経済的利益の多くが米国をはじめ先進国に流出しており,これら生産拠点に帰着するものが少ないことを示している[28].

　財のサプライチェーンが多国籍化し,資本が国境を超えて活動を行うグローバル化した経済のもとで,いかなる排出量削減の責任の論理でその責任の配分,帰属を決定するのかという問題を投げかける.これまでのところ,財の消費地点でその財の生産から排出される温室効果ガスを勘定し,それを基に削減努力を国家間で配分するという提案は,その排出量試算の技術的困難さ,排出量の帰属確定の難しさから公式の交渉での提案とはなっていない.しかし,途上国の排出量の相当部分が先進国での消費に由来する排出量であるという現実だけを見ても,地理的に排出が生じる国に専ら排出削減の責任がある(=排出削減の費用を負担させる)という論理だけでは,衡平な削減負担配分の根拠とはなりえず,先進国の排出量を肩代わりしている途上国の合意を得ることは難しいだろう.実際,中国などからは消費者(国)がその消費する財の生産に伴う排出量に責任を持つべきとの主張も聞かれる[29].こうしたグローバル化した経済の中でどのような排出削減負担の公正かつ衡平な配分の論理を立てるのか,効果的な国際的排出削減方策は何かが課題となる.

---

26) Glen P. Peters & Edgar G. Hertwich, *CO_2 Embodied in International Trade with Implications for Global Climate Policy*, 42 ENVTL. SCI. & TECH. 1401 (2008).
27) 下田充・渡邉隆俊・叶作義・藤川清史「東アジアの環境負荷の相互依存」『東アジアの経済発展と環境政策』40 頁以下所収(森晶寿編著,2010).
28) 渡邉隆俊・下田充・藤川清史「東アジアの国際分業構造―付加価値の究極の配分―」『東アジアの経済発展と環境政策』前掲(注 27) 21 頁以下所収.
29) *Who Should Pay for Embedded Carbon?*, BRIDGES REV., Feb.-Mar. 2009, at 19.

8.5 次期枠組み形成と国境調整措置

8.5.1 「規制の普及」「政策の普及」の戦略

　自らの経済発展を国際的に制約されたくない新興国の政治力が高まり，環境問題の実効的解決のためにも新興国が規律に同意することが国際的規律の合意に不可欠であるとすると，合意可能な規律の水準は相対的に低いものとならざるをえない．貿易と投資の自由化の中で競争に置かれ，フリーライダーのおそれがあればなおさら，事業者はコストとなる環境規制はできるだけ低いほうが望ましいと考える．国家もまた厳しい環境規制は国内の経済活動をより規制の緩い第三国に流出させてしまう懸念を持ち，他国よりも厳しい環境規制の導入には消極的である．

　こうした"Race to the bottom"を回避して，野心的な環境規制を国家間で合意するのが困難な状況において，環境規制の水準を高めていくために，国際的に統一の規制を定立する代わりに，主導する国が厳しい環境規制を導入し，その規制や政策を第三国に普及させる「政策の普及（policy diffusion）」「規制の普及（regulatory diffusion）」の手法・戦略が近年とられている．主導国が導入した厳しい規制を遵守しなければ，当該国の市場にアクセスできないとすることで，事実上第三国の事業者の生産方法や産品に厳しい規制を遵守させるものである．もともと米国のカリフォルニア州が高い環境規制を導入したが，それが他の州への生産拠点の移転を生じさせず，むしろ連邦の環境規制となった「カリフォルニア効果」とも呼ばれた現象である[30]．

　国際的には，2000年代に入ってから，廃車指令（2000年）[31]，電気電子機器における危険物質使用禁止指令（RoHS指令）（2003年）[32]などEUが漸進的に導入した製品における重金属使用規制に同様の手法が見られる．日本をはじめ

---

[30] DAVID VOGEL, TRADING UP: CONSUMER AND ENVIRONMENTAL REGULATION IN A GLOBAL ECONOMY (1995).

[31] Directive 2000/53/EC, of the European Parliament and of the Council of 18 September 2000 on End-of Life Vehicles, 2000 O.J. (L 269) 34.

[32] Directive 2002/95/EC, of the European Parliament and of the Council of 27 January 2003 on the Restriction of the Use of Certain Hazardous Substances in Electrical and Electronic Equipment [RoHS], 2003 O.J. (L 379) 19.

多くの国の事業者が，約5億人を抱えるEU市場へのアクセスが失われるのを危惧して，自国でかかる規制が導入されていなくても自発的にEU規制に従った製品生産に切り替えた．地球温暖化関連分野においても電気電子機器の省エネ基準について同様の手法がとられている[33]．

さらに，EUは，2013年以降のEUの排出枠取引制度の中で，カーボン・リーケージが生じる場合のエネルギー集約産業を支援する措置の1つとして，①無償での排出枠割当，②産業部門に関する国際的合意（例えば鉄鋼部門での統一の炭素集約度目標などの合意）の締結と並んで，③リーケージの著しい危険にさらされている産業部門の製品の輸入者を排出枠取引制度の中に組み込む措置をとる可能性を予定している[34]．それに先駆けて，2012年1月1日からは，EU域内の空港に発着する，全ての航空事業者に対して，歴史的排出量をもとに排出枠を割り当て，EUの排出枠取引制度のもとに組み込む予定である[35]．EU域外の第三国の事業者についても，当該第三国と協議の後，適用が除外される可能性はあるものの，原則として適用される．こうした国境調整措置は，域内の排出枠取引制度を利用して，域内の事業者と域外第三国の事業者との競争条件を取引制度の導入によって歪めることを回避することにより，取引制度導入の政治的受容性を高めることをめざし，他方で，適切な排出削減策がとれない外国産品の輸入については排出枠を提出させることで，域外にEU水準の排出削減策をとらせようとする「規制の普及」の手法の1つといってよい．

Vogelは，こうした"Race to the top" "Race to strictness"[36]という形での

---

33) その他の事例の分析など，Kristine Kern, Helge Jörgens & Martin Jänicke, *The Diffusion of Environmental Policy Innovations: A Contribution to the Globalisation of Environmental Policy*（Wissenschaftszentrum Berlin für Sozialforschung, Discussion Paper FS II 01-302, 2001）を参照．

34) Article 10b of Directive 2009/29/EC, of the European Parliament and of the Council of 23 April 2009 Amending Directive 2003/87/EC so as to Improve and Extend the Greenhouse Gas Emission Allowance Trading Scheme of the Community, 2009 O.J. (L 140) 63, 75. 米国でも，成立の見通しは当面ないものの，議会に提出された連邦大の排出量取引制度の導入法案において同様の措置が盛り込まれていた．本書第9章を参照．

35) Directive 2008/101/EC, of the European Parliament and of the Council of 19 November 2008 Amending Directive 2003/87/EC so as to Include Aviation Activities in the Scheme for Greenhouse Gas Emission Allowance Trading within the Community, 2009 O.J. (L 8) 3.

36) Peter P. Swire, *The Race to Laxity and the Race to Undesirability: Explaining Failure in Competition among Jurisdictions in Environmental Law*, 14 YALE L. & POL'Y REV. 67, 81 (1996).

「規制の普及」が起こる基本的要因として，①当該市場の規模と②当該国国内におけるより厳しい規制を導入することへの支持を挙げる[37]．Vogel のこの研究によれば，こうした EU の戦略が効果を発揮するか否かは，EU 市場の魅力と他国よりも厳しい水準の規制に関する EU 域内の政治的受容性いかんである．したがって，「規制の普及」の成否は，まずは新興国の市場がいかに発展し，EU 市場の相対的位置がどうなるか，そして，いかに EU 域内の政治的受容性を維持し続けることができるかによることとなる．政治的受容性という観点からは，いかなる水準の国際合意が形成され，他国がどのような応分な削減義務を担っているかも政治的受容性を左右する要因の1つとなる．より実効的な削減努力を他の主要国から引き出せる次期枠組みに関する国際合意が成立すれば，より厳しい規制への政治的受容性も高まる．「規制の普及」戦略と次期枠組みはこうした形で相互に影響し合う．

8.5.2 次期枠組みと国境調整措置

こうした国境調整措置は，次期枠組み交渉においては，排出削減策による経済的，社会的影響への対処に関する議題のもとで取り扱われ，その是非が争点の1つとなっている[38]．途上国は，すでにコペンハーゲン会議前より，先進国によりとられる一方的な貿易制限措置は，枠組条約3条5項に反し，かかる一方的措置を明示的に禁止する合意を次期枠組みに盛り込むべきであると主張する[39]．枠組条約3条5項は，GATT 20 条の柱書の文言に準じ，協力的かつ開

---

[37] VOGEL, *supra* note 30, at 268.

[38] Enhanced Action on Mitigation: Economic and Social Consequences of Response Measures, Note by the Facilitator: Summary of Issues Presented at the Informal Consultations, *in* Ad Hoc Working Group on Long-term Cooperative Action under the Convention, 14th Sess., 2nd Part, Bonn, June 7-17, 2011, Work of the AWG-LCA Contact Group at AWG-LCA 14.2, June 7-17, 2011, at 25, http://unfccc.int/files/meetings/ad_hoc_working_groups/lca/application/pdf/facilitators_notes_for_web.pdf.

[39] 例えば，直近の中国，インド，産油国などからの意見として，Submission by India, Argentina, China, Iran, the Arab Group (Algeria, Bahrain, Comoros, Djibouti, Egypt, Iraq, Jordan, Kuwait, Lebanon, Libya, Mauritania, Morocco, Oman, Qatar, Saudi Arabia, Somalia, Sudan, Syria, Tunisia, United Arab Emirates, Yemen and Palestine) and Member States of the Organization of the Petroleum Exporting Countries (Algeria, Angola, Ecuador, Iran (Islamic Republic of), Iraq, Kuwait, Libya, Nigeria, Qatar, Saudi Arabia, United Arab Emirates and Venezuela (Bolivarian Republic of)) on the Economic and Social Consequences of Response Measures, 2-3, U.N. Doc. FCCC/AWGLCA/2011/CRP.29 (Oct. 5, 2011) を参照．

放的な国際経済体制の確立に向けて締約国が協力すべきであるとしつつ,「気候変動に対処するためにとられる措置（一方的なものを含む。）は，国際貿易における恣意的若しくは不当な差別の手段又は偽装した制限となるべきではない」と定める．

こうした国境調整措置の WTO 協定適合性については，本書第9章で論じられるが，本章では，これらの国境調整措置の WTO 協定適合性が争われる場合，最終的に問題となるであろう GATT 20 条の一般的例外，とりわけ 20 条柱書について，次期枠組みとの関係で問題となろう点に限って指摘したい[40]．上記のように，枠組条約3条5項は，GATT 20 条柱書とほぼ同じ文言を用いており，枠組条約3条5項の解釈にも影響を与える可能性がないとはいえない．

地球温暖化の文脈でとられる国境調整措置の WTO 協定適合性が問題となる場合，GATT 20 条（b）及び/または（g）の措置に該当すれば WTO 協定適合性が認められる可能性がある．従来，環境保護目的でとられる措置が GATT 20 条に該当するか否かが争われる場合，最も主要な争点となってきたのは 20 条柱書である．米国・エビ輸入制限事件上級委員会報告（1998 年）は，柱書は，法の一般原則でもあり国際法の一般原則でもある誠実則の表現でもあり，権利の濫用を禁止し，権利は，誠実に，すなわち合理的に行使されなければならないとした[41]．また，ブラジル・再生タイヤ輸入制限事件上級委員会報告（2007 年）は，GATT 20 条柱書の主要な問題は，GATT 20 条が定める目的に照らして，差別が正当な根拠を有するかどうか，提示される理由付けが差別を正当化しうるかどうか，という点にあるとした[42]．そのより具体的な判断

---

40) その他の論点を含め，国境調整措置の WTO 協定適合性の問題を検討したものとして以下を参照．環境省国内排出量取引制度の法的課題に関する検討会『国内排出量取引制度の法的課題について（第二次中間報告）』(2010) (http://www.env.go.jp/earth/ondanka/det/other_actions/ir_100113.pdf) 及び財務省『環境と税政策に関する研究会（議論の整理）』(2010) (http://www.mof.go.jp/about_mof/councils/enviroment_customs/report/ka220621s_2.pdf). UNEP & ADAM, CLIMATE AND TRADE POLICIES IN A POST-2012 WORLD (2009); Paul-Erik Veel, *Carbon Tariffs and the WTO: An Evaluation of Feasible Policies*, 12 J. INT'L ECON. L. 749 (2009); Joost Pauwelyn, *U.S. Federal Climate Policy and Competitiveness Concerns: The Limits and Options of International Trade Law* (Nicholas Inst. for Envtl. Pol'y Solutions, Duke Univ., Working Paper NI WP 07-02, 2007).

41) Appellate Body Report, *United States — Import Prohibition of Certain Shrimp and Shrimp Products*, ¶158, WT/DS58/AB/R (Oct. 12, 1998).

42) Appellate Body Report, *Brazil — Measures Affecting Imports of Retreaded Tyres*, ¶225, WT/DS332/AB/R (Dec. 3, 2007).

基準は，米国・エビ輸入制限事件上級委員会報告をはじめとする先例でいくつか示されている．

まず，20条柱書との関係で問題となるのは，輸出国の条件に照らして問題の措置の適切さが考慮されているかどうか，輸出国での条件に照らした適切さを検討することなく，自国の措置と本質的に同一の措置を採用するという，単一に厳格な条件を課していないか，ということである[43]．米国・エビ輸入制限事件上級委員会報告は，「差別待遇は，同じ条件のもとにある国が異なるように取り扱われる場合だけではなく，問題の措置の適用が，これらの輸出国における条件に照らして規制計画が適切かという検討を考慮に入れていない場合にも生じる」（傍点は筆者）とした[44]．他方で，米国・エビ輸入制限事件実施審査上級委員会報告（2001年）では，自国の措置と効果において同等な措置について，措置適用に十分な柔軟性を認めているので，「任意の若しくは正当と認められない差別」ではない，とした[45]．

また，一方的な国境調整措置以外の方法で正当な政策目標を担保する代替的な措置が合理的に可能であればその行動がとられなければならない[46]．WTO設立協定，貿易と環境に関する閣僚会議決定，アジェンダ21，リオ宣言（とりわけ原則12），生物多様性条約などの文書が，環境保護と持続可能な開発の達成のために多国間での調和された，協力的な努力の必要性を承認しているにも関わらず，米国は，他の加盟国からのエビの輸入禁止を実施する前に，ウミガメを保護する国際協定の締結の交渉に，その他の加盟国を参加させることができず，輸入禁止措置の実施前に，米国がその他の諸国と同様の協定を交渉する真摯な努力を行ったことを示していないことは，差別的であり正当と認められないとした[47]．さらに，措置の公表や事前通告などを含め，措置の実施における基本的な公平性とデュープロセスが尊重されているか[48]も判断の指標となる．

---

43) 法解釈の前提の問題として，当該外国産品の生産に伴う排出量を適切に計算できるか，輸入国の条件を考慮して伴わせるべき排出枠の算定が適切に行えるかという技術的課題がある．
44) *US — Shrimp*（AB），*supra* note 41，¶165.
45) Appellate Body Report, *United States — Import Prohibition of Certain Shrimp and Shrimp Products, Recourse to Article 21.5 of the DSU by Malaysia*, ¶136, WT/DS58/AB/RW（Oct. 22, 2001）．
46) *US — Shrimp*（AB），*supra* note 41，¶171.
47) *Id.* ¶¶166-175.

こうした先例を踏まえると，地球温暖化の文脈でとられる国境調整措置が20条柱書に適合するか否かの判断において，措置をとる国が，途上国のそれぞれの条件や国際的義務に照らして，その措置の適切さを十分考慮したかが重要な判断基準となるだろう．特に，地球温暖化問題に関する普遍的な多国間合意である気候変動枠組条約は，その3条1項で，「締約国は，衡平の原則に基づき，かつ，それぞれ共通に有しているが差異のある責任及び各国の能力に従い，人類の現在及び将来の世代のために気候系を保護すべきである．したがって，先進締約国は，率先して気候変動及びその悪影響に対処すべきである」とし，続く3条2項が，「開発途上締約国（特に気候変動の悪影響を著しく受けやすいもの）及びこの条約によって過重又は異常な負担を負うこととなる締約国（特に開発途上締約国）の個別のニーズ及び特別な事情について十分な考慮が払われるべきである」として，先進国と途上国の間の能力と責任の差異を承認し，気候変動とその悪影響への対処について途上国のニーズと事情について先進国とは異なる特別な考慮を求めている．後述するように，この間WTOの紛争解決機関は，条約の解釈にあたり，「当事国の間の関係において適用される国際法の関連規則」を考慮するとの条約法条約31条3(c)に依拠しており，20条柱書の適合性の判断にあたり，こうした枠組条約が要請する途上国のニーズや特別の事情への十分な考慮がなされたかが検討される可能性は高い．

次期枠組みとの関連では，とりわけ，米国・エビ輸入制限事件で上級委員会が指向したような多国間アプローチをとる場合，多国間の国際協定が締結された際には，国際協定で約束した義務を果たす国に対して一方的にとられる国境調整措置についてWTO協定適合性が認められる余地は小さいように考えられる．また，現在，国際協定はないものの，前述のカンクン合意（気候変動枠組条約の締約国会議（COP）決定）で，途上国は自主的にその国に適切な排

---

48) 米国エビ輸入制限事件上級委員会報告は，輸出国の参加なしに一方的に措置が採られたこと，段階的に導入する期間や技術移転努力の水準についても国家間に差別待遇が生じていること等の累積的結果を考慮し，待遇の違いを，正当と認められない差別待遇とした．*US — Shrimp* (AB), *supra* note 41, ¶¶ 172-176. EC・アスベスト事件パネル報告では，「偽装された貿易制限」に当たるかどうかについて，措置が公表されているか，事前に通告されているか，その設計と仕組みから判断して本来の意図が貿易制限にないか，をその判断の指標にした．Panel Report, *European Communities — Measures Affecting Asbestos and Asbestos-containing Products*, ¶¶ 8.233-8.240, WT/DS135/R (Sep. 18, 2000).

出削減行動（NAMA）を選択し，登録し，行動をとることが確認されている．法的合意ではないものの，COP決定に基づいて，途上国が対策をとっている場合，なおその対策が不十分だとして国境調整措置を適用できるのか，いかなる国境調整措置であれば，多国間合意が存在する中でもGATT 20条の要件を満たす適切な措置と判断されるかが問題となろう．

　こうしたGATT 20条柱書の解釈にあたって，WTO紛争解決機関は，条約の解釈にあたり文脈とともに「当事国の間の関係において適用される国際法の関連規則」を考慮するとの条約法条約31条3 (c) に依拠している．そして，多国間協力への努力の必要性の理由付けに，WTO協定のみならず，アジェンダ21，リオ宣言（とりわけ原則12）といった国際法の規則を表したものでないものや，米国が批准していない生物多様性条約を援用した．国境調整措置のWTO協定適合性が争われ，紛争解決機関にかかった場合に，枠組条約や次期枠組み合意の規定，あるいはそのもとでのCOPによる合意がWTO紛争解決機関により援用されるのかどうか，されるとすればどこまでその援用が認められるのか，という問題を提起している．それに関連して，米国・エビ輸入制限事件の実施審査小委員会報告（2001年）は，その結論で，国際協定締結に向けた協力を米国とマレーシアに要請する中で，WTO協定には規定のない「共通に有しているが差異のある責任」を考慮することをすでに謳っている[49]ことに留意が必要である．

8.6　おわりに

　コペンハーゲン会議は，地球温暖化問題が首脳レベルの討議と決定が求められる外交のトップアジェンダとなったことを示し，同時にそれでもなお問題の解決を可能にする合意に達することの難しさも示した．その背景には，中国など新興国の台頭に伴う国際的政治力学の変化と経済のグローバル化があり，現行の枠組みはそうした外生的要因によって変容を迫られている．

　そうした背景のもと，全ての国に適用される新たな法的文書に関する多国間

---

49)　Panel Report, *United States — Import Prohibition of Certain Shrimp and Shrimp Products, Recourse to Article 21.5 by Malaysia*, ¶7.2, WT/DS58/RW（June 15, 2001）.

合意を早々に得ることが難しい中で，EUは，市場を利用した「政策の普及」「規制の普及」戦略をとり，政策と規制のユーロスタンダードを域外に波及させ，環境規制という点でEU市場と同質の市場を創り出しつつ，環境規制の水準を高める戦略をとっている．国境調整措置も，一定の条件を満たさなければEU市場へのアクセスを認めないという意味でこの「政策の普及」「規制の普及」戦略の一例ということができる．

他方で，排出量取引制度のもとでの国境調整措置は，実際に発動しWTO協定適合性が争われた時に，措置の協定適合性が認められるのは容易ではない．とりわけ，多国間の国際合意がなされた時に，また場合によってはCOP決定による法的拘束力のない合意であっても，多国間の合意を実施する国に対して一方的にその努力を評価し，国境措置をとることは認められがたい．それゆえ，国境調整措置の機能は，多国間合意ができるまでにとられる移行的なもの，あるいは，こうした措置を予定することで地球温暖化対策に消極的なフリーライダーを抑止することに主眼があるものと位置付けられる．現在，国境調整措置が効果的な手段として姿を現すのはそうした文脈においてであるが，こうした形で，国境調整措置の機能と有効性，そしてそのWTO協定適合性は，地球温暖化防止の多国間合意の形成とその実施に不可分に関連しているということができる．

追　記

　本章は，2011年11-12月に南アフリカ・ダーバンで開催されたダーバン会議（COP17，COP/MOP7）開催前に脱稿したもので，その決定を反映したものではない．COP17が採択したダーバン・プラットフォーム決定によって，2020年から全ての国が参加する新たな法的枠組みに移行する道筋がついたが，2020年までは，――京都議定書第2約束期間に削減目標を負う先進国についてはそのアプローチを踏襲しながら，――カンクン合意とその基での一連のCOP決定に基づいて，法的拘束力のない形で先進国が削減目標を，途上国が削減行動を提出し，目標達成の方法，進捗などを2年に一度，国際的に報告し，専門家の審査を受け，他国からの国際的評価を受けるというアプローチに変わった．各国が掲げる目標，削減行動の水準（強度）は原則として各国が自主的に決定するという考え方にたつ．その結果，2020年に新たな法的文書が効力を発生し，実施されるまでは，各国が国際的に約束する気候変動対策の強度と速度が国家間で大きく異なることになり，

本章で検討対象とした国境調整措置をより誘引しやすい状況を生じさせることが想定される．ダーバン会議での合意の詳細は，拙稿「ダーバン会議の合意とダーバン後の気候変動の国際的枠組みの課題」『The Climate Edge』Vol. 12（2011）（http://www.iges.or.jp/jp/cp/newsletter012_takamura.html）を参照いただきたい．

謝　辞

　本章は，環境省地球環境研究総合推進費「気候変動の国際枠組み交渉に対する主要国の政策決定に関する研究」（研究代表者：亀山康子），文科省科学研究費補助金特定領域研究「持続可能な発展の重層的ガバナンス」（研究代表者：植田和弘），同基盤研究（B）「地球温暖化の費用負担論」（研究代表者：高村ゆかり）の研究成果の一部である．

第9章　国境調整措置とWTO協定
——米国の地球温暖化対策法案の検討

石川義道

9.1　はじめに

　GATT時代から，環境基準や環境税を実施する加盟国が，国内産品との間の「平等な競争条件（level playing field）の確保」を目的の1つとして，より緩い環境基準や環境税を採用する加盟国，またはそれらを実施しない加盟国からの輸入産品に対して課金を賦課する旨の法案が，これまで米国を中心に提案されてきた．近年では地球温暖化に対する懸念から，いくつかのWTO加盟国で二酸化炭素等の温室効果ガスの排出規制（炭素税制や排出量取引制度）が実施され，またはその導入が検討されている（EU，ニュージーランド，豪州，韓国など）．わけても米国における一連の地球温暖化対策法案では，温室効果ガス排出規制の実施に伴って費用を負担する自国企業の国際競争力の低下を考慮に入れて，米国と同等の温室効果ガス排出規制を実施しない外国からの炭素集約的産品（carbon intensive products）の輸入に対して課金を賦課する旨の提案が行われている．それは一般的に「国境調整措置」または「競争条項」と呼ばれ，それとWTO協定との整合性がこれまで問題とされてきた．

　しかしながら，国境調整措置として炭素集約的産品の輸入に対して課金が賦課される場合に，かかる課金がWTO協定において「内国税（GATT 3条2項1文，2文）」，「内国税相当課徴金（GATT 2条2項(a)）」，または「関税（GATT 2条1項(b)）」[1]のいずれを構成するかによって，規律内容（課金徴

---

[1]　本章において「関税」とは，「通常の関税」及び「その他の租税又は課徴金」からなる概念を指すものとする．Panel Report, *Chile — Price Band System and Safeguard Measures Relating to Certain Agricultural Products*, ¶ 7.29, WT/DS207/R (May 3, 2002).

収の場面,国境調整の対象範囲,国内産品に賦課される課税措置との関係,許容される負担の格差など)はそれぞれ異なる.そこで本章においては,国境調整措置として国境または国内市場で輸入産品に賦課される課金を規律しうるGATT条項間の適用関係を分析し,各条項における規律内容をそれぞれ比較することで,WTO協定により整合的と評価されうる国境調整措置のあり方が検討される[2].

9.2節では米国の地球温暖化対策法案における国境調整措置(炭素換算税,国際備蓄排出枠)の内容が概観される.9.3節では米国法案における国境調整措置が目的とする「平等な競争条件の確保」とは,GATT/WTOにおける国境税調整ルールの目的と文言は同じであるものの内容を異にすることが指摘される.9.4節では,GATT2条及び3条の適用関係を明らかにした上で,米国法案における国境調整措置がWTO協定下でいかなる課金の類型に属するかが検討される.9.5節では,米国法案における国境調整措置とGATT3条2項,2条2項(a),そして2条1項(b)の整合性が検討される.結論部では,上記の検討を比較することで加盟国により柔軟な裁量を与える国境調整措置の制度設計を探る.

9.2 米国における地球温暖化対策法案

2007年以降,米国における地球温暖化対策法案では炭素税制または排出量取引制度の実施に伴って,国境調整措置として炭素集約的産品の輸入に対して課金の賦課を認める提案が行われてきた.以下ではその具体例として,米国法案における炭素換算税及び国際備蓄排出枠の内容を概観する.

9.2.1 炭素換算税

2009年のエネルギー安全保障信託ファンド法案(廃案)では[3],物品税として化学物質税や環境税等を定める1986年内国歳入法第38章を付加・修正する

---

2) GATT20条による正当化の検討は本章の射程から外れる.同条の解釈は未だに確定的ではない部分が多く残り,まずは国境調整措置そのものの協定整合性を追究することが本章の問題意識である.本書所収の松下満雄「第9章・第10章コメント」を参照.

3) America's Energy Security Trust Fund Act of 2009, H.R. 1337, 111th Cong. (2009).

形で炭素税が提案された．そこでは「指定炭素物質」―①褐炭や泥炭を含む石炭，②石油及び石油製品（原油，天然ガソリンを含む），③天然ガス―が生産者または輸入業者によって米国内で販売される際に，そこに含まれる二酸化炭素含有量（物質毎に予め法定されている）に応じて炭素税が賦課されることになる[4]．したがって，石油や石炭などを燃焼して鉄鋼，アルミニウム，セメントなどの産品を生産する企業は炭素税を負担することになるが，その費用はかかる産品の最終価格に反映されると考えられている．もっとも，生産工程で指定炭素物質が使用されるものの実際には二酸化炭素が排出されない場合，または当該企業が温室効果ガス排出削減のためのオフセット事業に着手している場合は，炭素税が還付または控除される[5]．

他方で法案では，国境調整措置として「炭素集約的産品」―主に①鉄，鉄鋼，鉄鋼産品，アルミニウム，セメント，ガラス，パルプ，紙，化学薬品，産業セラミック，または②①以外の産品で，①で列挙される産品の生産時と同量の温室効果ガスを生産時に排出する産品[6]―を輸入する業者に対して，米国財務長官が「炭素換算税（carbon equivalency fee）」を賦課する旨の提案がされている．その額は，米国国内で類似の炭素集約的産品を生産する企業が，①炭素税に基づいて引き受ける税負担，及び②当該産品を生産するべく輸入されるその他の炭素集約的産品に賦課される炭素換算税を合算したものとされる[7]．しかしながら，①温室効果ガスを排出して炭素集約的産品を生産する国に「同等の措置」の実施を要求する国際取極が発効する場合，または②炭素税と「同等の措置」を輸出国が実施する場合に，かかる外国からの炭素集約的産品に対する炭素換算税は免除される[8]．ここで「同等性」の有無は，炭素集約的産品を

---

4) H.R. 1337, § 4691(a). これに対して我が国の平成23年度税制改正大綱（案）で導入が検討されている「地球温暖化対策のための税」は，現在施行されている石油石炭税法（昭和五十三年四月十八日法律第二十五号）第9条で法定される税率（原油及び石油製品は1kl当たり2040円，ガス状炭化水素は1トンにつき1080円，石炭は1トンにつき700円）に，二酸化炭素排出量に応じた税率を上乗せする形で，段階的に賦課することとされるが（最終的な上乗せ額は，原油及び石油製品は1kl当たり760円，ガス状炭化水素は1トンにつき780円，石炭は1トンにつき670円），そこでは石油石炭税法と同様に「最上流課税」―上記の化石燃料を採掘場から移出する際に，または化石燃料を保税地域から引き取る際に納税義務が生じる―が採用されることになる．

5) H.R. 1337, § 4692.
6) H.R. 1337, § 4694(5)-(6).
7) H.R. 1337, § 4693(a).

生産する米国企業が炭素税に基づいて負担する費用とおよそ等しい水準で，同種の産品を生産する外国企業に負担させる「税その他の規則」が輸出国で実施されているか否かで判断される[9]．なお，炭素換算税が徴収される場面について法案には明確な規定が設けられていない．

9.2.2 国際備蓄排出枠

2007年気候安全保障法案（リーバーマン・ワーナー法案）（廃案）[10]，また2009年クリーンエネルギー安全保障法案（ワックスマン・マーキー法案）（廃案）[11]では，排出量取引制度と併せて国境調整措置の設置が提案されていた[12]．国境調整措置の内容・構造は法案毎に若干異なるところ，その点について比較的詳細な規定を設けていた2007年気候安全保障法案について以下では概観する．

法案では，温室効果ガス（二酸化炭素，メタン等）の排出枠の上限またはキャップが，2012年（5,200万トン）から2050年（1,560万トン）まで年毎に定められている．そして「対象施設」——天然ガス・石油等の生産処理施設及び輸入業者（上流部門），また年間1万トン以上の温室効果ガスを排出する化石燃料発電装置を備える電力施設や産業施設（下流部門）がそれぞれ含まれる[13]——は，無償配分または有償配分（オークション）を通じて排出枠の分配を受けることになるが，その排出枠配分量及び配分方法は州及びセクター毎（電力供給事業者，農林業，電力部門，産業部門）にそれぞれ規定が設けられている．対象施設は暦年末後3カ月以内に，①施設による前年の温室効果ガス排出量，加えて②前年に施設で生産・輸入された化石燃料の使用から排出されたであろう温室効果ガス排出量に応じて，排出許可を環境保護庁長官に提出することが義務付けられている[14]．なお，対象施設は排出許可に代えて，国内オフセット・クレジット，または一定の水準を満たす外国の排出量取引市場で取得される国

---

8) H.R. 1337, § 4693(c).
9) H.R. 1337, § 4694(a)(7).
10) America's Climate Security Act of 2007, S. 2191, 110th Cong. (2007).
11) American Clean Energy and Security Act of 2009, H.R. 2454, 111th Cong. (2009).
12) なお近年の法案では，排出量取引制度及び国境調整措置条項は削除されるに至った．Clean Energy Jobs and Oil Company Accountability Act of 2010, S. 3663, 111th Cong. (2009) を参照．
13) S. 2191, § 4(7).

際排出許可若しくはクレジットを一定割合まで提出することが認められる.

　他方で法案では,米国輸入業者が「対象産品」—鉄,鉄鋼,アルミニウム,セメント,バルクグラス,紙で,その生産工程で相当量の温室効果ガスが排出され,米国の排出量取引制度によって生産コストに影響を受ける産品と密接な関係があるもの[15]—を輸入する場合には,その条件として「国際備蓄排出枠(International Reserve Allowance)」を取得して税関・国境警備局に提出することが義務付けられる[16].その価格は排出許可の市場価格を超えない水準であることとされており[17],取得が必要な数量は,当該外国においてある対象産品の排出水準(温室効果ガスの年間平均排出量)を超える排出量の,当該産品の全生産量に対する割合(すなわち平均値)に基づくものとされる.なお輸入業者は国際備蓄排出枠に代えて,同等の排出量取引制度を実施する外国で流通する外国排出許可,または外国での温室効果ガス排出削減事業への参加を通じて発行されるオフセット・クレジットを提出することが認められる[18].

　ただし,①国内で温室効果ガス排出制限のために「米国が実施する排出規制措置と同等のもの」を採用する外国,②国際連合で後発開発途上国に分類される外国,または③全排出に占める自国の排出割合がデミニマス(0.5%)以下である外国から対象産品を輸入する場合,国際備蓄排出枠の取得義務は免除される[19].①の「同等性」の有無は,「当該外国の経済発展の水準」及び「基本排出水準(2012年1月1日から3年間の,当該外国における対象産品に由来する温室効果ガスの年間平均排出量)」を考慮した上で,排出量取引制度に相当する温室効果ガス規制プログラム,規制要件,その他の措置の有無に基づいて判断される[20].

---

14) S.2191, § 1202(a). 対象施設は「他の排出権保有者との取引(販売,交換,放棄)」,「バンキング(未使用の排出権について次期発行年への繰越)」,「ボローイング(次期発行年からの排出権の借入)」などを通じて取得された排出許可を提出することが認められている.S.2191, §§ 2101, 2201, 2301.
15) S.2191, § 6001(5).
16) S.2191, § 6006(c)(1).
17) S.2191, § 6006(a)(3)(A).
18) S.2191, § 6006(e)(1)(A), (2)(A).
19) S.2191, § 6006(c)(4)(B).
20) S.2191, §§ 6001(1)-(2), 6005(a).

9.3 国境税調整ルール

前節で概観された米国法案における国境調整措置の目的は，しばしば「平等な競争条件の確保」にあると説明される．しかしながらそれは，同じく「平等な競争条件の確保」を目的とする GATT/WTO における国境税調整ルールと文言は同じであるものの，実質的内容は異なる．すなわち，国境税調整ルールは内国税制の実施についての裁量を加盟国が備えることを前提とするが，米国法案は他の加盟国に対して米国と均一の競争条件を設けるように要求するものであり（ハーモナイゼーション），両者はそれぞれ前提を異にする．

9.3.1 内容

貿易産品に対する内国税の課税方法には，「仕向地原則」——貿易産品に対する内国税の賦課は消費国で排他的に行われるため，生産国は二重課税を避けるべく自国の輸出産品に対して内国税の還付または免税を行う——と，「源泉地原則」——貿易産品に対する内国税の賦課は生産国で排他的に行われるため，輸出産品に対する内国税の還付または免除は行われず，消費国でもそれに対する内国税の課税は行われない——の2通りが存在する[21]．

しかしながら，仮に加盟国間で異なる課税方法が採用される場合，ある輸入産品に対する二重課税または非課税という状態が発生し，それが同種の国内産品に対して不利または有利に扱われる可能性がある．そこで GATT 及び WTO 協定は，かかる状況において産品間の「平等な競争条件の確保」を目的として[22]，加盟国に仕向地原則に従った税調整を行う権利を認めている．国境税調整として課金が輸入産品に対して国境（通関時）または通関後（輸入後）に賦課される場合，それは GATT 下で「関税」や「内国税」などに分類され，それぞれを規律する条項に服することになる．それらの条項はあわせて「（輸入に関する）国境税調整ルール」と呼ばれる．

この点，加盟国は仕向地原則に従った税調整が義務付けられるわけではなく，

---

21) GARY CLYDE HUFBAUER & JOANNA SHELTON ERB, SUBSIDIES IN INTERNATIONAL TRADE 51-52 (1984).
22) *Report by the Working Party on Border Tax Adjustments*, L/3464 (Nov. 20, 1970), GATT B.I.S.D. (18th Supp.) at 97, 99 (1972). Paul Demaret & Raoul Stewardson, *Border Tax Adjustments under GATT and EC Law and General Implications for Environmental Taxes*, J. WORLD TRADE, Aug. 1994, at 5, 7.

当該ルールによって税調整を行う「権利」または「自由」を付与されているにすぎない[23]．したがって，仕向地原則に従った調整を行うことで輸入産品に対する二重課税の状態が発生する場合（例：生産国が敢えて源泉地原則を採用することで，輸出還付を行わない）であっても，その結果をもって当該税調整がGATTまたはWTO協定違反を構成することにはならない[24]．

米国法案との関係でいえば，例えば「汚染者負担原則（源泉地原則）」に基づく炭素税制を実施する加盟国が生産過程で炭素を排出する産品の輸出について還付を行わない場合，米国がそれを「米国と同等な措置」とみなさなければ当該産品は米国への輸入時にさらに炭素換算税を課されることになる．しかしながら，その結果として当該産品が二重の費用を負担するとしても，その事実のみをもってして炭素換算税の賦課が国境税調整ルールに違反しているとの結論は導かれない[25]．

9.3.2 平等な競争条件の確保

GATT/WTOにおける国境税調整ルールの目的は産品間の「平等な競争条件の確保」と説明されるが，具体的には「通関後の国内市場における輸入産品と同種の国内産品の間の平等な取扱い」を意味し[26]，そこでは「通関前の事情（輸入産品が生産国で実際に負担する税負担の有無・程度）」は考慮されない．換言すれば，そこでは市場間（across）ではなく，市場における（within）平等な競争条件の確保が目的とされている[27]．

---

23) OLE KRISTIAN FAUCHALD, ENVIRONMENTAL TAXES AND TRADE DISCRIMINATION 164 (1998).
24) 9.3.2で概観される米国・スーパーファンド事件でEECは，域内での汚染者負担原則（源泉地原則）及び米国の化学物質税を根拠に，米国へ輸出される域内産の課税対象物質が二重の「環境保護のコスト」を負担することから仕向地原則に基づく国境税調整を実施する米国を批判したが，GATTパネルは汚染者負担原則を採用するか否かは加盟国の自由と判断した．GATT Panel Report, *United States — Taxes on Petroleum and Certain Imported Substances*, L/6175 (June 5, 1987), GATT B.I.S.D. (34th Supp.) at 136, 147-48, 161 (1988).
25) かかる結論の妥当性について検討するものとして，平覚「貿易と環境：京都議定書とWTO法」『WTOの諸相』66頁以下所収85-87頁（松下満雄編，2004）．
26) Appellate Body Report, *Japan — Taxes on Alcoholic Beverages*, WT/DS8/AB/R, WT/DS10/AB/R, WT/DS11/AB/R (Oct. 4, 1996), WTO D.S.R. (1996:I) at 97, 109.
27) Henrik Horn & Petros C. Mavroidis, Border Carbon Adjustments and the WTO 40 (2010) (ENTWINED (Environment and Trade in a World of Interdependence) Project, Working Paper).

例えば米国・スーパーファンド事件では，米国の化学物質税と国境税調整ルール（GATT 3条2項1文）の整合性が問題とされた．1986年内国歳入法では，「特定化学物質」が生産業者または輸入業者によって国内で販売される際に，物質1トン当たりの法定課税量に基づいて個別消費税が賦課されていたが，1986年スーパーファンド法では，原料の重量または価値の50%以上が特定化学物質から構成される「課税対象物質」が米国に輸入される場合にも個別消費税を賦課する旨が規定されていた．その課税額は，原料として使用される特定化学物質が米国内で販売されていれば負担したであろう化学物質税に等しい額とされていた．さらにそこでは，輸入業者が課税額の決定に必要な情報を提供しない場合に，①当該輸入産品の評価価格の5%，または②当該輸入産品が米国で「普及する方法（predominant method）」で生産されていれば負担したであろう課税額が，課税対象物質の販売・使用時に賦課されると規定されていた．そこでGATTパネルは，EECが域内で汚染者負担原則を実施しているという事情とは無関係に，通関後の米国市場において輸入課税対象物質に賦課される化学物質税が，国産の特定化学物質への課税を超えるものかについて検討を行った（9.5.1を参照）．

　他方で，米国法案における国境調整措置（国際備蓄排出枠の購入義務）の目的は「温室効果ガス排出削減努力の促進」及び「炭素リーケージの防止」と法定されているものの[28]，制度の設計や構造などから，排出量取引制度のもとで生産される炭素集約的産品と，米国と同等の温室効果ガス排出規制を実施しない外国で生産される類似の輸入産品間の「平等な競争条件の確保」を実際には目的の1つとしていると考えられる[29]．しかしながら国境税調整ルールとは対照的に，ここでは通関前の輸出国内の事情（輸入産品が生産国で実際に負担する税負担の有無・程度）を考慮に入れた上での，市場間での「平等な競争条件の確保（競争条件の均一化）」を目的としており，それは補助金協定における相殺関税制度の理論的根拠の1つとされる「競争条件衡平化論」[30]と同列に位

---

28) America's Climate Security Act of 2007, S. 2191, 110th Cong. § 6002 (2007).
29) Julia O'Brien, *The Equity of Levelling the Playing Field in the Climate Change Context*, 43 J. WORLD TRADE 1093, 1103 (2009); Harro van Asselt, Thomas Brewer & Michael Mehling, Addressing Leakage and Competitiveness in US Climate Policy: Issues Concerning Border Adjustment Measures 26-28 (Mar. 5, 2009) (Climate Strategies, Working Paper).

置付けられよう.

　以上について，国境税調整ルールは輸入国市場における「産品間の競争条件」に，他方で米国法案における国境調整措置は輸出国と輸入国の間における「生産者間の競争条件」にそれぞれ着目していると換言することもできる[31].

9.4 GATT 2条と3条の適用関係

　国境調整措置として輸入産品に対して，国境（通関時）において課金等が賦課される場合，それがGATT下のいかなる条項で規律されるかが問題となる．この点，ドミニカ共和国・タバコ関連措置事件パネルは，問題とされていた経過的課徴金が，第1に「輸入に関する手数料・課徴金（8条1項（a））」に該当せず，第2に「内国税（3条2項）」に該当せず，第3に「通常の関税（2条1項（b）1文）」及び2条2項各号の課金のいずれにも該当しないことを理由に，最終的にそれが「その他の租税又は課徴金（2条1項（b）2文）」に該当すると判断した[32]．以下では特に，2条と3条の適用関係について検討を行う[33]．

9.4.1 関税と内国税の峻別

　GATTにおいてある課金が「関税」または「内国税」を構成するかは，それが物理的に徴収される場面，または賦課の対象が輸入産品に限定されているという事実のみからでは判別されえず，「課税事象（taxable event）」に基づいて判断される．

　中国・自動車部品事件でパネル及び上級委員会は「金員の支払い義務の法的発生」と「課徴金の物理的な納付・収集」を概念的に区別した上で，3条2項で規律の対象とされる内国税（内国課徴金）について「課金の支払い義務が，輸入産品の分配，販売，または輸送などの国内事情（internal event）を根拠

30）　東條吉純「相殺関税制度における対象補助金概念の範囲（上）」『立教法学』49号91頁以下所収 97頁（1998）.

31）　O'Brien, *supra* note 29, at 1105.

32）　Panel Report, *Dominican Republic — Measures Affecting the Importation and Internal Sale of Cigarettes*, ¶¶ 7.25, 7.113, WT/DS302/R (Nov. 26, 2004).

33）　国境調整措置は「提供された役務」とは無関係であるため，8条1項（a）及び2条2項（c）との整合性については本章の検討の対象とされない.

に発生するもの」と解釈した[34]．そして，金員の支払い義務が「国内事情」で発生するか否かの判断は，原則として金員の物理的な納付・収集段階とは無関係に決定されてきた[35]．さらに課金の性質は，国内法上の名称，政策目的，関税当局が金員の納付・収集の主体であるという事実によっても決定されない[36]．

かかる解釈を前提とすると，3条注釈は「輸入産品について同種の国内産品と同様に適用され，かつ，輸入の時に又は輸入の地点において徴収されるものは，内国税その他の内国課徴金とみなす」と定めているところ，前半部の「適用され（applies to）」とは「金員の支払い義務が法的に発生すること」を意味し，他方で後半部の「徴収され（collected）」とは「単なる物理的な金員の納付・収集を指すもの」と解釈することが可能となる[37]．これは，3条2項1文における「課せられる（applied to）」を「税の支払い義務」と暗示的に解釈した上級委員会の立場とも整合的といえる[38]．

「内国税」の解釈とは対照的に中国・自動車部品事件パネルは，「通常の関税（2条1項（b）1文）」について，「輸入に際し（on their importation）」という文言を根拠に「その支払い義務が，輸入産品が他の締約国の領域へ流入するこ

---

34) Appellate Body Report, *China — Measures Affecting Imports of Automobile Parts*, ¶ 162, WT/DS339/AB/R, WT/DS340/AB/R, WT/DS342/AB/R (Dec. 15, 2008); Panel Report, *China — Measures Affecting Imports of Automobile Parts*, ¶¶ 7.128, 7.132, 7.204, WT/DS339/R, WT/DS340/R, WT/DS342/R (July 18, 2008). 本件では，問題とされる課徴金が「内国課徴金（3条2項）」か「通常の関税（2条1項（b）1文）」に該当するかが争われたところ，パネルは「内国課徴金」と「内国税」を厳密には区別しないとの立場を採っている（*China — Auto Parts* (Panel), *supra*, ¶ 7.138 n.308）．当該論点については，川島富士雄「中国の自動車部品の輸入に関する措置」『ガット・WTOの紛争処理に関する調査研究報告書XIX』203頁以下所収219-21頁（公正貿易センター編，2009）を参照．
35) Panel Report, *Argentina — Measures Affecting the Export of Bovine Hides and Import of Finished Leather*, ¶¶ 11.145, 11.148, WT/DS155/R (Dec. 19, 2000).
36) *China — Auto Parts* (Panel), *supra* note 34, ¶ 7.190.
37) 川瀬剛志「インド―米国からの輸入に対する追加関税及び特別追加関税」『ガット・WTOの紛争処理に関する調査研究報告書XIX』160頁以下所収194-95頁（公正貿易センター編，2009）．
38) Appellate Body Report, *Canada — Certain Measures Concerning Periodicals*, WT/DS31/AB/R (June 30, 1997), WTO D.S.R. (1997: I) at 449, 464. また中国・原材料輸出関連措置事件パネルは，8条1項（a）の「輸入若しくは輸出について又はそれに関連して課する（imposed）」という文言について，辞書を参照して「租税，課徴金，義務などを課す（lay or inflict）」ことと解釈し，その上で当該文言と中国加入議定書パラグラフ11.3における「輸出品に課税される（applied to）」を同義と解した．Panel Report, *China — Measures Related to the Exportation of Various Raw Materials*, ¶¶ 7.822, 7.859, WT/DS394/R, WT/DS395/R, WT/DS398/R (July 5, 2011).

とに基づいて発生する課金」と解釈した[39]．本件パネルは「内国税（内国課徴金）」と「通常の関税」の関係について検討を行うのみで，「その他の租税又は課徴金（2条1項 (b) 2文）」との関係について分析を行ったわけではないが[40]，その直前のインド・追加関税事件パネルは「その他の租税又は課徴金」について，それが「通常の関税」と同様に「輸入について（on…the importation）」という文言を含んでいることから，それとあわせて「その支払い義務が輸入に基づいて発生する」課金を意味すると解釈した[41]．

さらにインド・追加関税事件パネルは，2条2項で列挙される課金についても，柱書における「輸入に際し（on the importation）」という文言を根拠に，金員の支払い義務の発生が輸入段階の事情を根拠とするものと解釈する[42]．この場合，同条項柱書における「課する（imposing）」は「金員の支払い義務の法的発生」と解釈されることになり，その結果，同条項には3条注釈のような「金員の物理的な徴収」への言及を欠くことになる．この点，輸入後の段階での徴収を原則とする内国税が敢えて注釈にて「輸入の段階」での徴収の可能性に言及するのとは異なり，輸入課徴金の納付・収集が輸入の段階で行われることは自明であるから，「ことさら徴収のタイミングに触れる必要はなかった」と説明される[43]．

9.4.2 GATT 2条1項 (b) と2項 (a) の関係

輸入時に賦課される課金が内国税を構成しない場合でも，それが「通常の関税」，「その他の租税又は課徴金」または「内国税相当課徴金」のいずれかに該当する可能性があることから，これらの適用関係が問題となる．

インド・追加関税事件パネルは「その他の租税又は課徴金（2条1項 (b) 2

---

39) *China — Auto Parts* (AB), *supra* note 34, ¶ 158; *China — Auto Parts* (Panel), *supra* note 34, ¶¶ 7.166, 7.184, 7.204.
40) *China — Auto Parts* (Panel), *supra* note 34, ¶ 7.105 n.270.
41) Panel Report, *India — Additional and Extra-Additional Duties on Imports from the United States*, ¶ 7.153, WT/DS360/R (June 9, 2008). 後述するように（9.4.2），本件で上級委員会は「輸入産品に対する本質的な差別又は不利益」に基づいて2条1項 (b) と2条2項 (a) の関係を分析するパネル判断を覆したが，両者について「支払い義務が輸入に基づいて発生する」と判断したパネルの結論について，上級委員会は特段言及をしていない．
42) *Id.* ¶¶ 7.153, 7.248.
43) 川瀬前掲（注37）195頁．

文)」を,「輸入について (on the importation)」課せられるものと「輸入に関連して (in connection with)」課せられるものとに区別した上で,前者については同じく「輸入に際し (on their importation)」という文言を備える「通常の関税」と等しく,「輸入産品に対する本質的な差別又は不利益」という性質を備える租税または課徴金を意味すると解釈した[44]. 換言すれば,かかる性質を備えない租税または課徴金が輸入に際して課せられる場合であっても2条1項 (b) 2文の規律対象外とされる. 他方で2条2項で列挙される課金については,かかる差別的な性質を備えないことから「通常の関税」及び「輸入について課せられるその他の租税又は課徴金」とも性質を異にし,したがって2条2項は同条1項 (b) に対する「例外」を構成しないとパネルは結論付ける[45]. しかしながら,パネルによる解釈は「その他の租税又は課徴金」の規律範囲を必要以上に狭めるものであり,「譲許拘束の義務に潜脱の途を開く」ものとの批判を免れない[46].

そこで上級委員会は,2条1項 (b) 2文の「その他の (other)」及び「すべての種類の (any kind)」という文言を根拠に,「その他の租税又は課徴金」は「通常の関税」以外の租税又は課徴金から構成されるのであり[47],それをパネルのように「輸入産品に対する本質的な差別又は不利益」という性質を備えるものに限定的に解釈することは文言上の根拠を欠くと批判した[48]. さらに上級委員会は,2条2項柱書の「この条の」という文言は2条1項 (b) と2条2項が相互に関連・調和して解釈されなければならないことを示唆しており[49],2条2項で列挙される課金も「その他の租税又は課徴金」に包含されると解される. 上級委員会によれば,輸入時に課せられる課金が2条2項 (a) の条件

---

44) *India — Additional Import Duties* (Panel), *supra* note 41, ¶¶ 7.126-7.131.
45) *Id.* ¶¶ 7.147-7.148. 別の事件で上級委員会は2条2項で列挙される課金について「『通常の関税』にも『その他の租税又は課徴金』にも該当しないもの」と説明している. Appellate Body Report, *Chile — Price Band System and Safeguard Measures Relating to Certain Agricultural Products*, ¶ 276, WT/DS207/AB/R (Sep. 23, 2002).
46) 川瀬前掲(注37)191-92頁.
47) Appellate Body Report, *India — Additional and Extra-Additional Duties on Imports from the United States*, ¶ 151, WT/DS360/AB/R (Oct. 30, 2008); *Chile — Price Band System* (AB), *supra* note 45, ¶ 156.
48) *India — Additional Import Duties* (AB), *supra* note 47, ¶¶ 157-160.
49) *Id.* ¶ 153.

を満たす場合は2条1項 (b) 違反を構成しないと本件当事国は合意しており[50]，この点を根拠にすれば上級委員会は2条2項を2条1項 (b) の「例外」と位置付けていると考えられよう[51].

以上から2条1項 (b) と同条2項 (a) の関係は次のように要約できる．前提として，国境調整措置として輸入産品に賦課される課金が内国税に分類されるかが問題となる．内国税と判断されない場合に，まずそれが「内国税相当課徴金」に該当するかが問題となる．その該当性が否定される場合，次にそれが「通常の関税」に該当するかが問題となる．そして，当該課金がいずれにも該当しない場合に，それは「その他の租税又は課徴金」を構成することになる[52].

9.4.3 米国法案に関する適用条項

以上を前提に米国法案を眺めると，炭素換算税の賦課・徴収の段階は法案から明らかではないが，それは環境税について定める1986年内国歳入法第38章を修正する形で提案されていることから，同様に「輸入業者によって炭素集約的産品が販売又は使用される際」に賦課されることを想定していると考えられる[53]．また炭素換算税の課税標準は，米国で類似の国内産品を生産する企業が炭素税に基づいて引き受ける税負担とされているが，仮に当該国内産品の税負担が存在しなければ類似の輸入産品に対する炭素換算税の賦課も発生しない．したがって，炭素換算税の支払い義務は「当該産品が通関後に国内市場において販売または使用されること」で発生することから炭素換算税は「内国税」と評価することができる．なお，仮に炭素換算税が国境（通関時）において賦

---

50) Id. ¶ 163 n.320.

51) Paola Conconi & Jan Wouters, *Appellate Body Report, India — Additional and Extra-Additional Duties on Imports from the United States (WT/DS360/AB/R, adopted on 17 November 2008)*, 9 WORLD TRADE REV. 239, 246 (2010). 別の事件で上級委員会は，2条2項 (b) を同条1項 (b) に対する「免責条項 (safe harbour)」と位置付け，かかる解釈がインド・追加関税事件における自らの判断と整合的であると述べた．Appellate Body Report, *United States — Measures Relating to Zeroing and Sunset Reviews — Recourse to Article 21.5 of the DSU by Japan*, ¶ 209, WT/DS322/AB/RW (Aug. 18, 2009).

52) 上級委員会は，追加関税及び特別追加関税が「内国税相当課徴金」を構成しないと判断した後で，それらが2条1項 (b) の規律に服すると述べた．*India — Additional Import Duties* (AB), *supra* note 47, ¶¶ 214, 221.

53) International Revenue Code of 1986, Pub. L. No. 99-514, § 4671(a), 100 Stat. 2085 (1986).

課・徴収される場合でも，当該課金が輸入産品と国内産品に「同様に（and）」適用される―すなわち，金員の支払い義務が「同一の制度」または「同一の措置」の下で両産品について発生する[54]―場合には，「内国税」に分類される（GATT 3 条注釈）．この点，炭素税と炭素換算税の支払い義務は共に国内事情に基づいて発生し，また両者はいずれも最終的には財務長官によって徴収されることから「同様に」の要件も満たすと考えられる．

これに対して，国際備蓄排出枠は米国輸入業者から「産品の輸入の条件として，または産品の税関倉庫からの引き取りの条件として」米国の税関・国境警備局によって徴収される．したがって，その支払い義務は国境事情に基づいて発生すると考えられよう．また，排出許可と国際備蓄排出枠はそれぞれ異なる基金から発行され，輸入業者が国際備蓄排出枠に代えて排出許可を提出することは認められておらず[55]，また排出許可は環境保護庁長官に，国際備蓄排出枠は税関・国境警備局にそれぞれ提出されることとなり，両プログラムは制度的に別立てと考えることができる．以上から，国際備蓄排出枠の購入義務は「内国税」を構成しないと考えられる[56]．続いて，国際備蓄排出枠の購入義務が「内国税相当課徴金」に該当するかが問題となるが（9.5.3），それが否定されれば，さらに「通常の関税」に該当するかが問題となる（9.5.4）．その該当性も否定されれば，国際備蓄排出枠の取得義務は「その他の租税又は課徴金」を構成すると結論付けられる．

他方で，2 条 1 項（b）における「すべての（any kind）」という文言のみを根拠に，国際備蓄排出枠の購入義務は同条項（b）2 文の「その他の租税又は課徴金」に該当するとの見解もある[57]．確かに，上級委員会によれば同条項の

---

[54] Panel Report, *European Communities — Measures Affecting Asbestos and Asbestos-Containing Products*, ¶¶ 8.92-8.94, WT/DS135/R (Sep. 18, 2000).

[55] America's Climate Security Act of 2007, S. 2191, 110th Cong. § 6006(a)(2) (2007).

[56] なお，米国・タバコ輸入制限事件 GATT パネルが，紙巻きタバコの国内生産者に対するローカルコンテント要求が満たされない場合の罰則規定について，別個の財政措置として「内国税その他の内国課徴金」を構成するのではなく，ローカルコンテント要求の付属（実施措置）として処理されるべきと判断したのを根拠に，国際備蓄排出枠の購入義務を同様に排出量取引レジームの実施・行政規則と位置付ける見解もある．Robert Howse & Antonia L. Eliason, *Domestic and International Strategies to Address Climate Change: An Overview of the WTO Legal Issues, in* INTERNATIONAL TRADE REGULATION AND THE MITIGATION OF CLIMATE CHANGE: WORLD TRADE FORUM 48, 69 n.41 (Thomas Cottier, Olga Nartova & Sadeq Z. Bigdeli eds., 2009).

"any kind" という文言は広範な措置を含むことを一般に示唆しており[58]，また「課徴金（charge）」は「金員の支払い義務」と広範に解釈されているものの[59]，上述したとおり「その他の租税又は課徴金」の該当性は「通常の関税」及び「内国税相当課徴金」との関係から導かれるため，上記の文言のみを根拠にかかる結論を導くことは困難であろう．

9.5 米国法案とWTO国境税調整ルールの整合性

前節までの検討を基礎に，ここでは米国法案における炭素換算税とGATT 3条2項の，また国際備蓄排出枠の購入義務と2条2項（a）及び同条1項（b）の整合性がそれぞれ検討される．

9.5.1 GATT 3条2項1文

3条2項1文は，輸入産品に対して「同種の国内産品に直接又は間接に課せられるいかなる種類の内国税その他の内国課徴金をこえる内国税その他の内国課徴金も，直接であると間接であるとを問わず，課せられることはない」と規定する．

(1) 国境税調整の対象範囲

従来から，国境税調整の対象は付加価値税や物品税などの「間接税」に限定され，法人所得税や社会所得税などの「直接税」はそこに含まれないと考えられてきたが，その背景には「間接税の賦課は産品の価格に反映されるものの，直接税の賦課は産品の価格に影響を与えない」との伝統的経済理論があった．当該理論の正当性に対してはこれまでも疑問が呈されてきたが，直接税が国内産品の価格に与える影響を算出するのは実際には困難であること，また直接税を用いた保護主義的な課税を防ぐ目的などを理由に，現在でも3条2項1文の

---

57) LARRY PARKER & JEANNE J. GRIMMETT, CONG. RESEARCH SERV., R40914, CLIMATE CHANGE: EU AND PROPOSED U.S. APPROACHES TO CARBON LEAKAGE AND WTO IMPLICATIONS 52 (2010).
58) Appellate Body Report, *Thailand — Customs and Fiscal Measures on Cigarettes from the Philippines*, ¶ 112, WT/DS371/AB/R (June 17, 2011).
59) *India — Additional Import Duties* (Panel), *supra* note 41, ¶ 7.153.

もとで直接税の国境税調整は一般的に認められないと解されている[60]．なお，調整の対象とされる税の政策目的は3条2項1文における国境税調整の適格性に影響を与えない[61]．

ここでは特に，内国税が最終産品そのものではなく，最終産品に物理的に残存する投入物（原料）に賦課される場合に，それと同等の課税を同種の最終産品の輸入に対して行うことが3条2項1文に整合的であるかが問題となる．

例えば米国・スーパーファンド事件GATTパネルは（9.3.2を参照），特定化学物質に賦課される化学物質税について，当該物質を原料とする課税対象物質の輸入に際して，それが米国で生産されていればその原料である特定化学物質に賦課されていたであろう化学物質税額の課税を行うことは，3条2項1文と整合的であると判断した[62]．すなわち本件パネルは，国内で生産される課税対象物質の原料—最終産品に物理的に残存する—に賦課される化学物質税が，同条項のもとで国境税調整の対象となりうることを認めたと一般的には理解されている．

またカナダ・雑誌事件パネルは，物品税がスプリット版雑誌そのものではなく，そこに掲載される広告—最終産品に残存する投入物—に課税されるものの，スプリット版雑誌に対して「間接に（indirectly）」物品税が課せられていると判断した[63]．また同事件で上級委員会は，3条2項1文における「課せられる（applied to）」という要件を「税の支払い義務」と暗示的に解釈した上で，当該義務の発生対象は広告主ではなく出版社であることを根拠に，当該物品税はスプリット版雑誌に賦課されていると結論付けた[64]．なお，同様の結論がメキシコ・清涼飲料税事件パネルによっても導かれた[65]．

以上から，最終産品に物理的に残存する投入物（原料）に賦課される内国税が3条2項1文において国境税調整の対象となる点に争いはなかろう．これに対して，最終産品に物理的に残存しない燃料などの投入物への課税（例えばエ

---

60) Demaret & Stewardson, *supra* note 22, at 14, 16.
61) *United States — Superfund* (GATT Panel), *supra* note 24, at 161.
62) *Id.* at 162-63.
63) Panel Report, *Canada — Certain Measures Concerning Periodicals*, ¶ 5.29, WT/DS31/R (May 14, 1997).
64) *Canada — Periodicals* (AB), *supra* note 38, at 464. かかる解釈は，前述した3条注釈における「適用され（applies to）」の解釈とも一貫する．

ネルギー税一般)、またかかる投入物の燃焼から排出される温室効果ガス(副産物)への課税が国境税調整の対象とされるかは、同条項の文言解釈には限界があることから現在でも解釈は確定していない。したがって、米国法案における炭素税が賦課される指定炭素物質(石炭、石油)は、それを使用して製造される鉄鋼やセメントに物理的に残存しないことから、炭素税は国境税調整の対象とはなりえず、同種の輸入鉄鋼製品等への課税は、その程度に関わらず3条2項1文に違反する可能性がある。この点、貿易環境委員会等で検討を行い、同条項における税調整の範囲について閣僚宣言などによって指針を発表すべきとの提言もある[66]。

(2)「同種性」

次に、炭素集約的国内産品と炭素集約的輸入産品の間における「同種性(likeness)」の有無が問題となる。特に米国法案との関係では、最終産品の物理的特徴に反映されない要因——産品の生産工程で使用される燃料の相違(化石燃料か再生可能燃料)——を理由に同種性が否定されるかが問題となる。

ここで「同種性」の有無は、輸入国市場という観点から、上級委員会によって提示された主に4つの基準(産品の物理的特性、産品の最終用途、消費者の選好、関税分類)に加えて[67]、「その他の国内規則」[68]を考慮に入れて判断される。その中でも最終産品の物理的特性が相対的に重視されてきたため、近年のフィリピン・蒸留酒事件パネルによって明示されているように、そこに物理的特性として反映されない生産工程における要素(原料など)を根拠にして同種性は否定されないと従来から考えられてきた[69]。これに対して、特に産品の生

---

65) Panel Report, *Mexico — Tax Measures on Soft Drinks and Other Beverages*, ¶¶ 8.42-8.45, WT/DS308/R (Oct. 7, 2005). パネルは「間接に」という文言においても「内国税と課税品の間に何らかの関連性」が求められるとした上で、サトウキビ糖以外の甘味料を含む清涼飲料に賦課される飲料税について、その課税額は甘味料ではなく清涼飲料そのものを根拠とするものの、課税の契機がサトウキビ糖以外の甘味料の含有にあることを理由に、かかる甘味料は「間接に」飲料税を課せられていると結論付けた。

66) 松下満雄「環境政策の一環としての国境税調整」『貿易と環境』59巻1号17頁以下所収25頁(2011)。

67) *Japan — Alcoholic Beverages II* (AB), *supra* note 26, at 113.

68) Panel Report, *Philippines — Taxes on Distilled Spirits*, ¶ 7.31, WT/DS396/R, WT/DS403/R (Aug. 15, 2011).

69) *Id.* ¶ 7.37.

産工程に起因する環境破壊への懸念から，燃料などの投入物の相違が産品間の同種性判断に影響を与えるべきとの見解もある．

　第1に，GATT時代には3条1項の「国内生産に保護を与えるように」という文言を根拠に，原産地に基づく区別を行わない「原産地中立的（origin-neutral）な措置」[70]の文脈において，同種性を判断する際の基準として措置の「目的・効果テスト」が採用されていた[71]．当該テストは，その後上級委員会によって明確に否定されたものの[72]，3条4項における同種性を判断する際には措置の目的及び効果が考慮されてきたことを根拠に，ここでも原産地中立的な措置の文脈で同テストの復活を説く見解もある[73]．第2に，EC・アスベスト規制事件での上級委員会判断を根拠に，国際規格等の発達に伴って，生産時の温室効果ガス排出量に基づく産品の差別化が可能となる場合には，「消費者（ユーザー）の認識」を根拠に将来的には同種性が否定されうるとの見解もある[74]．第3に，米国・丁子タバコ事件パネルはTBT協定（貿易の技術的障害に関する協定）2条1項について，産品に使用される原料の相違が同種性判断に与える影響は文脈によって異なると判断した．すなわち丁子煙草とメンソール煙草についてパネルは，メンソール煙草がオイゲノールや日干乾燥タバコを原料に含まないことから，例えば原料を課税標準とする租税においてかかる相違は同種性を否定する根拠となるものの，他方で両煙草に共通する特徴（発癌

---

70) 原産地中立的な措置は「事実上の差別（*de facto* discrimination）」という効果を伴う可能性があるが，それはさらに「製品分類を行う措置（酒税事件一般）」と「製品分類を行わない，形式的に同一の措置（日本・フィルム関連措置事件）」に区別することができる．Federico Ortino, Basic Legal Instruments for the Liberalisation of Trade: A Comparative Analysis of EC and WTO Law 250-51 (2004).

71) GATT Panel Report, *United States — Measures Affecting Alcoholic and Malt Beverages*, DS23/R (Mar. 16, 1992), GATT B.I.S.D. (39th Supp.) at 206, 276-77 (1993).

72) *Japan — Alcoholic Beverages II* (AB), *supra* note 26, at 111.

73) Robert Howse & Donald H. Regan, *The Product/Process Distinction — An Illusory Basis for Disciplining 'Unilateralism' in Trade Policy*, 11 Eur. J. Int'l L. 249, 264-68 (2000).

74) 松下前掲（注66）26-27頁．同様の見解として，Erich Vranes, Trade and the Environment: Fundamental Issues in International and WTO Law 324 (2009). もっとも本件で上級委員会は，物理的特徴の全く異なる産品について最終用途と消費者の嗜好を理由に産品間の同種性を主張する申立国は，それらを理由に産品が競争関係にあることを立証する重い責任を負うと述べた．Appellate Body Report, *European Communities — Measures Affecting Asbestos and Asbestos-Containing Products*, ¶ 118, WT/DS135/AB/R (Mar. 12, 2001). すなわち，ここでの同種性判断では最終用途や消費者の嗜好よりも産品の物理的特徴が重視されている．*India — Additional Imports Duties* (AB), *supra* note 47, ¶ 151.

性の具有）に関する措置—例えば公衆衛生を目的とする措置—において，かかる原料の相違が同種性判断に与える影響は軽微であると述べた[75]．TBT協定での解釈が直ちにGATTの文脈に当てはまるものではないが，かかる判断は問題とされる措置の目的によって，原料の相違が産品間の同種性判断に影響を与える場合があることを示している．

以上から，生産時に使用される燃料の違いを根拠に産品間の同種性は原則として否定されない．また「原産地別の差別 (*de jure* discrimination)」という効果を備える課税措置については，同種性を検討することなく違反が認定されてきた[76]．

米国法案における炭素税／炭素換算税は原産地に基づいて課税標準を区分する「原産地別（origin-based）の措置」を構成すると考えられるところ，それが原産地別の差別という効果を伴うと判断されれば，産品間の同種性について検討を行うことなく3条2項1文違反が認定される可能性がある．他方で，炭素税／炭素換算税が原産地中立的な措置を構成する場合—原産地に基づく区別をせず，例えば生産工程で排出された温室効果ガスの量を課税標準とする場合—，同種性判断の際に措置の目的が，すなわち「正当な政策目標の追求に伴う付随的帰結ではなく，意図された結果として競争条件を国内産品に有利となるように変更するか」が考慮される場合がありうる[77]．この点，炭素換算税は「炭素税と同等の措置」を実施する外国からの炭素集約的産品については免除されるものの，かかる免除は後発開発途上国や温室効果ガスの全排出に占める割合が最小限に止まる外国からの輸入については付与されておらず，法案の目的が米国産業の保護（国際競争力の維持）にあると認定される可能性はあるが，その場合，同種性判断に影響はないと考えられる．

(3)「こえる」

最後に，炭素集約的産品の輸入に対して賦課される炭素換算税が，同種の国

---

75) Panel Report, *United States — Measures Affecting the Production and Sale of Clove Cigarettes*, ¶¶ 7.244-7.247, WT/DS406/R (Sep. 2, 2011).
76) *Argentina — Hides and Leather* (Panel), *supra* note 35, ¶¶ 11.168-11.169.
77) GATT Panel Report, *United States — Taxes on Automobiles*, ¶ 5.10, DS31/R (Oct. 11, 1994, unadopted).

内産品が指定炭素物質の使用を通じて負担する炭素税を「こえる (in excess of)」かが問題となる．炭素税/炭素換算税は原産地別の措置を構成するが，ここでは輸入産品に対する課税率が同種の国内産品と比して「僅か (de minimums)」でも高い場合は同条項違反を構成し，措置の輸入量全体に対する「貿易効果」は考慮の対象とはならない[78]．その上で，米国法案との関係では以下の3点が重要となる．

第1に，米国・スーパーファンド事件GATTパネルは，特定化学物質の取引量に応じて課税される化学物質税について，かかる物質を原料とする課税対象物質の輸入に対して，仮にそれが米国内で生産されていれば負担していたであろう税負担を課税する場合，3条2項1文と整合的であると判断した[79]．また，タイ・タバコ税制事件パネルも「課税標準が産品間で等しければ3条2項1文と整合的である」と判断した[80]．これを前提とすれば，国内産品と輸入産品に，生産過程で使用される化石燃料の実際の使用量を課税標準とする炭素税が賦課される場合，かかる措置は「原産地別（法律上）の差別」を構成しないものの，結果として「事実上の差別」という効果をもたらす可能性がある[81]．

これに対して，3条2項1文の「課せられる (applied to)」という文言が内国税と最終産品の間に直接的関係を要求していると解釈し，投入物（原料）への課税ではなく，最終産品が負担する内国税について「産品レベル」で比較する立場もある[82]．かかる立場によれば，投入物に関する課税標準（化石燃料の

---

78) *Japan — Alcoholic Beverages II* (AB), *supra* note 26, at 115. 3条2項1文は個別の輸入取引毎に適用され (*Argentina — Hides and Leather* (Panel), *supra* note 35, ¶ 11.260)，仮に高い課税に服する輸入産品の量が僅かである場合（または低い課税に服する国内産品の量が僅かである場合）でも，同条項違反を構成しうる．他方でメキシコ・清涼飲料事件パネルは，原産地中立的な措置を構成する飲料税について，「こえる」を検討する際に差別的効果テストに依拠したと考えられている（川瀬剛志「メキシコの飲料に関する措置」『ガット・WTOの紛争処理に関する調査研究報告書 XVII』79頁以下所収 103-106頁（公正貿易センター編，2007）．フィリピン・蒸留酒事件パネルも同様に，同条項における差別的効果テストへの依拠を暗示する．*Philippines — Distilled Spirits* (Panel), *supra* note 68, ¶ 7.31.
79) *US — Superfund* (GATT Panel), *supra* note 24, at 161-62.
80) Panel Report, *Thailand — Customs and Fiscal Measures on Cigarettes from the Philippines*, ¶ 7.494, WT/DS371/R (Nov. 15, 2010).
81) Bradly J. Condon, *Climate Change and Unresolved Issues in WTO Law*, 12 J. INT'L ECON. L. 895, 909-10 (2009); O'Brien, *supra* note 29, at 1104-1105; Paul-Erik Veel, *Carbon Tariffs and the WTO: An Evaluation of Feasible Policies*, 12 J. INT'L ECON. L. 749, 782 (2009).

消費量）が両産品に等しく適用される場合でも，仮に輸入産品が生産工程でより多くの化石燃料を消費する場合には税負担も増加し，結果として同条項違反を構成するとの結論が導かれる[83]．また，同様の結論の根拠を「『こえる』の判断の際には，産品における名目上の税負担ではなく，実際の税負担が対比される」とのパネル判断に求める見解もある[84]．

米国法案において炭素税は，化石燃料に含有される二酸化炭素量を基準にその取引量に従って課税され，化石燃料の実際の使用量に応じた費用を炭素集約的産品は負担するが，これに対して炭素換算税については，外国企業による実際の使用量とは無関係に，「国内で類似の産品を生産する企業」が炭素税制下で負担する費用と同等の額が輸入炭素集約的産品に賦課される．このように炭素税と炭素換算税では，後者により大きな税負担（課税標準）が課されることから3条2項1文に違反する可能性がある．

第2に，仮に炭素換算税額が輸入産品の生産時に実際に使用される化石燃料の量に応じて決定されるとしても，それに必要な情報が輸入業者から提供されない場合が考えられる．そこで1986年スーパーファンド法と同様に，そのような場合には，当該産品が米国で「普及する生産方法」で生産されれば負担したであろう炭素税と同額を炭素換算税として輸入産品に賦課するとの提案が行われる場合がある[85]．米国・ガソリン精製基準事件パネルは，ガソリン規則―1990年のガソリン品質基準より高い汚染度のガソリンについて特定地域での販売を禁止するものの，基準年のガソリン品質について情報が存在しない場合，国内精製業者については「個別基準（その他の事実に基づいて業者毎に算

---

82) Gavin Goh, *The World Trade Organization, Kyoto and Energy Tax Adjustments at the Border*, 38 J. WORLD TRADE 395, 409 (2004).

83) 阿部克則「WTOによる貿易規律と気候変動枠組条約：排出量取引制度の国境調整措置とWTO法」『国際問題』592巻38頁以下所収44頁（2010）．

84) 関根豪政「地球温暖化対策における国境費用調整の意義とWTO法との整合性」『慶應義塾大学大学院法学研究科論文集』48号1頁以下所収16頁（2008）．*Argentina ― Hides and Leather* (Panel), *supra* note 35, ¶¶ 11.182-11.184.

85) Joost Pauwelyn, *U.S. Federal Climate Policy and Competitiveness Concerns: The Limits and Options of International Trade Law* 31 (Nicholas Inst. for Envtl. Pol'y Solutions, Duke Univ., Working Paper NI WP 07-02, 2007). 米国・スーパーファンド事件GATTパネルはかかる課税手法と3条2項1文の整合性については判断をしていないものの，輸入業者が必要な情報を提供しない場合に輸入産品に5%の追徴税が賦課されると同法が定めている点を根拠に同条項違反を認定した．*US ― Superfund* (GATT Panel), *supra* note 24, at 163.

出)」,ガソリン輸入業者については「統一基準」から汚染度が判断される―が輸入産品に対する「より不利な待遇」を構成すると判断したが,他方でパネル及び上級委員会は,「統一基準」が個別基準を設けるのに必要な情報を欠く場合にのみ依拠されるという点については協定整合的であると判断した[86]。以上の判断を前提とすれば,輸入産品の生産工程で使用された化石燃料の量について必要な情報が提供されない場合に,炭素換算税の額を「普及する生産方法」に基づいて決定する上記提案は,必ずしも3条2項1文違反を構成するものではないと考えられる[87]。

第3に,炭素税は一定の条件下(化石燃料を使用するも実際には温室効果ガスが排出されない場合,カーボン・オフセット事業に着手している場合など)で控除・還付されるが,かかる免除規定は炭素換算税には設けられていない。すなわち,炭素集約的産品を生産する外国企業は生産工程で実際には温室効果ガスを排出しない場合であっても,また植林等のカーボン・オフセット事業に従事する場合であっても,拠点を置く加盟国が「炭素税制と同等の措置を実施していない」と判断される場合は炭素換算税を負担することになり,国内産品についてのみ税負担を免れる可能性が与えられている。この点「こえる」の認定は輸入産品に対する「超過課税の潜在的な危険性」があれば足りると解されているところ[88],当該税制は3条2項1文違反を構成すると考えられる。

9.5.2 GATT 3条2項2文

続いて,仮に炭素税/炭素換算税が同種の産品間で差別的な課税を構成しない場合でも,3条2項2文との関係で,①「直接的競争又は代替可能」な産品間で,②両産品に「同様に課税されていない」状況で,③かかる課税が「国内生産に保護を与えるように」両産品に適用されているかが問題となる。

(1) 国境税調整の対象範囲

3条2項1文と同様に2文でも「内国税その他の内国課徴金」が規律対象と

---

[86] Panel Report, *United States — Standards for Reformulated and Conventional Gasoline*, ¶ 6.28, WT/DS2/R (Jan. 29, 1996); Appellate Body Report, *United States — Standards for Reformulated and Conventional Gasoline*, WT/DS2/AB/R (Apr. 29, 1996), WTO D.S.R. (1996: I) at 3, 24-25.
[87] Pauwelyn, *supra* note 85, at 31.
[88] *Thailand — Cigarettes (Philippines)* (Panel), *supra* note 80, ¶¶ 7.625-7.627.

されていることから，国境税調整の範囲も1文と同様に間接税に限定されると解される．そこで，最終産品に物理的に残存する投入物（原料）に内国税が賦課される場合に，それと同様の課税を直接的競争又は代替可能な最終産品の輸入に対して賦課することが2文と整合的であるかが問題となる．

前述したように，メキシコ・清涼飲料税事件パネルはサトウキビ糖以外の甘味料を含む清涼飲料に賦課される飲料税について，3条2項1文の文脈において飲料税は「間接に」当該甘味料に課せられると説明した．さらにパネルは1文と同様に，2文の文脈においても飲料税がサトウキビ糖以外の甘味料に「間接に」課せられると述べた[89]．この点，2文は「直接又は間接に（directly or indirectly）」という文言を含まないことから上記パネルのように「間接に」という要件を同文に読み込むのは困難であるが，上述したカナダ・雑誌事件の上級委員会判断に従って，2文における「課する（apply）」という文言を根拠に同様の結論を導くことは可能であろう．

他方で米国法案との関係で，最終産品には物理的に残存しない投入物（燃料）に賦課される炭素税が2文において国境税調整の対象とされるかは，1文の場合と同様に協定文言の解釈のみから確定的な結論を導くのは困難であろう．

(2)「直接的競争又は代替可能性」

従来から「直接的競争又は代替可能性」の有無は，消費者の選好（競争関係），流通経路，産品の物理的特徴，最終用途，関税分類，関連国内規則に基づいて判断されてきた[90]．米国法案との関係では，最終産品の物理的特徴に反映されない要因（例えば，生産工程で使用される燃料）が，炭素集約的な国内産品と輸入産品の間における「直接的競争又は代替可能性」の有無にどのように影響するかが問題となる．

フィリピン・蒸留酒事件では，「指定原料（ニッパヤシ樹液，ココナツ等）」から醸造される国産蒸留酒と，それ以外の原料から醸造される輸入蒸留酒が「直接的競争又は代替可能」な関係にあるかが争点となったが，そこではまず両産品間のフィリピン市場における競争関係の有無が問題とされた[91]．パネル

---

89) *Mexico — Taxes on Soft Drinks* (Panel), *supra* note 65, ¶ 8.80.
90) *Philippines — Distilled Spirits* (Panel), *supra* note 68, ¶ 7.102.

は，(1) フィリピン市場では一般的に輸入蒸留酒の方が国産蒸留酒よりも高価であるものの，国産蒸留酒と輸入蒸留酒の価格差は顕著ではなく両産品の価格はしばしば拮抗すること，(2) フィリピン市場では高価な国産蒸留酒や低価な輸入蒸留酒も混在していること，(3) フィリピンには高価な蒸留酒（指定原料以外の原料から醸造される輸入蒸留酒を含む）を購入できる消費者層が確実に存在することを理由に，使用原料の相違に基づく蒸留酒市場の区分は存在しないと結論付けた[92]。特に，フィリピンの消費者の大半が高額の蒸留酒を購入する経済力を備えていないことを根拠に両産品の市場区分の存在を主張するフィリピンに対して，パネルは「競争関係」の存在を立証するためには国産蒸留酒と輸入蒸留酒が「市場全体」において競争関係にあることまでは要求されておらず，現実の競争関係が存在すれば足りると述べた[93]。さらにパネルは両産品間の競争関係を認定する際に，フィリピンの消費者の蒸留酒を巡る消費行動が原料の相違に基づいていないことを示す証拠にも依拠した[94]。

この他にも本件パネルは，蒸留酒の流通経路及び最終用途は原料によって区別されておらず[95]，色や香りという点で国産蒸留酒と輸入蒸留酒は同一の物理的特徴を備えており，使用原料は蒸留酒の物理的特徴に反映されないことからも[96]，使用原料の相違は「直接的競争又は代替可能性」の判断に影響を与えないと結論付けた[97]。

以上のパネルの判断を前提に米国法案を眺めると，そこでは炭素集約的な国内産品と輸入産品の米国市場における競争関係の有無が専ら問題となるところ，一部の米国消費者の低い購買力を理由にした市場区分は認められないものの，両産品が米国市場において類似の価格で取引されているかが問題となる。また，米国消費者が炭素集約的産品の生産工程で使用される燃料の相違（化石燃料または再生可能エネルギー）に基づいて行動するかは証拠に基づく事実認定の問

---

91) この事は，物理的特徴などその他の要因の重要性が相対的に低いことを意味しないとパネルは留保する。Id. ¶ 7.103.
92) Id. ¶¶ 7.58-7.60, 7.116-7.118.
93) Id. ¶¶ 7.119-7.120.
94) Id. ¶¶ 7.61-7.62.
95) Id. ¶¶ 7.123, 7.129.
96) Id. ¶¶ 7.38, 7.127.
97) Id. ¶¶ 7.37, 7.127.

題であるが，この点，原料を含む製品の品質表示がしばしば義務付けられる蒸留酒等と比べて，炭素集約的産品の生産工程で使用された燃料の種類を消費者に表示することは一般的に困難であろう．したがって，炭素集約的な産品間における「直接的競争又は代替可能性」の有無に，生産工程で使用される燃料の相違は影響を与えないと考えられる．

(3)「同様に課税されていない」

次に，炭素税/炭素換算税が「直接的競争又は代替可能」な産品間で「同様に課税されていない（not similarly taxed）」状況が存在するかが問題となる．3条2項1文とは異なり，そこではデミニミス以上の税格差の存在が求められており，僅かな税格差であれば「同様の課税」と評価される[98]．なお「国内生産に保護を与えるように」という要件との区別から，ここで税格差の目的や効果，問題となる法令の「意図，構造，設計」については検討の対象とされない[99]．

チリ・酒税事件で上級委員会は，原産地中立的な措置を構成する新酒税制度について「同様の課税」の有無を検討する際に，アルコール度を異にする国産蒸留酒及び輸入蒸留酒における「相対的な税負担」について比較を行った．上級委員会は「輸入産品の大部分（most）が47%の高課税に服し，国内産品の大部分が27%の低課税に服することから，輸入産品に対する税負担は国内産品に対する税負担よりも大きい」とのパネルの認定を根拠に，当該酒税が産品間で同様に課税されていないと結論付けた[100]．同様にフィリピン・蒸留酒事件パネルは，原産地中立的な措置を構成するフィリピン蒸留酒税制（指定原料から製造される蒸留酒には均一税が賦課され，それ以外の原料から製造される蒸留酒には小売価格に応じて10倍から40倍の税率が賦課される）について，実際には全ての国産蒸留酒は指定原料であるサトウキビ糖蜜から製造され，他方で大部分の輸入蒸留酒はそれ以外の原料から製造されていることから，同様

---

98) *Japan — Alcoholic Beverages II* (AB), *supra* note 26, at 118-19.
99) Panel Report, *Chile — Taxes on Alcoholic Beverages*, ¶¶ 7.92, 7.103, WT/DS87/R, WT/DS110/R (June 15, 1999).
100) Appellate Body Report, *Chile — Taxes on Alcoholic Beverages*, ¶¶ 49, 53, WT/DS87/AB/R, WT/DS110/AB/R (Dec. 13, 1999).

に課税されていないと判断した[101]. 換言すれば, ここでは「全て (all)」の産品間で同様に課税されていないことの立証は求められておらず,「特定 (certain)」の国内産品と「特定」の代替可能な輸入産品が同様に課税されていないことの立証で足りる[102].

しかしながら上記の事例とは異なり炭素税/炭素換算税は原産地別の措置を構成することから, インドネシア・国民車事件パネルと同様に, この点を判断する際に差別的効果テストに依拠することなく[103], 両者における課税標準の相違を根拠にデミニミス以上の税格差の有無が判断されることになろう (9.5.1 (3) を参照). 他方で, 仮に米国法案において原産地中立的な措置 (例えば生産工程で使用される化石燃料の量に応じて両産品に課税される炭素税) が採られる場合, 国産鉄鋼の大部分が再生可能燃料によって製造され, 他方で直接的競争又は代替可能な関係にある輸入鉄鋼の大部分が化石燃料によって製造される場合, 差別的効果テストに基づいてかかる税格差が「同様に課税されていない」と判断される可能性はある.

(4)「国内生産に保護を与えるように」

最後に,「直接的競争又は代替可能」な関係にある輸入産品に対して, 炭素換算税が「国内生産に保護を与えるように (so as to afford protection)」賦課されているかが問題となる.

産品間での税格差が「同様に課税されていない」と評価され, さらに税格差の規模が大きい場合は, その事実のみをもって「国内生産に保護を与えるように」課税されていることの証拠とされる. また, 税格差以外にも保護的な課税と認定される場合があり, その際には問題とされる税措置の「構造及び適用についての包括的かつ客観的な分析」が求められる[104].

---

101) *Philippines — Distilled Spirits* (Panel), *supra* note 68, ¶¶ 7.156-7.157.
102) *Id.* ¶ 7.162.
103) 本件パネルは, 原産地別の措置を構成する 1993 年自動車政策 (60% 以上の現地調達率で 1600cc 以下の国産乗用車については奢侈税を免除し, それと直接的競争又は代替可能な関係にある輸入自動車については 35% の奢侈税を賦課) に関して, 差別的効果を考慮することなく「同様に課税されていない」と結論付けた. Panel Report, *Indonesia — Certain Measures Affecting the Automobile Industry*, ¶ 14.115, WT/DS54/R, WT/DS55/R, WT/DS59/R, WT/DS64/R (July 2, 1998).
104) *Japan — Alcoholic Beverages II* (AB), *supra* note 26, at 120.

日本・酒税事件で上級委員会は，ここでは措置の「意図」ではなくその保護的な「適用」の有無が問題とされることから，当該要件を判断する際に立法者の動機等を調査する必要はないとしつつも，その直後では「措置の目的は容易には明らかにはならないが，その保護的適用は，措置の意図，設計，隠された構造（design, architecture, revealing structure）から認識可能である」と判断した[105]．この点について上級委員会はチリ・酒税事件において「法令上の目的（立法府及び政府全体の目的）は，法令において客観的に表現されている限り，無関係ではない」と説明し[106]，問題となる措置の目的がその意図，設計，隠された構造を通じて客観的に明らかになる場合，それは「国内生産に保護を与えるように」の有無を判断する際に関連性があることを再確認した．またフィリピン・蒸留酒事件パネルは日本・酒税事件での上級委員会判断を前提に，申立国が提出したフィリピン政府高官の声明について検討の必要性を明確に否定した[107]．

なお当該要件について検討する際に，問題となる措置の差別的効果が考慮された事例もある．韓国・酒税事件パネルは，低課税に服するのはほぼ例外なく国内産品であり，他方で高課税に服するのはほぼ例外なく輸入産品であることを理由の1つに，韓国酒税法の意図，設計，構造が「国内生産に保護を与える」と認定し，上級委員会はこの結論を支持した[108]．また，同様の認定がメキシコ・清涼飲料税事件パネル及びフィリピン・蒸留酒事件パネルによって行われた[109]．

米国法案における炭素税／炭素換算税は原産地別の措置を構成するが，過去のパネル判断に鑑みると[110]，措置の客観的意図や差別的効果を考慮することなく，「国内生産に保護を与える」ように輸入産品に炭素換算税が賦課されていると判断される可能性がある．また前述したように（9.5.1(2)を参照），その

---

105) *Id.* ¶¶ 27, 29. 実際に上級委員会は，その後のカナダ・雑誌事件において当該要件を検討する際に大臣の発言等をいくつか引用している．*Canada — Periodicals* (AB), *supra* note 38, at 475-76.
106) *Chile — Alcoholic Beverages* (AB), *supra* note 100, ¶ 62.
107) *Philippines — Distilled Spirits* (Panel), *supra* note 68, ¶ 7.184.
108) Appellate Body Report, *Korea — Taxes on Alcoholic Beverages*, ¶ 150, WT/DS75/AB/R, WT/DS84/AB/R (Jan. 18, 1999).
109) *Mexico — Taxes on Soft Drinks* (Panel), *supra* note 65, ¶¶ 8.86-8.87; *Philippines — Distilled Spirits* (Panel), *supra* note 68, ¶ 7.182.

構造 (国内産品と輸入産品に対する課税標準の相違, 炭素税制と同等の措置を実施する外国からの輸入産品に対する炭素換算税の免除など) を根拠に, 炭素税/炭素換算税の目的が「米国産業の保護」にあると認定される可能性がある.

9.5.3 GATT 2条2項 (a)

次に, 米国法案における国際備蓄排出枠の購入義務と2条2項 (a) の整合性が検討される. 同条項では「同種の国内産品について, 又は当該輸入産品の全部若しくは一部がそれから製造され若しくは生産されている物品について次条2の規定に合致して課せられる内国税に相当する課徴金」(内国税相当課徴金) を, 「産品の輸入に際して随時課すること」を認める旨が規定されている.

(1) 国境税調整の対象範囲

同条項の「内国税」について, そこでは「産品…又は物品…について課せられる」と規定され, また「3条2の規定に合致して」との言及があることから, それは3条2項と同様に内国間接税を指しており, 直接税は2条2項 (a) においても国境税調整の対象とされないと考えられる. また, ここで「内国税」とは3条2項と同様に「内国課徴金」も含むと解されている[111]. なお一般的に排出許可の取得義務については, 「対価性」が認められない (排出許可の取得は環境保護というより広範な公益に資する) ことから「内国税」を構成すると考えられる[112].

仮に排出許可の取得義務が内国税と認められる場合でも, それは化石燃料から排出される温室効果ガスに対して賦課されると考えられるところ, 同条項における国境税調整の対象範囲が最終産品に物理的に残存する投入物 (原料) への課税に限定されるか, または物理的に残存しない投入物 (例えば燃料) への

---

110) 例えばインドネシア・国民車事件でパネルは上述した1993年自動車政策について, 専らそれが原産地別の差別という効果を伴うことを根拠に, 奢侈税が「国内生産に保護を与えるように」輸入産品に賦課されていると判断した (*Indonesia — Autos* (Panel), *supra* note 103, ¶¶ 14.115-14.117). また中国・自動車部品事件において EC は原産地別の差別という効果を伴う内国税について, 税格差の規模, 立法者の動機, インドネシア・国民車事件パネル判断を根拠に, それが「国内生産に保護を与えるように」課されていると主張した. なおパネルはこの点について判断を行わなかった. *China — Auto Parts* (Panel), *supra* note 34, ¶¶ 7.224-7.226.

111) *India — Additional Import Duties* (Panel), *supra* note 41, ¶ 7.167.

112) Pauwelyn, *supra* note 85, at 21-22.

課税も含むかが問題となる.

　ここで，同条項の「輸入産品の全部若しくは一部がそれから製造され若しくは生産されている物品（article）」という文言の仏語条文などを根拠に，国境税調整の対象範囲は最終産品に物理的に残存する投入物への課税に限定されるとの見解がある[113]．他方で，米国・エビ輸入制限事件で上級委員会が示した「発展的解釈」を根拠に，同条項における柔軟な税調整を可能とするために，最終産品に物理的に残存しない投入物への課税についても税調整が認められるように解釈されるべきとの主張もある[114]．この点，3条2項と2条2項（a）における国境税調整の対象範囲を同一に解するべき必然性はなく，条件を満たすのであれば，後者における国境税調整の範囲をより広く認めるような柔軟な解釈も可能であろう．松下教授は「確定的結論は留保しつつも」と断った上で，国境税調整の範囲について同様の結論を支持する[115]．

　また，最終産品に物理的に残存しない投入物への課税について国境税調整が認められる場合でも，かかる投入物（例えば化石燃料）そのものに課税される炭素税とは異なり，排出許可は化石燃料から発生する温室効果ガス—投入物の「副産物」—に対する課金と考えられることから，この場合における税調整の可能性について疑問視する見解がある[116]．これに対して，同条項が物品に「対して（on）」ではなく「ついて（in respect of）」と規定していることを理由に，投入物の副産物への課税についても「関連して課されている内国税」として税調整を認める見解もあるが[117]，"on"と"in respect of"の文言上の区別がかかる解釈の根拠となりうるかは議論が分かれる[118]．この点，2条2項（a）の「課せられる（imposed）」という文言は，3条2項1文及び3条注釈の「課せられる（applied）」と同様に「金員の支払い義務の発生」を意味すると解さ

---

113) VRANES, *supra* note 74, at 334; Demaret & Stewardson, *supra* note 22, at 19; Pauwelyn, *supra* note 85, at 20 n.51.
114) Howse & Eliason, *supra* note 56, at 66.
115) 松下満雄「地球温暖化防止策としての環境税／排出量取引制度のWTO整合性」『国際商事法務』38巻1号1頁以下所収6頁（2010）．
116) Veel, *supra* note 81, at 773-74.
117) 阿部前掲（注83）41頁．
118) 例えばドミニカ共和国・タバコ関連措置事件パネルは，GATT 11条1項における"on"が，"in connection with"または"with respect to"という意味を含むと解釈した．*Dominican Republic — Import and Sale of Cigarettes* (Panel), *supra* note 32, ¶ 7.258.

れるところ[119]、排出許可の購入義務は温室効果ガスの排出に伴って発生するものであることから、投入物の副産物に対する課税についても同条項において税調整の対象になると解釈することはできよう。

(2)「相当する」

仮に排出許可の取得義務が内国間接税と認められる場合に、それが「課徴金 (charge)」[120]を構成する国際備蓄排出枠の購入義務に「相当する (equivalent)」か否かが、「次条2の規定に合致して」—3条2項1文の「こえる」に合致して[121]—という要件と併せて問題となる。「相当する」の内容及び「こえる」との関係については、インド・追加関税事件でパネル及び上級委員会がそれぞれ異なる解釈を行った。

(2)-1 「機能」における相当性

本件パネルによれば、仮に「相当する」という文言が「同様の効果を有する」または「同額」を意味すると解されれば、3条2項1文の「こえる」の内容とほとんど違いを見出すことができないため、その代わりに当該文言の辞書的意味及び起草史を根拠にその内容を「同様の機能を有する」ことと説明する[122]。かかる解釈によれば、輸入産品に対する課徴金の税負担（税率、課税標準）が国内の「（輸入産品の全部または一部を構成する）物品」に賦課される内国税を上回る場合、「こえる」の内容を厳格に解する3条2項1文に違反すると考えられるものの、2条2項 (a) では相当性が認められる余地は残る[123]。

続いてパネルは、「相当する」と「次条2の規定に合致して」が別個の関係にあると判断した。すなわち、いったん内国税と課徴金の間で機能的な「相当

---

119) 2条2項柱書の「課する (imposing)」を同様に解釈するものとして、India — Additional Import Duties (Panel), supra note 41, ¶ 7.248.
120) 9.4.2で検討した通り、上級委員会によれば内国税相当課徴金は「その他の租税又は課徴金 (2条1項 (b) 2文)」の例外と考えられるところ、両者における「課徴金」は同義と解することができる。
121) 同条項には「同種の国内産品」との文言が挿入されていることから、暗示的に3条2項1文に言及するものと考えられる。India — Additional Import Duties (Panel), supra note 41, ¶¶ 7.183, 7.204.
122) Id. ¶¶ 7.185-7.187.
123) Id. ¶¶ 7.187, 7.192, 7.204.

性」が認められれば，次にそれが内国税を「こえる」ものかが問題となる．換言すれば，問題となる課徴金が2条2項(a)と整合的であるためには「相当性」を満たせば十分であり，仮に3条2項1文違反についても申立てがされていれば，その後の議論は3条2項1文の領域に移る．したがって，内国税相当課徴金が「次条2の規定に合致し」ないと判断されれば，それは2条2項(a)違反ではなく3条2項1文違反を構成することになる．他方でパネルは「次条2の規定に合致して」という要件について，内国税相当課徴金が3条2項1文の規律に服することを加盟国に気付かせることに意義があると説明する[124]．

内国税と課徴金が同様の機能を有するか否かは，問題とされる措置の「特徴，構造，意図 (features, structure and design)」，及び措置の法的・事実上の文脈を考慮に入れて判断される[125]．「特徴，構造」についてパネルは，内国税と課徴金が課税形態（従価税と従量税の別，税率構造など）において同一であることは求められていないと述べた[126]．また「意図」についてパネルは，関税定率法及び税関告示においてインド中央政府は「同種の国産アルコール飲料に賦課される州物品税を考慮して」輸入アルコール飲料に賦課される追加関税率を決定すると定められていること，追加関税の意図についてのインド最高裁判所判決を根拠に，追加関税の意図は州物品税を埋め合わせることにあると判断し，最終的には両者間の同等性が認定された[127]．

以上を前提に，排出許可と国際備蓄排出枠の間の機能的「相当性」について検討する．まず「特徴，構造」について，後述するように両者の税負担には格差が存在するものの，かかる事実のみをもって相当性を否定する根拠とはならない．次に「意図，目的」について，米国法案で国際備蓄排出枠の購入義務の目的は「炭素リーケージの防止」または「地球規模での温室効果ガス排出削減努力の促進」と法定され，その効果的達成のためには諸外国との国際交渉が優先することが確認され，加えて後発開発途上国及び全温室効果ガス排出に占める自国の排出割合が0.5%以下の外国から輸入される対象産品については国際備蓄排出枠の取得義務から免除されている．他方で，法案では「米国と同等

---

[124] Id. ¶¶ 7.210-7.211.
[125] Id. ¶¶ 7.262, 7.348.
[126] Id. ¶ 7.273.
[127] Id. ¶¶ 7.277-7.295.

の措置を実施する外国」からの輸入対象産品に対する国際備蓄排出枠の取得義務についても免除していること，また米国による気候変動枠組条約の京都議定書への不参加という事実上の文脈と併せて考慮すると，国際備蓄排出枠制度の実際の目的は「米国産業の国際競争力の確保」にあるとも考えられる[128]。

仮に相当性が肯定されれば，続いて国際備蓄排出枠の購入義務が排出許可の取得義務を3条2項1文の意味で「こえる」かが問題となる。排出許可の取得量は国内の対象施設による実際の温室効果ガス排出量に対応するのに対し，国際備蓄排出枠の取得量は，外国生産者による実際の温室効果ガス排出量とは無関係に，当該生産者が拠点とする外国における当該産品の平均温室効果ガス排出量（産品別に定められる基準値を超える温室効果ガス排出量÷当該産品の全生産量）に基づいて決定され，両者の税負担（課税標準）は異なる。また，排出許可の提出期限は暦年末後3カ月以内とされるが，国際備蓄排出枠は輸入時の提出が求められるため，かかる「機会費用」の相違と併せて，当該措置は3条2項1文違反を構成すると考えられる[129]。

(2)-2 「価額」または「効果」における相当性

上記のパネルによる解釈は，一旦2条のもとで「（内国税相当）課徴金」と分類された後で再び3条の規律に服することになるため，2条と3条の規律範囲を峻別してきた従来のパネル及び上級委員会の立場と相容れない[130]。そこで上級委員会は，「相当する」と「次条2の規定に合致して」という2つの要件は別個ではなく調和的に解釈される必要があり，後者の要件の検討は相当性判断の不可分の一体であると述べた[131]。すなわち，ある課徴金が2条2項(a)と整合的であるためには3条2項1文の趣旨を考慮した上で，「相当性」要件を満たすことが必要となる。「相当性」の内容について，パネルが課徴金と内国税の機能的な側面に着目して量的比較を度外視する解釈を行ったのに対して，上級委員会は機能的側面に加えて，「効果（effect）」及び「額（amount）」という要素を含む「量的比較」も求められると解釈した[132]。この

---

128) Arjun Ponnambalam, *U.S. Climate Change Legislation and the Use of GATT Article XX to Justify A 'Competitiveness Provision' in the Wake of* Brazil-Tyres, 40 GEO. J. INT'L L. 261, 284-86 (2008).

129) Veel, *supra* note 81, at 783-84.

130) 米国による同様の批判として，*India — Additional Import Duties* (AB), *supra* note 47, ¶ 177.

131) *Id.* ¶¶ 170, 180-181, 211.

点について 1947 年に国連貿易雇用会議準備委員会第 2 会期における起草委員会は，物品であるアルコールに内国税が賦課されていることを前提に，アルコールを含有する香水の輸入に際して課徴金を賦課する場合には，「香水全体の価額（value）ではなく，アルコールの価額が考慮されなければならない」と述べたが，それを根拠に上級委員会は相当性判断の際には「価額」の考慮が求められると述べた[133]。

輸入アルコール飲料に賦課される追加関税と国産アルコール飲料に賦課される州物品税の間の相当性について上級委員会は，前者が後者を「若干（marginally）こえる」場合があることを認めつつも，他方で関税定率法でインド中央政府は追加関税率を「同種の国産アルコールに賦課される州物品税の負担」を考慮して決定すると定められていること，また追加関税率は全ての州において物品税率を超えている訳ではないことを認定しつつも，一部証拠が不十分であることを根拠に具体的な判断を行わなかった．その代わりに上級委員会は，追加関税が州物品税を「こえる（in excess of）」のであれば相当性は否定されるであろうと，仮定に基づく結論を導くに止めた[134]。結論のみを一見すると上級委員会は「相当性」と「こえる」を同視したかに読めるが，他方でそこでは 3 条 2 項 1 文の「デミニミス基準」までは要求されておらず，「相当性」と「こえる」は分離して把握されていると評価できる．

米国法案との関係では，前述したように排出許可と国際備蓄排出枠では税負担（課税標準）を異にするものの，かかる事実のみから直ちに「相当性」が否定されるかは，その他の要素を考慮した上で判断されることになろう．

なお 2 条 2 項（a）の成立経緯に鑑みても[135]，上級委員会の解釈には一定の説得力が見られる．当初，2 条 2 項（a）は独立した GATT 条項としてではなく，GATT に附属される譲許表の「見出し（heading）」のパラグラフ 3（a）で規定されることが予定されていた[136]。その後，当該規定を独立した条項と

---

132) Id. ¶¶ 171-172, 175.
133) Id. ¶ 174.
134) Id. ¶¶ 213-214.
135) Fauchald, supra note 23, at 178.
136) Preparatory Comm. of the United Nations Conference of Trade and Employment, 2nd Sess., Tariff Negotiations Working Party, Schedules to Be Attached to the General Agreement on Tariffs and Trade, U.N. Doc. E/PC/T/153, at 5 (Aug. 7, 1947).

してGATT2条に挿入することが交渉国間で合意され，それに伴い他のGATT条項との整合性について検討を行うべくアドホック委員会が設置され，そこで提示された草案に「GATT3条1項と合致して」という文言が挿入される運びとなった[137]．かかる経緯によれば，パネルが述べるように当該規定が「輸入産品に賦課される課徴金が内国税と機能的に類似する」場合であれば，内国税の内国民待遇原則について定める3条1項とは無関係にGATT整合的であると想定していたとは考えにくい．すなわち，そこで「相当性」とはGATT3条1項の趣旨を含む概念として理解されていたのであり，アドホック委員会による上記文言の挿入はその点を明らかにする意図があったものと考えられる．

9.5.4 GATT2条1項(b)

国際備蓄排出枠の購入義務が「内国税相当課徴金」に該当しない場合でも，続いてそれが「通常の関税」を構成する可能性が残る．チリ・農産物価格帯事件パネルは「経験的にあらゆる『通常の関税』は，従価税あるいは従量税または両者をあわせた形態を採っている．規範的にも，関税譲許は輸入産品の価値（従価税）または量（従量税）のいずれかと通常関連するものである」と説示した．その上で，チリの価格拘束制度における特別税は農産物の平均国際価格という「外因」に基づいて算定されることから，「通常の関税」を構成しないと判断した[138]．これに対して上級委員会は，パネルによる「通常の関税」についての規範的解釈は適当な条約解釈に依拠するものではなく，また通常は実効関税率の決定の際に国際価格等の外因が考慮に入れられることを理由にパネル判断を覆したものの，そこで「通常の関税」の定義は示されなかった[139]．なおインド・追加関税事件パネルは，「通常の関税」が「輸入産品に対する本質的な差別又は不利益」という性質を備えていると特徴付けたが[140]，前述したように，上級委員会は「通常の関税」にかかる性質を読み込むことは文言上

---

137) Preparatory Comm. of the United Nations Conference of Trade and Employment, 2nd Sess., Report of the Sub-committee on Schedules of the Tariff Agreement Committee, U.N. Doc. E/PC/T/201, at 4 (Sep. 17, 1947).

138) *Chile — Price Band System* (Panel), *supra* note 1, ¶7.52.

139) *Chile — Price Band System* (AB), *supra* note 45, ¶¶271-274.

140) *India — Additional Import Duties* (Panel), *supra* note 41, ¶¶7.151-7.156.

の根拠を欠くとしてパネル判断を覆した[141]. 以上から「通常の関税」の該当性は，ある課金が従量税，従価税，またはその複合という形態を採るかが決定的な基準となろう.

ここで国際備蓄排出枠の購入義務について，その価格及び購入数量はかかる基準以外の要因（米国排出許可の市場価格，外国生産者が拠点とする外国における平均温室効果ガス排出量）に基づいて算定されることから「通常の関税」に該当しないものと考えられる．仮に「通常の関税」に該当する場合は，それが譲許税率を超えて輸入産品に賦課されているかが問題とされ，それを超える場合，GATT 28 条に従って譲許表の修正を行わない限り 2 条 1 項（b）違反を構成する.

さらに「通常の関税」の該当性が否定されれば，国際備蓄排出枠の購入義務は「その他の租税又は課徴金」に該当することになる．そこでは，1994 年 4 月 15 日の時点で譲許表において定められる水準を超えて，関税譲許される産品の輸入に賦課することが禁止される．国際備蓄排出枠の購入義務は「鉄，鉄鋼，アルミニウム，セメント，バルクグラス，紙」の輸入に対して賦課されることになり，それが米国譲許表の水準を超えているかが問題となる[142]．仮にそれが「その他の租税又は課徴金」として譲許表に記録されていなければ，かかる事実自体で 2 条 1 項（b）違反を構成すると考えられる[143]．

なお「通常の関税」か「その他の租税又は課徴金」かを問わず，2 条 1 項（b）との整合性を判断する際に，それらが保護主義的な政策目的を備えるか否かは無関係とされる[144]．

9.6 おわりに

本章では，近年の米国地球温暖化対策法案で提案されてきた国境調整措置が

---

141) *India — Additional Import Duties* (AB), *supra* note 47, ¶ 164.
142) America's Climate Security Act of 2007, S. 2191, 110th Cong. § 6001(5) (2007). これらの炭素集約的産品の中で譲許の対象とされていない産品がある場合，その限りで 2 条 1 項（b）違反を構成しない.
143) PETROS C. MAVROIDIS, TRADE IN GOODS: THE GATT AND THE OTHER AGREEMENTS REGULATING TRADE IN GOODS 78 (2007).
144) GATT Panel Report, *European Economic Community — Regulation on Imports of Parts and Components*, L/6657 (Mar. 22, 1990), GATT B.I.S.D. (37th Supp.) at 132, 191-93 (1991).

「内国税」,「関税」または「内国税相当課徴金」のいずれに分類されうるかを検討した上で,それぞれを規律する条項との整合性について検討を行ってきた.以下では結論として,3条2項及び2条2項 (a) における規律内容について比較を行う.

第1に規律範囲について,3条2項は「禁止条項」を構成することから[145],国境調整措置として輸入産品に内国税を賦課する場合,それが「同種」及び「直接的競争又は代替可能」な国内産品に対する差別的な課税を構成しない限りで許容される.これに対して2条2項 (a) は同条1項 (b) の例外と位置付けられ,「同種」の産品についてそこで定められる条件を満たす限りで輸入産品へ内国税に相当する課徴金を賦課することが許容される.この意味で,2条2項 (a) は「権限付与条項」としての性格を有する.したがって,国内産品に賦課される内国税と比して「直接的競争又は代替可能」な輸入産品に差別的な課金が賦課される場合,3条2項2文に違反する可能性はあるものの,2条2項 (a) との整合性には影響を与えない.

第2に国境税調整の対象範囲について,3条2項及び2条2項 (a) いずれの場合も最終産品に物理的に残存する投入物に賦課される内国税が国境税調整の対象とされることに争いはないが,他方で最終産品に物理的に残存しない投入物 (例えば化石燃料) 及びその副産物 (例えば化石燃料から排出される温室効果ガス) に課税される内国税については,近年かかる形態の炭素税・環境税が各国で導入される傾向にあるものの[146],その場合の国境税調整の可否についていまだに確立した解釈が存在しない.これに対して,2条2項 (a) は「輸入産品の全部若しくは一部を構成する物品」に賦課される内国税の国境税調整を明文で許容しており,そこでは「間接に (indirectly)」という文言を含まないものの,「発展的解釈」等を通じて3条2項よりも国境税調整の対象範囲が広く解釈される可能性はある.

第3に国内産品に賦課される課金措置と輸入産品に賦課される国境調整措置の制度的関係について,2条2項 (a) においては別立ての制度 (一方が内国

---

145) Howse & Regan, *supra* note 73, at 257.
146) *See* UNEP & WTO, TRADE AND CLIMATE CHANGE: A REPORT BY THE UNITED NATIONS ENVIRONMENT PROGRAMME AND THE WORLD TRADE ORGANIZATION 90-98 (2009).

税で他方が課徴金）であっても，特徴，構造，意図という点において両者が「同様の機能」——そこで課金の価額・効果が考慮されるか否かはパネルと上級委員会の間で判断が分かれる——を備えていれば足りる．他方で3条2項では，3条注釈の「同様に」という文言に従って，国内産品と輸入産品が「同一の内国税制」のもとで賦課されることが求められている[147]．

第4に「輸入産品の全部若しくは一部がそれから製造され若しくは生産されている物品」——すなわち輸入産品の原料——に内国税が賦課される場合，3条2項においては，当該物品（原料）を含む国内産品と輸入産品が「同種」または「直接的競争又は代替可能」な関係にあれば，それぞれ差別的な課税を構成する国境税調整は認められない．他方で2条2項（a）では，当該物品（原料）を含む国内産品と輸入産品の関係性について規律は存在せず，国境税調整として輸入産品に賦課される課徴金が当該物品（原料）に賦課される内国税に「相当する」かが問題となるのみである[148]．

第5に税格差について，3条2項では，輸入産品に賦課される課金が同種の国内産品に賦課される水準を「こえて」課税されないこと，また直接的競争又は代替可能な関係にある国内産品と「同様に課税」されることが求められるが，特に「こえて」については過去のパネル及び上級委員会によって厳格に解釈されてきた．また2条2項（a）では，インド・追加関税事件パネルによれば内国税と同様の機能を備えると一旦判断される課徴金が，内国税を超えて輸入産品に賦課されるかが問題とされるが，そこでは3条2項1文と実質的に同様の検討が行われることになる．他方で本件上級委員会によれば，機能に加えて課

---

[147] 3条2項1文では，輸入産品に課される「内国税その他の内国課徴金」について，それが同種の国内産品に課される際に"those"という代名詞が使用されている．また3条注釈によれば，内国税が輸入産品について通関時に徴収される場合，それが同種の国内産品と「同様に適用され」る限りで3条2項の問題として処理される．さらに，EEC・動物飼料事件GATTパネルは内国税と区別する目的から，輸入税（import duties）の特徴として「同種の国内産品について徴収される類似の課徴金とは一切関係なく，輸入産品に排他的に賦課される課金」と説明したところ（GATT Panel Report, *EEC — Animal Feed Proteins*, L/4599 (Dec. 2, 1977), GATT B.I.S.D. (25th Supp.) at 49, 67 (1979))．これを反対解釈すれば上記の解釈を支持するものとなる．

[148] インド・追加関税事件では，輸入アルコール飲料に賦課される追加関税が，「同種の国内産品」に賦課される州物品税に「相当する」かが問題とされ，そこで「輸入産品の全部若しくは一部がそれから製造され若しくは生産されている物品」に内国税が賦課される場合については問題とされなかった．*India — Additional Import Duties* (Panel), *supra* note 41, ¶ 7.167 n.217.

金の価額・効果を考慮に入れた上で，当該課金が内国税に「相当する」かが検討されるが，そこでの基準は「こえる」よりも緩やかなものと考えられる．

以上の諸点から，WTO 加盟国が米国法案の炭素換算税や国際備蓄排出枠と同様の国境調整措置を実施する場合，輸入産品に対する課金が「内国税（3条2項）」や「関税（2条1項 (b)）」ではなく，「内国税相当課徴金（2条2項(a)）」を構成するような制度設計を視野に入れる方が，加盟国により柔軟な政策空間を提供することが可能になると結論付けることができる．

追 記

脱稿後，本文中注 (69) 対応部分の議論につき，フィリピン・蒸留酒事件上級委員会報告書（WT/DS396/AB/R, WT/DS403/AB/R, Dec. 21, 2011）に接した．上級委員会は，原料の相違に基づいて生産工程では完全には取り除かれない物理的相違が最終産品に現れる場合であっても，それが最終産品間の競争関係を根本的に変更するものでなければ同種性は肯定されると論理付けることで，同事件パネルの結論を支持した（同報告書 123-128 段）．

第10章　エコカー購入支援策による大気保全とWTO協定
——内国民待遇原則及び環境例外への適合性を中心に

川瀬剛志

10.1　はじめに—世界金融危機とエコカー購入支援策

　2008年秋以降の世界金融危機は，金融にとどまらず実体経済にも広汎な悪影響を及ぼした．OECDのサーベイによれば，2008年後半～09年第1四半期の実質GDPは，OECD諸国全体で7～8%のマイナス成長を記録した[1]．結果として大幅な需要の減退が，信用収縮によるグローバル・サプライチェーンの分断とあわせて，貿易量の激減を招いた．特にリーマンショック直後の2008年第4四半期及び2009年第1四半期の落ち込みは，1929年の世界大恐慌時のそれを凌ぐものであった[2]．

　この状況下で，各国は内需の囲い込みや輸出促進等を目的とした多様な通商介入措置を導入したが，15兆円を超える（2009年夏時点）[3]自動車産業に対する公的資金投入は顕著な一例であろう．自動車産業は完成車製造産業のみならず，部品産業や保険，ローン，ディーラー網等の関連サービス産業を含んで裾野が広く，その趨勢は国内雇用や付加価値の増減に重要な意味を持つ．さらに輸出に占める割合も大きい[4]．自動車産業支援は，米国のビッグ3支援のよう

---

1) OECD Economic Outlook, No. 86, at 6 (2009).
2) Calista Cheung & Stéphanie Guichard, *Understanding the World Trade Collapse* 5 (OECD, Economics Department Working Papers No. 729, 2009).
3) 「車産業，政府支援15兆円に，世界全体，米が過半―競争ゆがむ懸念も」日本経済新聞2009年8月9日朝刊5面．試算はSean McAlinden, *The Beneficent Hand? The New Role of Government in the Global Auto Industry*, Presentation at the 44th Management Briefing Seminars for the Center for Automotive Research (CAR), Traverse City, Michigan, Aug. 5, 2009, http://mbs.cargroup.org/2009/images/pdfs/2009_mbs_mcalinden.pdfによる．

な生産者に対する信用保証・直接的融資（資金流動性確保をしつつ，技術革新や産業再編を図る資金），消費者に対する短期的な自動車需要の刺激策，そして失業者支援に大別される[5]．

このうち第 2 の類型は，OECD 諸国，特に G7 諸国での大幅な自動車売上の落ち込みが金融危機に伴う購買層の財務事情悪化に起因するため[6]，その消費喚起を担う．特に環境対応車（エコカー）購入・買替えに伴う支援策は世界で広く採用された．その形態としては，環境性能に優れた自動車の購入に一定額を補助するもの，及びスクラップ・インセンティブと呼ばれる，環境性能において規格外の旧車の廃棄と環境対応車の購入の組み合わせを要求するものがある．景気刺激策としてのエコカー購入支援策は，この間の先進国経済の成長を下支えしたことに疑いはない[7]．

他方，グリーン・ニューディールに象徴されるように，このエコカー購入支援策は今回の自動車産業支援が環境政策としての側面を有していることを示す．いささか単純化していえば，エコカーが従来型のガソリン車に置き換わることは，少なくとも自動車からの温室効果ガスの減少に資するものといえる．例えばわが国の「京都議定書目標達成計画」にも，京都議定書の 6% 削減目標達成のための施策の一部として，燃費性能に優れた自動車やクリーンエネルギー自動車の普及が明記されている[8]．

このような景気対策と環境政策の両面的性質を有するエコカー購入支援策は，ともすれば保護主義に陥る懸念がある．米国復興再投資法のバイアメリカン条項に象徴されるように，もとより景気支援が輸入を通じて海外に流出することには政治的に抵抗が強く，かかる支援にはいきおい国産品優遇のバイアスがか

---

4) 自動車産業の構造と特徴及び金融危機の影響について以下を参照．OECD, Responding to the Economic Crisis : Fostering Industrial Restructuring and Renewal 18-22 (2009); David Haugh, Annabelle Mourougane & Olivier Chatal, *The Automobile Industry in and beyond the Crisis* 6-9 (OECD, Economics Department Working Papers No. 745, 2010).

5) OECD, *supra* note 4, at 25-27; Trade Policy Review Body, *Report to the TPRB from the Director-General on Trade-Related Developments*, ¶121, WT/TPR/OV/W/3 (June 14, 2010) (hereinafter *4th Report to TPRB*).

6) Haugh et al., *supra* note 4, at 12-16.

7) 「日本，先進国最高の成長率―10 年実質 3.9%，前年の反動でかさ上げ」日本経済新聞 2011 年 3 月 11 日朝刊 5 面．

8) 「京都議定書目標達成計画」43 頁（2009 年 3 月 28 日閣議決定）http://www.kantei.go.jp/jp/singi/ondanka/kakugi/080328keikaku.pdf．本章のリンクは全て 2011 年 9 月 30 日確認．

かる[9]．WTOはエコカー購入支援策を貿易拡大の視点から歓迎し，各加盟国の措置に差別的な条件を見出さないとするが[10]，明示的な原産地別優遇はむしろ例外で，環境対応基準のあり方や実際の制度運用によって事実上の差別（*de facto* discrimination）に帰結する場合を懸念すべきである．このことは先例からも明らかであろう[11]．

本章では，以上の点を念頭に置きつつ，各国制度の検討を通じてエコカー購入支援策の潜在的な内外差別性を検証する．また，現行のWTO協定，とりわけ税制や購入支援策の内外無差別を規定するGATT3条，そして環境保護を含む一般的例外を規定するGATT20条に対するこれらの制度の適合性を検討する．本章を通じ，地球温暖化対策と自由・無差別な貿易の適切なバランスを達成するエコカー購入支援策のあり方を模索する契機としたい．

10.2 主要国のエコカー購入支援策

10.2.1 日本

2008年末，経済対策閣僚会議により緊急経済対策の一環として環境性能に優れた自動車購入時の自動車関連税制の軽減措置が合意され[12]，平成21年度本予算に計上された「環境性能に優れた自動車に対する自動車重量税・自動車取得税の特例措置」（エコカー減税）が関係法令の改正により実施された[13]．あわせて2009年4月，与党・麻生内閣は金融危機対応策としての財政出動を

---

9) Gary Clyde Hufbauer & Jeffrey J. Schott, *Buy American : Bad for Jobs, Worse for Reputation* 5 (Peterson Institute for International Economics, Policy Brief No. PB09-2, 2009).

10) *4th Report to TPRB, supra* note 5, ¶¶ 123-125; Trade Policy Review Body, *Annual Report by the Director-General : Overview of Developments in the International Trading Environment*, ¶ 136, WT/TPR/OV/12（Nov. 18, 2009）（hereinafter *2009 Annual Report to TPRB*）.

11) 関連事案のサーベイにつき，例えば以下を参照．Erich Vranes, Trade and the Environment: Fundamental Issues in International and WTO Law, pt. 3, ch. 1（2009）; Lothar Ehring, *De Facto Discrimination in WTO Law: National and Most-Favored-Nation Treatment — or Equal Treatment?*, 36 J. World Trade 921（2002）; Henrik Horn & Petros C. Mavroidis, *Still Hazy after All These Years: The Interpretation of National Treatment in the GATT/WTO Case-law on Tax Discrimination*, 15 Eur. J. Int'l L. 39（2004）.

12) 「生活防衛のための緊急対策」（経済対策閣僚会議，2008年12月19日）http://www5.cao.go.jp/keizai1/2008/081219taisaku.pdf.

補正予算によって実施すべく，いわゆる追加経済対策（「総合危機対策」）を取りまとめ，その一環として，政府は環境対応車の普及促進を提案した[14]。この結果，平成21年度補正予算に約3,600億円が計上され，「環境対応車への買い換え・購入に対する補助制度」（エコカー補助金）が設立された[15]。翌年1月，このエコカー補助金には同年度第2次補正予算によって約2,600億円が追加されている[16]。その運用については，経済産業省に申請のあった「一般社団法人・一般財団法人その他の非営利法人」に資金を交付し，当該団体がこれを基金として交付事業を行う[17]。

まずエコカー減税は，電気自動車，ハイブリッド車（HV），低燃費・低排ガス車等7つの区分について，自動車重量税・自動車取得税の減免を定めている。例えばHVで3.5トン以下（主として乗用車）の新車であれば，2010年燃費基準達成車を燃費効率で25％以上上回り，かつ排気ガス性能で「4☆」の評価を得ている場合，両方の税は免除される。また，ガソリン車でも，例えば

---

13) 関係法令は以下を参照。租税特別措置法90条の11乃至12（昭和32年3月31日法律第26号，最終改正：平成22年12月3日法律第65号），地方税法附則12条の2乃至5（昭和25年7月31日法律第226号，最終改正：平成22年12月3日法律第65号）。

14) 「経済危機対策」別紙25頁（「経済危機対策」に関する政府・与党会議，経済対策閣僚会議合同会議，平成21年4月10日）http://www5.cao.go.jp/keizai1/2009/0410honbun.pdf，及び http://www5.cao.go.jp/keizai1/2009/0410sesaku.pdf。

15) 「平成21年度一般会計補正予算（第1号）（平成21年度一般会計補正予算参照書添付）」287頁，「平成21年度補正予算（第1号，特第1号及び機第1号）等の説明（第171回国会，未定稿）」5-6頁（財務省主計局，平成21年4月），環境対応車普及促進対策費補助金（平成21年度第2次補正予算分）交付要綱（平成22・02・01財製第2号）http://www.mlit.go.jp/common/000057627.pdf。なお，交付要綱については，平成21年度補正予算に基づくもの（平成21・05・29財製第4号）が別途定められているが，執筆時点でアクセス不能であるので，上記第2次補正予算用のみ参照した（ただし実質的に両者は同内容，環境対応車普及促進事業実施要領第4(3)②（平成22・02・01財製第3号）http://www.mlit.go.jp/common/000057628.pdf 参照）。

16) 「平成21年度一般会計補正予算（第2号）（平成21年度一般会計補正予算参照書添付）」391頁，「平成21年度補正予算（第2号及び特第2号）の説明（第174回国会，未定稿）」4頁（財務省主計局，平成22年1月）。

17) 交付要綱前掲注（15）3条及び4条。公募の結果，基金管理団体として一般社団法人環境パートナーシップ会議が，交付団体として一般社団法人次世代自動車振興センターが，それぞれ選出されている。環境対応車普及促進事業補助金交付規程（平成21年度補正）2条，環境対応車普及促進事業補助金交付規程（平成21年度第2次補正）2条，事業用自動車に係る環境対応車普及促進事業補助金交付規程（平成21年度第2次補正）2条。交付規程は，「平成21年度環境対応車普及促進対策費補助事業のご案内」（次世代自動車振興センター）http://www.cev-pc.or.jp/NGVPC/subsidy/eco_car.html において入手可能。

2010 年燃費基準達成車を燃費効率で 15% 以上上回りかつ排気ガス性能「4 ☆」であれば両税共に 50% 減，あるいは 25% 以上かつ「4 ☆」であれば 75% 減となっている[18]．

次にエコカー補助金では，乗用車の場合，車齢 13 年超の自動車を廃して 2010 年燃費基準達成車を購入する場合に，25 万円が補助される．旧車の廃車を伴わず新車のみを購入する場合には，当該新車が 2010 年燃費基準達成車を燃費効率で 15% 以上上回り，かつ排気ガス性能で「4 ☆」の評価を得ている場合，10 万円が補助される．軽自動車はそれぞれこの半額の補助が認められ，別途トラック・バス等重量車に適用される基準も定められている[19]．なお，エコカー補助金については 2010 年 7 月に同 9 月末日新車登録分での終了が発表され，その後 9 月 7 日受理分を以てほぼ所定の予算額の全額を使い切り，終了した[20]．

10.2.2 米国

2008 年から 2009 年初旬にかけて，多様な自動車購入促進策（補助・税控除）が議会で議論された[21]．その結果，「リサイクル・省資源消費者補助法（Consumer Assistance to Recycle and Save Act）」が可決され，「自動車下取り返戻制度（Car Allowance Rebate System, CARS）」（通称「ポンコツ車買い取り（Cash for Clunkers）」）を立ち上げた[22]．同法では，燃費効率がガロン当

---

18) 対象車の基準については，「環境性能に優れた自動車に対する自動車重量税等の減免について」（国土交通省）http://www.mlit.go.jp/jidosha/jidosha_fr1_000005.html を参照．
19) 対象車の基準は以下に規定されている．交付規程（平成 21 年度補正）前掲注（17）別表 1，交付規程（平成 21 年度第 2 次補正）前掲注（17）別表 1，及び事業用自動車交付規程（平成 21 年度第 2 次補正）前掲注（17）別表 1．その概要については以下を参照．「環境対応車への買い換え・購入に対する補助制度について（追補版）」（経済産業省製造産業局自動車課・国土交通省自動車交通局総務課企画室，平成 22 年 3 月 29 日）http://www.meti.go.jp/policy/mono_info_service/mono/automobile/100329sankoushiryou.pdf．
20)「自家用自動車を対象としたエコカー補助金の申請額について（9 月 8 日（水））」（経済産業省，2010 年 9 月 9 日）http://www.meti.go.jp/press/20100909005/20100909005.pdf，「自家用自動車を対象としたエコカー補助金の交付申請受付終了方法について」（経済産業省，2010 年 7 月 30 日）http://www.meti.go.jp/press/20100730001/20100730001.pdf．
21) 概要は Claire Brunel & Gary Clyde Hufbauer, *Money for the Auto Industry: Consistent with WTO Rules?* 3-4（Peterson Institute for International Economics, Policy Brief Number PB09-4, 2009）を参照．
22) Supplemental Appropriations Act of 2009, Pub. L. No. 111-32, § 1301, 123 Stat. 1859, 1909 (2009).

たり18マイル以下の車を保有する者が車の買い替えを行う際に，手持ちの旧車と新規購入の自動車を比較してガロン当たり4マイル以上の改善を実現すれば3,500ドル，10マイル以上の改善を実現すれば4,500ドルが新車ディーラーに支給されるため，購入者はその分の値引きを受ける[23]。

プログラムの実施は爆発的な買い替え需要を生み，即座に10億ドルの予算を消化した。実施から1ヵ月足らずの2009年8月上旬には，30億ドルを追加拠出する法案が成立したが[24]，これも9月末までにほぼ全額消化している[25]。

10.2.3 カナダ

今回の危機とは無関係に，カナダでは大気保全目的のスクラップ・インセンティブの歴史は古く，すでに1996年にはブリティッシュコロンビア州バンクーバー周辺地域（いわゆるLower Mainland）における「BC廃車プログラム（BC Scrap-It Program）」が創設された。同制度をはじめ，カナダでは州以下の地域レベルにおける民間非営利団体による助成が中心で，連邦政府はこれに資金援助を行う。カナダ政府はこうした団体に2008年末までに340万カナダドルを提供している[26]。

上記の「BC廃車プログラム」では，1995年以前製造の自動車を廃車とする場合一定の利益を受け取ることができ，通勤列車の定期券，自転車の購入補助等と共に，1つのオプションとして，2004年以降製造の自動車の購入・リースにつき最大550カナダドルの助成金を得られる[27]。これは地域のプログラム参

---

23) 制度概要は以下を参照。NAT'L HIGHWAY TRAFFIC SAFETY ADMIN., U.S. DEP'T OF TRANSP., CONSUMER ASSISTANCE TO RECYCLE AND SAVE ACT OF 2009: REPORT TO THE HOUSE COMMITTEE ON ENERGY AND COMMERCE, THE SENATE COMMITTEE ON COMMERCE, SCIENCE, AND TRANSPORTATION AND THE HOUSE AND SENATE COMMITTEES ON APPROPRIATIONS 5-10 (2009), http://www.cars.gov/files/official-information/CARS-Report-to-Congress.pdf. また，一般的な情報は以下のサイトを参照。CARS — CAR ALLOWANCE REBATE SYSTEM, http://www.cars.gov/index.html.
24) Act of Aug. 7, 2009, Pub. L. No. 111-47, 123 Stat. 1972 (2009).
25) Press Release, U.S. Dep't of Transp., Cash for Clunkers Payout Nearly Complete: U.S. Transportation Secretary Calls the Program a Success (Sept. 25, 2009), *available at* http://www.dot.gov/affairs/2009/dot15009.htm.
26) *Backgrounder, Government Gets Tough on Smog-Forming Air Pollution: Canada's New National Vehicle Scrappage Program*, ENVIRONMENT CANADA, http://www.ec.gc.ca/default.asp?lang=En&xml=5B400F8C-2A88-4E4B-BB75-A15BFF79D582.
27) 廃車に伴う300カナダドルの現金支給と250カナダドルの新車割引からなる。*Choose Your Incentive*, BC SCRAP-IT PROGRAM, http://www.scrapit.ca/p4incentivechoices.htm.

加ディーラー（Participating Dealerships）からの購入を条件とする一方で，特段の環境性能に関する指定はない[28]．

あわせてカナダ政府は，今回の危機に際して，2009年元旦開始のスクラップ・インセンティブの新たなプログラム（"Retire Your Ride"）として総額9,200万カナダドルを計上し，引き続き1995年以前製造の旧車廃棄を促進している．うち6,100万カナダドルはNPOのClean Air Foundation（現Summerhill Impact）に一括交付され，上記の「BC廃車プログラム」を含む各地域のスクラップ・インセンティブ計画の実施NPOと連携して，各地域プログラムを通じて交付される．「BC廃車プログラム」で説明した助成もこの一環であり，新車購入補助がオプションとなることも上記の通りである．このプログラムは2011年3月末を以て終了した[29]．

10.2.4 EU

EUレベルの直接的な購入支援は実施されていない．しかしながら他方で，欧州委員会及び理事会が2009年2月に取りまとめた金融危機対応にかかる自動車産業復興計画においても，域内需要喚起の重要性が強調されており[30]，このことから各EU構成国も日米同様のエコカー購入支援策を導入している．これらの多様なエコカー購入に関する資金助成や税制優遇は調整なく各国独自に導入されており，その補助額にも大きな開きがあることから，欧州委員会では競争歪曲効果が懸念された[31]．このため欧州委員会は，2010年4月のクリーン低燃費車戦略において，当時のEC条約87条を中心とした既存の国家援助規律に沿って，エコカー購入に関する金銭的なインセンティブに関するガイドラインを2010年末までに取りまとめることを明らかにした[32]．

---

28) *Program Policies: You Need to Be Aware of*, BC SCRAP-IT PROGRAM, http://www.scrapit.ca/pdfs/p4policies.pdf.

29) *About the Program*, RETIRE YOUR RIDE, http://www.retireyourride.ca/home/about-the-program.aspx; *Canada's New National Vehicle Scrappage Program*, *supra* note 26.

30) Council of the European Union, Council Conclusions on the Automotive Industry, ¶ 6, 7367/1/09 rev. 1 (Mar. 10, 2009), http://register.consilium.europa.eu/pdf/en/09/st07/st07367-re01.en09.pdf ; *Commission Communication on Responding to the Crisis in the European Automotive Industry*, at 8, COM (2009) 104 final (Feb. 25, 2009).

31) Brunel & Hufbauer, *supra* note 21, at 5.

(1) フランス

　危機前年の 2007 年 12 月よりエコカー購入支援策を導入し，2012 年まで CO_2 排出量に応じた補助金が支給される．特に 1 台当たり CO_2 排出量が 60 g/km 以下の自動車の購入に際しては 5,000 ユーロが支給され，以下排出量が上がるにつれて支給額が下がる．この 5,000 ユーロの上限額の支給基準は，2012 年から 50 g/km 以下に変更される．同時に，LPG 車についても 2008 年より一定の CO_2 排出量を下回るものに 2,000 ユーロを支援したが，このプログラムは 2010 年末で終了した[33]．逆に CO_2 排出量の多い新車の購入・リースに当たっては，最大で 2,600 ユーロの負担金が課されることになる[34]．

　さらに，2008 年 12 月の「経済再生計画（Plan de relance）」[35] において環境性能の低い旧車に対するスクラップ奨励金の支給が決定され，一定の低 CO_2 排出量を達成する新車購入とあわせて車齢 10 年以上の旧車を廃車にする場合，1,000 ユーロが支給される．この制度も 2010 年末に終了した[36]．

(2) ドイツ

　ドイツ雇用・安定確保法[37]，及び乗用車売上促進に関する 2009 年 2 月 20 日

---

32) *Commission Communication on a European Strategy on Clean and Energy Efficient Vehicle*, at 7-8, COM（2010）186 final（Apr. 28, 2010）．なお，本来の期限である 2010 年末時点において，欧州委員会はガイドラインの公表を「2011 年の早い時期（early 2011）」に延期，脱稿日現在公表は確認できない．*Commission Staff Working Document, A European Strategy for Clean and Energy Efficient Vehicles: Rolling Plan*, at 8, SEC（2010）1606 final（Dec. 14, 2010）．

33) Décret n° 2007-1873 du 26 décembre 2007 instituant une aide à l'acquisition des véhicules propres（J. O. 30 décembre 2007, p. 21846）．なお，補助額は定期的に改定され，最新の額は 2011 年 3 月のデクレを参照．Décret n° 2011-310 du 22 mars 2011 modifiant le décret n° 2007-1873 du 26 décembre 2007 instituant une aide à l'acquisition des véhicules propres（J. O. 24 mars 2011, p. 5263）．フランスのエコカー制度の概要については，*Bonus pour l'acquisition d'un véhicule propre*, SERVICE-PUBLIC.FR（24 mai 2011），http://vosdroits.service-public.fr/particuliers/F18132.xhtml を参照．

34) Art. 1011 bis du Code général des impôts.

35) Discours, Président de la République, Plan de relance de l'économie française, 4 décembre 2008, http://www.elysee.fr/president/les-actualites/discours/2008/plan-de-relance-de-l-economie-francaise.1668.html．概要は，社本朗「フランス政府が仏自動車産業支援のため大型策を発表」（愛知県海外産業情報センター，2008 年 12 月 10 日）http://www.pref.aichi.jp/ricchitsusho/gaikoku/report_letter/report/h20/repo2012paris.pdf を参照．

36) Art. 12 du décret n° 2009-66 du 19 janvier 2009 modifiant le décret n° 2007-1873 du 26 décembre 2007 instituant une aide à l'acquisition des véhicules propres（J. O. 20 janvier 2009, p. 1098）．

の指針 (2009年3月17日・同6月26日改正)[38]により，典型的なスクラップ・インセンティブ型の購入補助を導入している．いわゆる Euro 4 基準[39]以上の排気ガス規格を満たす乗用車が国内で新車登録され，同時に EU が定めるリサイクル基準に従って車齢9年超の乗用車が適正に廃される場合，2500 ユーロが助成される．新車登録は 2009 年末まで，廃車は 2010 年 6 月 30 日までをそれぞれ期限とする[40]．なお，予算枠消化につき，実際の申請は 2009 年 9 月 2 日に前倒して終了した[41]．

(3) イギリス

 2009 年 4 月時点で，イギリスは欧州自動車生産国で唯一エコカー購入支援策を導入していなかったが，近隣の欧州諸国の補助金導入による市況回復を受けて国内自動車業界から強い圧力を受けたことにより，類似の制度を導入した[42]．まず 2009 年 4 月に公表されたスクラップ補助金制度では，10 年以上使用した乗用車を廃車にして新車を購入する場合，2,000 ポンド（政府から 1,000 ポンド，自動車会社から 1,000 ポンド）を支給する．同年 9 月には資金 1 億ポンドの追加が発表され，2010 年 2 月末または予算消化まで実施とされた[43]．

---

37) Gesetz zur Sicherung von Beschäftigung und Stabilität in Deutschland vom 2. März 2009, BGBl. 2009, Teil I, S. 416, http://www.konjunkturpaket.de/Content/DE/Artikel/KP/Anlagen/gesetz-zur-sicherung-von-beschaeftigung-und-stabilitaet-in-deutschland,property=publicationFile.pdf.

38) Richtlinie zur Förderung des Absatzes von Personenkraftwagen vom 20. Februar 2009 mit Änderungen der Richtlinie vom 17. März 2009 und vom 26. Juni 2009, Bundesanzeiger Nr. 94 v. 1. Juli 2009, S. 2263, http://www.bafa.de/bafa/de/wirtschaftsfoerderung/umweltpraemie/dokumente/foederrichtlinie_umweltpraemie.pdf.

39) European Parliament & Council Directive 98/69/EC, Measures to Be Taken against Air Pollution by Emissions from Motor Vehicles, 1998 O.J. (L 350) 1.

40) 制度概要は以下を参照．Pressemitteilung, Bundesministerium für Wirtschaft und Technologi, Umweltprämie : Zehn Punkte, die man jetzt wissen muss（16. 1. 2009），http://www.bmwi.de/BMWi/Navigation/Presse/pressemitteilungen,did=286520.html; *Umweltprämie*, http://www.bafa.de/bafa/de/wirtschaftsfoerderung/umweltpraemie/index.html.

41) 「ドイツで占うエコカー補助金終了後の新車販売」Economic Monitor No. 2010-98（伊藤忠商事株式会社，2010 年 7 月 22 日）http://www.itochu.co.jp/ja/business/economic_monitor/pdf/2010/20100722_2010-98_J_Scrap_Incentive.pdf.

42) 「独の新車買い替え補助金―補助金有無で 5 大市場明暗，英国低迷，支援求める声も」日経産業新聞 2009 年 4 月 8 日 8 面．

43) *Vehicle Scrappage Scheme*, DEPT FOR BUSINESS, INNOVATION & SKILLS, http://www.bis.gov.uk/policies/business-sectors/automotive/vehicle-scrappage-scheme.

この制度は 2010 年 3 月末を以て終了した[44]．

　2010 年 7 月には，再び同じくエコカー購入補助金制度が発表された．これは 2011 年以降，電気自動車・プラグイン型 HV の購入補助金制度を創設するものである．この枠組では，1 台当たり 5,000 ポンド，購入価格の 25% を上限とした助成を行う．当面は 2012 年 3 月まで 4,300 万ポンドの予算を準備し，それ以降については 2012 年 1 月の補助予算額見直しを経て決定する予定になっている[45]．なお，2010 年 12 月に最初の対象車種 9 車種を発表し，半年後の 2011 年 6 月末にもう 1 車種を追加している[46]．

(4) その他 EU 諸国

　OECD，欧州委員会，及び欧州自動車工業会の資料によれば，スクラップ・インセンティブ型の購入補助は，上記の英仏独の他に，キプロス，イタリア，オランダ，スペイン等欧州 11 ヵ国で導入されており，一部はすでに終了している．これらはいずれも車齢 10 年超ないし 15 年超の旧車の廃車を条件に，新車については，排出ガスにおける Euro 4 基準の達成，一定の燃費効率，120 ないし 160 g/km 以下の CO_2 排出量，あるいはこれらの組み合わせ等で一定の基準を設け，適合する環境対応車 1 台当たり一定額の購入助成を構成国政府が支出するものである．また，非スクラップ・インセンティブ型の助成では，ベルギー，オランダ，ギリシャ等が一定の環境基準に該当する自動車，あるいは自動車購入一般について，登録税や取得税等の減免を行っている[47]．

---

[44] 「英国，新車買い替え支援制度を 31 日で終了」asahi.com（2010 年 3 月 31 日）http://www.asahi.com/business/news/reuters/RTR201003310068.html?ref=reca.

[45] Press Release, Dep't for Transp., Transport Secretary Philip Hammond Confirmed Today that Motorists Will Receive Up to £5,000 towards Purchase of an Ultra-Low Carbon Car from January 2011 (July 28, 2010), *available at* http://nds.coi.gov.uk/clientmicrosite/Content/Detail.aspx?ClientId=202&NewsAreaId=2&ReleaseID=414706&SubjectId=36; *Plug-In Car Grant: The Plug in Car Grant,* DEP'T FOR TRANSP., http://www.dft.gov.uk/pgr/sustainable/olev/grant1/.

[46] Press Release, Dep't for Transp., Tenth Car Now Eligible for Plug-in Car Grant (June 30, 2011), *available at* http://nds.coi.gov.uk/content/detail.aspx?NewsAreaId=2&ReleaseID=420184&SubjectId=2; Press Release, Dep't for Transp., The Government Drove the UK Firmly into the Fast Lane of the Electric and Ultra-Low Emission Car Revolution Today as Ministers Unveiled Nine Trailblazing Models that Will Be Eligible for Generous Grants of Up to £5,000 (Dec. 14, 2010), *available at* http://nds.coi.gov.uk/content/detail.aspx?NewsAreaId=2&ReleaseID=417036&SubjectId=2.

10.2.5 中国

2009年5月開始のスクラップ・インセンティブ「以旧換新」は，一定の旧車・環境基準未達成車を廃して新車を購入する際に，購入税額を上限として車種に応じて3,000〜6,000元を助成する[47]。助成額は2010年からは5,000〜1万8,000元に引き上げられ，別途実施されていた1,600cc以下の小型車取得に対する自動車取得税（購置税）の減免[49]との併用も可能になった[50]。さらに，期限が2010年5月から2010年末まで延長され，終了した[51]。

他方，2009年1月に，中国政府は主要13都市の公的機関，交通機関，タクシー会社等がHV，電気自動車，燃料電池車を導入する場合，補助金を支給する方針を決定した[52]。さらに同年末に13都市での個人向けのエコカー補助金制度「十城千両」が発表され，2010年6月よりまず上海など5都市において，電気自動車に最高6万元，プラグイン型HVに最高5万元の購入補助が試行

---

47) 本文中の情報は以下による. *Commission Communication*, supra note 30, Annex 3; Haugh et al., supra note 4, at 30-34; *Fleet Renewal Schemes in 2010*, EUROPEAN AUTOMOBILE MANUFACTURERS ASSOCIATION (October, 2010), http://www.acea.be/index.php/news/news_detail/fleet_renewal_schemes_soften_the_impact_of_the_recession/.

48) *2009 Annual Report to TPRB*, supra note 10, at A89. 内閣府『世界経済の潮流2009年II—雇用危機下の出口戦略：景気回復はいつ？出口はどのように？—』第1-2-14表（2009）http://www5.cao.go.jp/j-j/sekai_chouryuu/sa09-02/pdf/s2-09-1-2-2.pdf，「自動車市場テコ入れ策の先（1）中国—購買熱高く世界一へ快走」日経産業新聞2009年9月21日12面，尾崎弘之「中国の自動車市場は一体どこまで成長するのか？」ウォール・ストリート・ジャーナル日本版2010年12月20日 http://jp.wsj.com/Business-Companies/node_161966.

49) 環境性能とは無関係に，1600cc以下の自動車取得に際して，従来10％の購置税を減免している。引下げ幅については，2009年度中は税率を5％まで引き下げ，国務院が2010年末までの減税延長を決定すると同時に7.5％に引き上げ，減税幅を2.5％圧縮した．「中国，小型車の減税幅縮小，来年末まで延長，販売に影響か」日本経済新聞2009年12月10日朝刊6面.

50) 「環境対応車，購入補助金，中国，5都市で試行」日経産業新聞2009年12月15日10面，「2010年の中国の自動車購入に関する新政策」人民網日本語版2010年1月28日 http://japanese.china.org.cn/business/txt/2010-01/28/content_19324431.htm. 2010年1月以前，「以旧換新」の対象は1600ccを上回る車種に限定されており，必然的に減税対象車（1600cc以下）は対象外であった．購置税減税幅を縮小する一方で1350cc以上に減税対象車を拡大することにより，低排出車販売の下支えを目的としている．「低排気量車も『以旧換新』対象に，財政部など通知」NNA. ASIA 2010年1月20日 http://news.nna.jp/free/news/20100120cny002A.html.

51) 「中国，車購入の補助金打ち切り」日本経済新聞2011年1月1日朝刊5面，「中国，小型車減税措置，年末で打ち切り，補助金継続，需要下支え」日本経済新聞2010年12月29日朝刊7面，「中国，車買い替え促進策延長」日本経済新聞2010年6月14日朝刊7面.

52) 「中国政府が自動車業界に支援策」産経新聞2009年1月30日東京朝刊6面.

された[53]．同月には，1,600 cc 以下の小型車で，現行基準より 20% 以上燃費効率が向上している車種の購入に際して，1 台当たり 3,000 元の補助が支給されることを決定し，同月末及び 8 月下旬の 2 回にわたり，国家発展改革委員会等から対象車種が発表された[54]．

さらに地方レベルでも，例えば上海市は環境対応車購入者を対象に高額（3万元）の自動車ナンバー登録料を無料とし，また重慶市も環境対応車購入の個人には 1 台 4 万元超，タクシー会社には 1 台約 7,000 元の補助金を出す優遇策を発表した[55]．深圳市も，上記の中国政府による 2010 年 6 月開始の電気自動車・プラグイン型 HV 補助に上乗せの助成を行うことを，同 7 月に発表した[56]．

10.2.6 その他

WTO のサーベイによれば，その他の国々でも類似の制度が導入されている．韓国はスクラップ・インセンティブ型補助を導入し，物品税，自動車取得・登録税の減免を行っている．台湾は 2,000cc 以下の自動車の取得・登録につき物品税を最大 3 万台湾ドル引き下げているが，この措置については内外無差別に実施されている．ロシアも 2010 年連邦予算に 100 億ルーブルを計上し，10 年超車の買い替えを条件とするスクラップ・インセンティブ型補助を導入している[57]．

---

53) 中国政府によれば，最終的に対象を 20 都市に拡大する．「電気自動車，中国が購入補助—上海市など 5 都市，最高で 80 万円」日本経済新聞 2010 年 6 月 2 日朝刊 9 面，「購入補助金，5 都市で試行」前掲注（50）．
54) 「中国の『低燃費』補助第 2 弾，日本車は 6 車に，トヨタ・日産も認定」日経産業新聞 2010 年 8 月 27 日 13 面，「『省エネ車』補助制度—中国，30 車種を認定—」日経産業新聞 2010 年 7 月 1 日 11 面．
55) 「中国，地方でエコカー優遇，日本車にも恩恵—上海市，登録料 40 万円無料」日本経済新聞 2009 年 11 月 21 日夕刊 1 面．
56) 「中国，エコカー加速，相次ぐ購入支援策—輸入車は対象外」読売新聞 2010 年 8 月 13 日東京朝刊 7 面．
57) *4th Report to TPRB, supra* note 5, at 84.

10.3 エコカー購入支援策の内外差別性

10.3.1 各国制度の差別的性質

　10.2 節に紹介した各国のエコカー販売について必ずしも実証的な統計が全て利用可能ではないが，購入支援の無差別ないしは差別的効果はある程度明らかになっている．例えば米国では，CARS の当初法案はビッグ 3 を中心にした国産車に補助対象を限定したが[58]，対米輸出を行う海外自動車メーカーの強い反発があり[59]，結局そのようなバイアメリカン条項は含まれなかった．この結果，当初は日本車への不利も疑われたが[60]，CARS の恩恵に浴した自動車のおよそ 50% 弱を日系メーカーの車種が占めており，当該制度はこの限りでは内外無差別に機能していることがうかがわれる[61]．また，ドイツにおいては，フォルクスワーゲン，オペルの小型車が群を抜いて販売実績を示していることが報じられているが，同じく日韓伊の小型車も受益しており，むしろダイムラー，BMW 等一部独メーカーが後れを取っている[62]．この限りでは，原産地別の内

---

[58] Consumer Assistance to Recycle and Save Act of 2009, H.R. 1550, 115th Cong.（2009）.

[59] *Obama Endorses "Cash for Clunkers" to Bolster Demand for Autos*, Inside U.S. Trade, Apr. 3, 2009, at 23; News Release, Delegation of the EU to the U.S., Ambassador Bruton Urges Congress to Refrain from Discrimination in Car Scrappage Legislation, EU/NR 19/09（Apr. 22, 2009）, *available at* http://www.eurunion.org/eu/index2.php?option=com_content&do_pdf=1&id=3378.

[60] 「米，車買い替えに補助金—『ビッグ 3』保護色濃く」日本経済新聞 2009 年 6 月 20 日朝刊 9 面．

[61] 「車買い替え支援制度—米，販売首位はトヨタ—低燃費車対象，日本勢が上位に」日本経済新聞 2009 年 8 月 27 日夕刊 3 面，「米国：低燃費車購入補助—販売台数トップ 3，日本車が独占，メーカーシェアでも 47%」毎日新聞 2009 年 8 月 27 日夕刊 8 面．2009 年末に取りまとめられた CARS 受益車の最終的なメーカー別シェアは，Nat'l Highway Traffic Safety Admin., *supra* note 23, at 24 参照．ただし，ここにいう日本車の定義は日系メーカー生産の自動車を意味し，現地生産車も含まれるので，必ずしも輸入車を意味しない．日本自動車工業会の統計によれば，2008 年暦年で対米自動車輸出は約 207 万台（四輪車のみ），対して現地生産は約 289 万台であった．後者が二輪車を含むか否かが統計上明らかではないが，仮に含むとすれば輸出にも二輪車を含めて約 244 万台対約 289 万台となる．「ニュースリリース—2008 年第 4 四半期・2008 暦年累計海外生産統計」（日本自動車工業会，2009 年 4 月 30 日）http://release.jama.or.jp/sys/news/detail.pl?item_id=1382，「ニュースリリース—2008 年 12 月及び 2008 年（1 月～12 月）の自動車輸出実績」（日本自動車工業会，2009 年 1 月 30 日）http://release.jama.or.jp/sys/news/detail.pl?item_id=1358．CARS の補助に受益したいわゆる日本車のうち輸入と現地生産の内訳は明らかではないが，上記の比率からすれば，CARS が無差別に機能していれば，受益する対象車の 4 割程度が輸入車であることが期待できる．

外差別ではなく，自動車のクラス間の差別が発生しているといえる．

その一方で一部の措置については，明白な差別性がうかがわれることが指摘されている．例えば，中国の「十城千両」はそもそも輸入車を除外しており，また輸入車が強いHVも対象ではない[63]．さらに，「以旧換新」と併用できる購置税減税も，対象クラスで受益するのは相当程度が中国自主ブランドの国産車である[64]．

同様の懸念はわが国のエコカー購入支援策にも該当する．まず，エコカー補助金については，2009年末時点でいえば，スクラップ・インセンティブ型補助は広範囲の輸入車種を対象としている点で比較的内外無差別的に機能しているといえるが，スクラップを伴わない新車購入補助は対象輸入車種が非常に限定されており，特に米国系車は双方のプログラムから全く受益していなかった[65]．さらに，エコカー減税についても，2009年秋時点では要求される環境性能に適合する対象車種がほぼ全て国産車に偏っており，その時点で減税対象の輸入車は電気自動車，ディーゼルバス・トラックのごく一部のみに限定されていた．ガソリン車及びHVでは，それぞれようやく2009年10月，同9月になって，どちらもメルセデス・ベンツの各1車種が初めて対象車に認定された[66]．現時点ではヨーロッパ車を中心に輸入対象車種は増えているが，依然として米国系車の指定はない[67]．

---

62) 「独新車販売10月24%増，補助金需要，受注残続く」日経産業新聞2009年11月6日8面．「独新車販売29.5%増，7月台数，小型車好調続く」日本経済新聞2009年8月5日夕刊3面．「独の新車買い替え補助金―欧州自動車悲喜こもごも」日経産業新聞2009年4月8日8面，「補助金支援するドイツ，現代自等小型車に人気集まる」中央日報2009年4月10日 http://japanese.joins.com/article/866/113866.html?sectcode=320&servcode=300.

63) 「中国，エコカー加速」前掲注（56）．

64) 「中国，2000万台市場―新たな自動車大国に乗り遅れる日本勢」『日経ビジネス』2010年3月8日号42頁以下44-45頁．

65) 「エコカー補助で日米摩擦，米国車0台，議会が反発」読売新聞2010年1月12日東京朝刊9面．

66) 「メルセデス・ベンツ日本，輸入車初のエコカー減税―Eクラスに追加」日刊自動車新聞2009年10月7日1面．「メルセデス・ベンツSクラスを大幅改良―輸入車初のハイブリッド車『Sクラス HYBRID ロング』を新発売」（メルセデス・ベンツ日本株式会社，2009年9月3日）http://www.mercedes-benz.co.jp/news/release/2009/20090903.pdf．なお，政府の公式サイト（「対象車一覧（平成23年8月8日現在）」（国土交通省）http://www.mlit.go.jp/jidosha/jidosha_fr1_000007.html）では，リンク最終確認時において2009年度の各月の対象車種追加情報はすでに削除されており，現時点で公式情報は確認できない．

第10章　エコカー購入支援策による大気保全と WTO 協定　　　277

　特定の環境基準への適合性は，特にその試験方法に依存する．この点についてわが国の制度を例に取ると，エコカー補助金・減税のいずれも，2010年燃費基準及び排気ガス性能平成17年基準によって適用の可否が決定され，適合性は全て 10・15 モード[68]と称する走行テストによる型式認定に基づいて判断される[69]．しかし，そもそも輸入車はこの型式認定を受けておらず，わが国公式の燃費値や環境性能値を持たない．むろん輸入車も型式認定の受検を妨げられない．しかしながら，輸入車ディーラー及び海外メーカーは，外国車がより高速の走行テストにおいて環境性能を発揮するよう設計・製造されるのに対して，10・15 モードは比較的低速で測定することから[70]，このテストが輸入車には不利である点を指摘する[71]．

　さらに，米国産車は年間輸入台数 2,000 台以下の車種で，PHP 制度と呼ばれる安全・環境基準の簡易認証手続によって輸入されたものに限られており，こ

---

67)　特に 2010 年 5 月以降 BMW が対象車種数を大幅に増加させている．「対象車一覧」前掲注(66)．

68)　10・15 モードテストは，平成 15 年 9 月 26 日国土交通省告示第 1317 号によって，道路運送車両の保安基準の細目を定める告示（平成 14 年 7 月 15 日国土交通省告示第 619 号，最終改正：平成 23 年 5 月 31 日国土交通省告示第 565 号）の別添 42 として挿入されたが，後日，道路運送車両の保安基準の細目を定める告示の一部を改正する告示（平成 18 年 11 月 1 日国土交通省告示第 1268 号）によって JC08H モード法に置換されている．10・15 モードテストの概要は「自動車燃費一覧」3 頁（国土交通省，平成 19 年 3 月）http://www.mlit.go.jp/jidosha/nenpi/nenpilist/nenpilist0703.pdf を参照．

69)　燃費基準の算定根拠に関する法令は多数に及ぶので列挙しない．法令の一覧は「自動車の燃費目標基準について」（国土交通省）http://www.mlit.go.jp/jidosha/sesaku/environment/ondan/ondan.htm を参照．排出ガス性能の算出根拠については，低排出ガス車認定実施要領（平成 12 年 3 月 13 日運輸省告示第 103 号，最終改正：平成 21 年 3 月 30 日国土交通省告示第 342 号）を参照．

70)　10・15 モードにおいては，4.16 km を 660 秒かけて平均時速 22.7 km で走行する．これに対して，例えば米国の排ガス基準 Tier 2（65 Fed. Reg. 6698（Feb. 10, 2000））の適合性テストで用いられる都市部走行時測定テスト（FTP 75，いわゆる"City Cycle"）では，11.04 マイル（17.77 km）を 1874 秒かけて平均時速 21.2 マイル（34.1 km）でテスト走行するため，10・15 モードよりも高速走行が前提となっている．米国ではさらに高速走行時測定テスト（いわゆる"Highway Cycle"，10.26 マイル（16.45 km）を 765 秒かけて平均時速 48.3 マイル（77.7 km）で走行）が併用され，法令上，排出基準の適合性は都市走行・高速走行双方の結果に一定の係数を組み合わせて算出した数値により判断されるため（40 C. F. R. § 600.113（2010），いわゆる"Combined"），いっそう 10・15 モードと乖離が生じる．なお，測定方法の比較は以下のサイトに依拠した．*Emission Test Cycles: Summary of Worldwide Engine and Vehicle Test Cycles*, DIESELNET, http://www.dieselnet.com/standards/cycles/; *Worldwide Emissions Standards : Passenger Cars & Light Duty Vehicles 2010-2011*, DELPHI, http://delphi.com/pdf/emissions/Delphi-Passenger-Car-Light-Duty-Truck-Emissions-Brochure-2010-2011.pdf.

れらは型式認定によるわが国の公式燃費値を持たなくとも，原産国の環境基準を充足すれば輸入可能となっていた。しかし認証手続の簡素化で優遇される一方，エコカー購入支援対象の認定を受ける基礎となるデータを備える機会を逸した[72]。特にエコカー補助金については，米国自動車産業及び一部議会の強い批判を受け，米国通商代表部（USTR）からわが国当局に米国産車に対する適用の要請があった[73]。これを受けて，2010年1月にPHP制度によって輸入された外国産車は原産国の環境基準を充足すればエコカー補助金の対象とされることになった[74]。その後も米国は不公正貿易慣行報告書においてこの10・15モードによる都市走行時のテスト結果採用の差別性を非難し，議会・行政府共に補助金終了直前まで強い不満を示した[75]。こうした批判にもかかわらず，エコカー購入支援策の適用にあたり，わが国当局は一貫して自国の検査方法に基づく基準適合性を要求する姿勢を崩さなかった[76]。

10.3.2 GATT 3条の適用可能性

前節に述べたような内外差別性が疑われるとすれば，支援策の内国民待遇原則適合性が問題となる。この時GATT 3条が適用されうるが，最初にこれら

---

71)「JAIA，エコカー減税，基準見直し求め要望書―輸入車不利『回避を』」日経産業新聞2009年10月28日15面，「2010年度税制改正に関する要望について」（日本自動車輸入組合，2009年10月27日）http://www.jaia-jp.org/about/report/report091027/.

72)「乏しいメリット，欧州勢不満募る―エコカー補助対象拡大」朝日新聞2010年1月21日朝刊7面，「エコカー補助『米車OK』，政府，制度見直し方針　現在ゼロ―米批判に配慮」朝日新聞2010年1月19日夕刊1面．

73)「『日韓車市場に貿易障壁』，米議会，公聴会開催へ，エコカー補助問題視」日本経済新聞2010年1月16日夕刊3面，「日米は"家庭内別居"不満募らすオバマ政権」産経新聞2009年11月7日東京朝刊3面，「エコカー補助，アメ車も！『排除している』対日要求強まる」産経新聞2009年12月18日東京朝刊9面．Amy Tsui, *Sutton Urges Filing WTO Case against Japan if Auto Incentive Program Excludes U.S. Cars*, 27 Int'l Trade Rep. (BNA) 45 (Jan. 14, 2010); *Japan Rejects USTR Proposal to Open Cash-for-Clunkers to U.S. Autos*, INSIDE U.S. TRADE, Dec. 18, 2009, at 1.

74)「エコカー補助金制度における輸入車の扱いについて」（経済産業省，2010年1月19日）http://www.meti.go.jp/press/20100119006/20100119006.pdf. *Japan Changes Its Cash-for-Clunkers Program to Allow in U.S. Autos*, INSIDE U.S. TRADE, Jan. 22, 2010, at 10.

75) USTR, THE 2010 NATIONAL TRADE ESTIMATE REPORT ON FOREIGN TRADE BARRIERS 210 (2010); Amy Tsui, *40 House Members Write Japanese Minister Seeking Reversal on City Car Mileage Ratings*, 27 Int'l Trade Rep. (BNA) 1264 (Aug. 19, 2010).

76)「輸入車に逆風　凍える市場―『エコカー減税』蚊帳の外」日経産業新聞2009年5月27日22面．*Japan Rejects USTR Proposal, supra* note 73, at 1.

第10章　エコカー購入支援策による大気保全とWTO協定　　279

の支援策に対する同条の適用可能性を明らかにする必要がある．

　まず減税による補助は，換言すれば対象外産品に対する差別的な課税を構成する．したがって，この課税格差が同種もしくは直接競争・代替可能産品である国産品・輸入品間の差別となるか否かを，GATT 3条2項1文もしくは同2文に照らして検討することになる．同項は以下のように規定する．

「いずれかの締約国の領域の産品で他の締約国の領域に輸入されるものは，同種の国内産品に直接又は間接に課せられるいかなる種類の内国税その他の内国課徴金をこえる内国税その他の内国課徴金も，直接であると間接であるとを問わず，課せられることはない．さらに，締約国は，前項に定める原則に反するその他の方法で内国税その他の内国課徴金を輸入産品又は国内産品に課してはならない．」

　さらに同2文には，GATT附属書Ⅰ「注釈及び補足規定」によって次のような注釈が付されている（いわゆるGATT 3条注釈）．

「2の第一文の要件に合致する租税は，一方課税される産品と他方そのように課税されない直接的競争産品又は代替可能の産品との間に競争が行われる場合にのみ，第二文の規定に合致しないと認める．」

　他方エコカー補助金については，わが国やフランスの制度を例に取ると，購入時の申請や対象車種の登録によって，個人に補助金が直接支給される仕組みとなっている．また，米国のCARSは直接的にはディーラーに補助金が渡り，購入者はその分の値引きを受ける仕組みになっている点で異なるが，いずれも内国民待遇規律の適用除外となるGATT 3条8項（b）の「国内生産者のみに対する補助金」に該当しないことは明白である．このため，これらの補助金は購入に関する法令・要件を構成する限り，同4項の規律を受ける．すでにGATT 1947下の早い時期には，実際に国産品購入時の公的基金による市中金利未満の低利融資がこれに該当するとされた事例がある[77]．よって，このような補助金が国産品の購入を優遇し，それが輸入品と同種である場合，同項に反する．同項は以下のように規定する．

「いずれかの締約国の領域の産品で他の締約国の領域に輸入されるものは，その国内における販売，販売のための提供，購入，輸送，分配又は使用に関するすべての法令及び要件に関し，国内原産の同種の産品に許与される待遇より不利でない待遇を許与される．」

　もっとも，日本のエコカー補助金の場合，民間非営利団体である次世代自動車振興センターが定める交付規程に基づき，同センターの事業として補助金が交付されるので[78]，これが GATT 3 条 4 項に定める法令・要件に該当するか否かの検討を要する．まず一般論として，日本・フィルム関連措置事件パネルは，GATT 1947 時代の先例に触れつつ，「十分な政府の関与（sufficient government involvement）」がある場合に，私的主体による措置にも WTO 協定の規律が及ぶと説示している[79]．特に GATT 3 条 4 項に関しては，カナダ・自動車関連措置事件パネルは，私的主体の行為であっても政府の行為と関連（nexus）があり，その関係によって政府が当該私的主体の行為に責任を負う場合，同項が適用されうると説示している[80]．この点，交付規程は私的主体が定める文書であっても，その実質は経済産業省が内部的に定める実施要領が提示する基準の実施細則であり，経済産業大臣の承認を受ける必要がある[81]．また，交付規程は国策たるエコカー普及を国の支出による補助事業として実施するためのものである[82]．加えて実施要領を参照すると，補助事業の遂行全般を所管大臣が監督する[83]．これらのことから，GATT 3 条 4 項の適用に必要とされる十分な政府の関与が認められる．

---

77) GATT Panel Report, *Italian Discrimination against Imported Agricultural Machinery*, L/833 (July 15, 1958), GATT B.I.S.D. (7th Supp.) at 60, ¶¶ 5-12 (1959).
78) 前掲注（17），（19）及び各本文対応部分参照．
79) Panel Report, *Japan — Measures Affecting Consumer Photographic Film and Paper*, ¶¶ 10.52-10.58, WT/DS44/R (Mar. 31, 1998).
80) Panel Report, *Canada — Certain Measures Affecting the Automotive Industry*, ¶¶ 10.96-10.128, WT/DS139/R, WT/DS142/R (Feb. 11, 2000).
81) 実施要領前掲注（15）第 4（5），別表 2．
82) 交付規程（平成 21 年度補正）前掲注（17）第 2 条，交付規程（平成 21 年度第 2 次補正）前掲注（17）第 2 条，及び事業用自動車交付規程（平成 21 年度第 2 次補正）前掲注（17）第 2 条．
83) 実施要領前掲注（15）第 2 パラ 7，第 4（5）．

10.3.3 同種・直接競争産品の差別

次に，減税であれ，補助金であれ，これらがGATT 3条2項ないし同4項に適合するか否かは，一定の基準を充足する環境対応車とそれ以外の車種の間の同種性・直接競争関係の有無に依存する．比較される自動車の範囲によって判断はケースバイケースになるが，一般的に，HV，電気自動車は，ガソリン車との比較において，少なくとも動力系統及び使用燃料が大きく異なるという顕著な物理的差異が認められる．他方，同じガソリン車について燃費効率やCO_2排出量が異なるものは，物理的特性の差異としては少なくとも外形からはより認めにくいものとなろう．

EC・アスベスト規制事件上級委員会によれば，産品の同種性は伝統的な4要素（物理的特性，最終用途，消費者の認識，関税分類）を中心に検討され，要素間には相互作用がある．また，特にGATT 3条4項においては，産品の同種性は競争関係に関するものである．よって，上記の物理的特性の差異が消費者認識・最終用途に影響すれば，この関連をもって複数産品が競争関係にあるか否かを判断することになる[84]．

他方，税制を扱うGATT 3条2項1文については，産品の同種性においてより物理的特性が重視される．つまり，より広い直接競争・代替可能産品に関する規律が同2文に規定されているところ，その文脈において同1文の「同種の…産品」は狭く解され[85]，後者は前者の部分集合（subset）を構成する[86]．その一方で，直接競争・代替可能産品の外延は，少なくとも同4項の「同種の産品」と同等かそれ以上であるとされる[87]．

このように考えた場合，補助や減税の基準となるエンジンの構造上の差異や燃費効率・CO_2その他大気汚染物質の排出量は，大なり小なり物理的特性の差異を構成する．かつてGATT 1947末期には自動車のエンジン性能による区

---

[84]　Appellate Body Report, *European Communities — Measures Affecting Asbestos and Asbestos-Containing Products*, ¶¶ 102-103, 114, 117-123, WT/DS135/AB/R (Mar. 12, 2001).

[85]　Appellate Body Report, *Japan — Taxes on Alcoholic Beverages*, WT/DS8/AB/R, WT/DS10/AB/R, WT/DS11/AB/R, WTO D.S.R. (1996: I), at 97, 112-13 (Oct. 4, 1996).

[86]　Panel Report, *Japan — Taxes on Alcoholic Beverages*, ¶ 6.22, WT/DS8/R, WT/DS10/R, WT/DS11/R (July 11, 1996).

[87]　*EC — Asbestos* (AB), *supra* note 84, ¶ 99.

分は産品の同種性に影響しないと判断されているが[88]，これは GATT 3条1項の国産品優遇の禁止の目的に照らして同2項を解釈する目的・効果テスト（aim-and-effect test）[89]に基礎を置くもので，現在の産品自体の特性によって同種性を検討する同条の解釈のもとでは，先例としてもはや妥当性はない[90]．したがって，物理的特性の共有が特に重視される同2項1文の文脈では[91]，厳密にはこれらの要素において異なる HV・電気自動車とガソリン車，そしてガソリン車間において，同種性は認められないとする理解は排除できない．

他方，GATT 3条2項2文の文脈においては，これらの差異がどの程度 HV・電気自動車とガソリン車，そしてガソリン車間の競争関係に影響するかを検討する必要がある．よって，1文で示した4要素に加え，先例は販路，マーケティング，規制上の取り扱い等の要素に言及してきた[92]．これらの検討は，実際の競争関係だけでなく，問題の措置による市場競争の歪曲を排した場合の潜在的競争関係にまで及び，また，海外の関連市場の状況も勘案しつつ，基本的には問題の措置が課される輸入国市場について行われる必要がある[93]．

また，GATT 3条4項における同種の産品の外延が同2項2文の直接競争・代替可能産品の外延に近似していることを勘案すれば，後者に該当するものは前者にも該当すると考えられる．

環境性能という物理的差異は，乗用あるいは貨物運送という用途にも，また乗用車・貨物輸送車の外見にも差異を生まないので，助成対象のエコカーとそ

---

88) GATT Panel Report, *US — Taxes on Automobiles*, ¶¶ 5.5-5.10, 5.23, DS31/R (Oct. 11, 1994, unadopted).

89) *Id.* ¶¶ 5.9-5.10. See also Vranes, *supra* note 11, at 200-15; Robert E. Hudec, *GATT/WTO Constraints on National Regulation: Requiem for an "Aim and Effects" Test*, 32 Int'l Law. 619 (1998).

90) *Japan — Alcoholic Beverages* (AB), *supra* note 85, at 110, 111-12; *Japan — Alcoholic Beverages* (Panel), *supra* note 86, ¶¶ 6.16-6.18.

91) *Japan — Alcoholic Beverages* (Panel), *supra* note 86, ¶ 6.22 ("[T]he term "like products" suggests that for two products to fall under this category they must share, apart from commonality of end-uses, essentially the same physical characteristics.")

92) *See, e.g.*, Panel Report, *Philippines — Taxes on Distilled Spirits*, ¶¶ 7.128-7.131, 7.135, WT/DS396/R, WT/DS403/R (Aug. 15, 2011); Panel Report, *Korea — Taxes on Alcoholic Beverages*, ¶¶ 10.83-10.86, WT/DS75/R, WT/DS84/R (Sept. 17, 1998).

93) Appellate Body Report, *Korea — Taxes on Alcoholic Beverages*, ¶¶ 112-124, 135-138, WT/DS75/AB/R, WT/DS84/AB/R (Jan. 18, 1999); *Korea — Alcoholic Beverages* (Panel), *supra* note 92, ¶¶ 10.45-10.50, 10.87-10.94.

れ以外の乗用車・貨物輸送車には競争関係が生じる可能性がある．他方，韓国・酒税事件において上級委員会が認めるように，輸入国市場毎に消費者の製品に対する反応は異なる[94]．例えばエコマーケティングが消費者意識に強く作用する市場では，自動車が与える環境負荷の差異によって，エコカーとそれ以外の乗用車・貨物輸送車の間には競争関係は生じないことがありうる．

この点につき日本市場の状況を見ると，ある民間の調査では，エコカー所有者の80%が燃費を重視してエコカーを購入したと回答している[95]．このかぎりにおいては，エンジンの性能や駆動方式から生じる燃費の差異が消費行動に影響しており，これらの物理的特性の差異が競争関係に影響しうることがうかがえる．また，ある研究成果によれば，2004年当時のエコカー減税策に関する実際のデータを用いると，自動車の大きさ，重量，馬力といった物理的属性，さらに走行コスト（燃費の優劣），また環境性能車であるか否かが消費者選択を説明する変数として有意であることが示される．特に排気量が負の推定結果，環境対応車いかんが正の推定結果を示していることにより，消費者の環境意識が説明できると論じられる[96]．

しかしながら，上述の民間調査は，同時にエコカー購入者の半数弱が支援策を購入理由に挙げ，また，購入者のおよそ6割が購入時に支援の有無を意識し，また実際に利用したとも述べており，エコカー購入支援策が購入動機の重要な部分を占めていることを示唆する[97]．上記研究成果も，当時の支援策が高価なエコカーと通常のガソリン車の価格差を縮小できなかったために実効性は乏しいと分析し，価格差を縮小した場合に効果が大きいことをシミュレーションによって示している[98]．これらは価格次第でエコカー購入支援策対象車と非対象車が競争関係に立ちうることを示唆する．

特に2009年になって突如エコカーの国内市場が成長したことは，HVの代

---

94) *Korea — Alcoholic Beverages*（AB），*supra* note 93，¶137．
95) 「知りたい！そのデータ―低燃費車などのエコカー，所有者は11%」日本経済新聞2011年3月20日朝刊11面．
96) 藤原徹「低公害車・低燃費車に対する減税措置が自動車購入行動に与える影響について」10-11頁〔〔独〕経済産業研究所，RIETI Discussion Paper Series 11-J-008, 2011〕．
97) 「知りたい！そのデータ」前掲注（95）．
98) 藤原前掲注（96）18-19頁．本来価格帯が異なるものについて価格近似のシミュレーションにより潜在的競争関係を認定する手法は，韓国・酒税事件においても採用されている．前掲注（93）及び本文対応部分参照．

表的車種「プリウス」の価格低下と補助金・減税以外の説明要因がなく，環境意識の浸透がエコカー普及の理由ではないことをうかがわせる[99]．実際，ディーラーの調査では，エコカー減税導入後に前年同時期比でシェアを伸ばしたのは100％減税車であり，ちょうどそれと対応するだけ減税非対象車のシェアが落ち込んでいる[100]．このことは，減税によって価格競争力を得た対象車種が販売を伸ばし，その分対象外の車種が販売を減らしたことを意味し，減税のない状態では両者に競争が存在したことを示唆する．さらにある民間の調査は消費者によるエコカー・ガソリン車の選択は価格ベースで行われていることを明らかにしており[101]，本来両者が競合関係にあること，補助金・減税がこの競争関係に影響していることを示唆する．

この他，例えば販路については，エコカー購入支援対象車は通常のディーラー網で販売されており，特に非対象車との区別は顕著ではない．また，エコカー購入支援対象を強調する広告・宣伝は，むしろ非対象車との競合を意識し，その価格上の優位をアピールするものと解せる．

このかぎりにおいては，少なくともわが国市場ではエコカー購入支援策の対象車種とそれ以外のガソリン車は価格ベースの競争関係にあり，エンジン構造や環境性能という物理的差異は消費者認識や最終用途に影響しないことがうかがえる．よって，環境性能にかかわらず，乗用車・貨物輸送車はそれぞれ広く一般にGATT3条2項2文のもとでは直接競争・代替可能産品，また同4項のもとでは同種の産品を構成する．その意味においては，エコカー減税は前者において直接競争・代替可能産品を，またエコカー補助金は後者において同種の産品を差別していることになる．

また，仮に環境性能で乗用車を差別することが可能であるにしても，ある特定の環境性能基準に適合するエコカーと，それ以外の乗用車全てにつき，同種性ないしは直接競争性・代替可能性がないとは限らない．例えば，米国やEU

---

99) 尾崎弘之「トヨタ『プリウス』販売記録更新はHV市場の更なる成長を意味するのか？」ウォール・ストリート・ジャーナル日本版2010年12月13日 http://jp.wsj.com/Business-Companies/node_159285.

100) 「減税対象車モテモテ―新車見積もり，シェア拡大」日経産業新聞2009年9月3日14面．

101) 「『エコカー』の『エコ』は『エコロジー』より『エコノミー』？―エコカーとガソリン車との価格差『20万円以上なら買わない』が1位」（ソニー損保株式会社，2009年8月6日）http://from.sonysonpo.co.jp/topics/pr/research/pdf/research20090806.pdf.

の環境性能基準に適合するが，日本のそれに適合しない車を想定した場合，仮に両者が実質的に同等の環境負荷の低減を実現するものであれば，この事実が周知でありかつ例えば日本の「4☆」のような何らかのラベリングによって認識が歪曲されない限り，エコマーケティングにおいて両者は消費者に同様の訴求力を持つはずである．その限りにおいて，かかる乗用車は日本の環境性能基準を充足する乗用車とは一定の競争関係にあるものとなりうる．

特にわが国の制度の場合，差別の原因が環境性能等の認定方法（10・15モードによる型式認定，PHP制度）にあることは10.3.1に説明したが，例えば諸外国の環境性能試験結果の相当性を認証するなどして，ある任意の車種の環境性能の実質を評価すれば，エコカー購入支援の非対象車種の中に対象車種相当の性能を有するものが存在する可能性がある．その場合，日本のエコカー制度は直接競争・代替可能関係にある車種はもちろんのこと，同等の環境性能を備えたより狭い範囲の自動車，すなわちGATT 3条2項1文における同種の産品をも差別している可能性がある．

最後にスクラップ・インセンティブは，対象産品とは全く無関係に，抱き合わせで処分される旧車の特性に減免税や補助金支給が条件づけられるものである．よって，それらの外性的要因により，全く同一車種・同一型式の自動車の購入について，購入支援の有無やその内容に差が生じる．したがって，このような条件の付帯もまた最も狭いGATT 3条2項1文における同種の産品の差別になりうる[102]．

10.3.4 国産品保護

仮に購入支援対象車種とそれ以外が，GATT 3条2項・同4項のもとで同種あるいは直接競争的・代替可能であったとしても，両条文のもとにおいては，共に産品間差別のみでは違反を認めることはできない．それに加えて，かかる差別が一定の国産品保護につながることを示す必要がある．

まずGATT 3条2項1文については，同種の産品間に税率差を許さない1

[102) もっとも，本章10.2節に見た各国制度では，スクラップ・インセンティブはエコカー補助金に付帯している場合に限られた．よって，産品差別も基本的にはGATT 3条4項の比較的広い同種の産品について問題になるが，本文中の議論からスクラップ要件がこのような差別を生ぜしめることは明白である．

文こそが同1項の国産品保護禁止原則の表象であり，同種の産品間の税率は「僅少差（de minimis）」の違いであっても許されない[103]．よって，税率格差の存在を以てそれ以上の国産品保護の意図や効果の証明を要しない．

他方，同2項2文においては，前掲の注釈によれば，輸入品が直接競争的・代替可能な国産品との比較で，「そのように（similarly）」，つまり同様に課税されない場合，当該内国税は同項に適合しないものと見なされる．日本・酒税事件以後，先例ではこれを「僅少差」以上の税率格差と規定してきた[104]．僅少の閾値を明確にした判断はこれまでないが[105]，わが国の自動車取得税及び自動車重量税を念頭に置いた場合，車体価格の7〜8％に相当する税額が免除，最低でも半減されることから[106]，その差は僅少とはいい難い．

格差のある税制が「国内生産に保護を与えるように」適用されているか否かは，「意図，設計，及び明らかになった（＝隠れた）構造（design, architecture, and revealing structure）」によって，措置の客観的意図を探ることで明らかにされる[107]．これまでも税負担が輸入品に偏在する場合には，問題の税制が「国内生産に保護を与えるように」適用されている証左と判断されてきた[108]．例えばそもそも輸入車の日本市場への投入車種が少ない等他の事情がある場合，単なる対象車種の偏在だけでは保護主義の客観的意図を示すことは困難だが，特に上述の通り2009年秋時点ではエコカー減税の対象車種に輸入車が全く含まれないとすれば[109]，このような意図の表象を十分に認める余地が生じる．さらにその効果として，実際に対象国産車の売上が伸びる一方で輸

---

103) *Japan — Alcoholic Beverages*（AB），*supra* note 85, at 112, 115.
104) *Id.* at 118-19.
105) 従来は輸入品にのみ相当程度高い課税が行われる事案がWTOに付託されており，パネル・上級委員会はこの一般的な閾値の検討を要しなかった．*See, e.g.,* Panel Report, *Mexico — Tax Measures on Soft Drinks and Other Beverages*, ¶¶ 8.80-8.83, WT/DS308/R（Oct. 7, 2005）；*Korea — Alcoholic Beverages*（Panel），*supra* note 92, ¶ 10.100.
106) 車体価格200万円前後のホンダ・インサイトを例に取ると，購入者は1台当たり最大およそ13万7,000円から15万1,000円程度の減税を受けることになるとされる．「熱帯びるエコカー商戦―日産，減税車拡充で攻勢・トヨタ優位も消耗戦懸念」日経産業新聞2009年5月27日13面．
107) *Japan — Alcoholic Beverages*（AB），*supra* note 85, at 120.
108) *See, e.g., Mexico — Soft Drinks*（Panel），*supra* note 105, ¶¶ 8.84-8.87；*Korea — Alcoholic Beverages*（Panel），*supra* note 92, ¶¶ 10.101-10.102；*Japan — Alcoholic Beverages*（AB），*supra* note 85, at 120-22.
109) 前掲注（65）〜（66）及び本文対応部分参照．

入車の販売台数が落ち込んでいる事実が[110]，エコカー減税が「国内生産に保護を与えるように」適用されていることを傍証する[111]．

最後に，GATT 3 条 4 項の「不利でない待遇」については，上級委員会の判断においては，単なる同種の産品の差別にとどまらず，それが原産国差別，つまり国産と外国産の差別に帰結していることが求められているものと解される[112]．上述のように，2009 年秋時点ではわが国エコカー補助金の対象車種が国産に著しく偏重していた事実，また実際に対象国産車の売上増・それ以外の輸入車の売上減に帰結している事実が[113]，措置による負担が著しく輸入車に偏在していることを示しており，輸入車全般と国産車全般を比較した時に，前者に後者より「不利でない待遇」を与えているものとはいい難い．また，かかる負担の偏在は，国毎の自動車に求められる環境性能基準の差異という原産国の違いに起因するものである．

10.4 環境保護措置としての一般的例外該当性

10.4.1 GATT 20 条の規範構造

仮にエコカー購入支援策の GATT 3 条違反が認められる場合，次にこれらの措置を例外として正当化することが求められる．これらの措置はエコカーの

---

110) 「10 月の新車販売 ―『プリウス』快走続く，6 ヵ月連続首位，トヨタ，上位に 5 車種」日経産業新聞 2009 年 11 月 10 日 12 面，「4-9 月期の輸入車販売，21 年ぶり低水準」日刊工業新聞 2009 年 10 月 7 日 5 面．
111) 先例においては措置の客観的意図を検討することで差別の意図を認定してきたが，傍証として差別の効果に触れる説示もある．川瀬剛志「メキシコの飲料に関する措置」『ガット・WTO の紛争処理に関する調査報告書』Vol. XVII 79 頁以下 104-5 頁（2007）．Cf. Panel Report, Chile ― Taxes on Alcoholic Beverages, ¶¶ 7.114-7.120, WT/DS87/R, WT/DS110/R（June 15, 1999）．
112) EC・アスベスト規制事件以降，「不利でない待遇」要件のもとで，上級委員会は内国規制の通商阻害的効果が輸入品と国産品に対称的に生じることを求めてきたと理解されている．Ehring, supra note 11, at 942-47; Donald H. Regan, Regulatory Purpose and "Like Products" in Article III: 4 of the GATT（with Additional Remarks on Article III: 2）, 36 J. WORLD TRADE 470（2002）. Cf. EC ― Asbestos（AB）, supra note 84, ¶ 100. この解釈は，後にドミニカ共和国・タバコ関連措置事件上級委員会報告において確定されたと理解されている．Appellate Body Report, Dominican Republic ― Measures Affecting the Importation and Internal Sale of Cigarettes, ¶ 96, WT/DS302/AB/R（Apr. 25, 2005）．川瀬前掲注（111）105-6 頁参照．
113) 前掲注（65），（110）及び各本文対応部分参照．

普及をもって大気を保全することにその目的があるものと解せるが，特に大気は有限天然資源として位置付けられ，その保全は同20条（g）によって正当化されることは，WTO最初のパネルの判断により明らかにされている[114]．同号は以下のように規定する．

「この協定の規定は，締約国が次のいずれかの措置を採用すること又は実施することを妨げるものと解してはならない．ただし，それらの措置を，同様の条件の下にある諸国間において任意の若しくは正当と認められない差別待遇の手段となるような方法で，又は国際貿易の偽装された制限となるような方法で，適用しないことを条件とする．
…
（g）有限天然資源の保存に関する措置．ただし，この措置が国内の生産又は消費に対する制限と関連して実施される場合に限る．」

他方，この例外の援用にあたり，上記柱書の要件，すなわち措置の適用が任意の・正当と認められない差別待遇，または国際貿易の偽装された制限を構成しないことも，あわせて充足しなければならない．米国・ガソリン精製基準事件上級委員会は，GATT 20条の文言を厳格に捉え，実体的義務への違反を認定された措置と同一のものが各号要件への適合性を問われ，その適用が柱書適合性を問われると説示している[115]．同事件の説示では措置・適用がそれぞれ何を意味するかについて必ずしも明確ではないが，国内で販売可能なガソリンの不純物含有基準を定めた基準設定規則が措置であり，正にその適用が輸入ガソリンと国産ガソリンで異なることによる差別待遇が適用として柱書適合性を問われた[116]．その後の米国・エビ輸入制限事件やブラジル・再生タイヤ輸入制限事件においても，禁輸自体が措置であり，その実施過程や下部実施規則により生じた差別や適正手続の欠如は適用の問題として柱書適合性を問われた[117]．

---

114) Panel Report, *United States — Standards for Reformulated and Conventional Gasoline*, ¶¶ 6.36-6.37, WT/DS2/R（Jan. 29, 1996）.

115) Appellate Body Report, *United States — Standards for Reformulated and Conventional Gasoline*, WT/DS2/AB/R（Apr. 29, 1996）, WTO D.S.R. 1996: I, 3, at 12-13.

116) *Id.* この点につき，川瀬剛志「ガソリンケース再考─その『貿易と環境』における意義」『貿易と関税』46巻1号99頁以下93-91頁．

しかし直近のタイ・タバコ税制事件上級委員会は，タイが GATT 3 条 2 項・同 4 項違反を認定された税制措置について同 20 条（d）該当性を主張した際，同項下では措置ではなく差別待遇の該当性を主張すべきであり，タイはこれを怠ったとして抗弁を退けた[118]．同上級委員会はこの解釈を米国・1930 年関税法 337 条事件 GATT パネルの判断から導いているが[119]，この解釈を説明するには，本章の議論と同じく大気保全に関する米国・ガソリン精製基準事件パネルによる同様の分析を参照する方がわかりやすい．本件パネルは，基準値設定規則の「正に（GATT）3 条違反を認定された側面（the precise aspects…that it had found to violate Article III）」，つまり輸入ガソリンに供与する不利な待遇の GATT 20 条（g）適合性を検討した．その結果，化学的組成において同一であるガソリンの差別が大気保全に無関係であり，有限天然資源の保存に「関する」ものではないと判断した[120]．タイ・タバコ税制事件においては，上記のようにタイの主張の誤りゆえにこのような当てはめに至らなかったが，同事件上級委員会の説示はこのような議論を想定していたと解せる．この結果，同事件上級委員会は正に米国・ガソリン精製基準事件上級委員会が否定した GATT 20 条の規範構造の解釈に回帰しており，先例との断絶のみならず，差別待遇の検討は柱書から全て各号に移り，柱書，特に差別待遇の規律はいまや各号と重複すると評価される[121]．

　しかしながら，米国・ガソリン精製基準事件上級委員会が強調するように，GATT20 条の文言は明確に差別を適用の問題として柱書で対処することを求めており，タイ・タバコ税制事件上級委員会が条約法条約 31 条，ひいては紛争解決了解 3 条 2 項に反して，文言を無視したと解することは妥当ではない．

---

117) *E.g.*, Appellate Body Report, *Brazil — Measures Affecting Imports of Retreaded Tyres*, ¶¶ 144, 217, 246, WT/DS332/AB/R（Dec. 3, 2007）; Appellate Body Report, *United States — Import Prohibition of Certain Shrimp and Shrimp Products*, ¶¶ 114-116, 125, 162, 166, 173, 178, WT/DS58/AB/R（Oct. 12, 1998）.

118) Appellate Body Report, *Thailand — Customs and Fiscal Measures on Cigarettes from the Philippines*, ¶¶ 177-179, WT/DS371/AB/R（June 17, 2011）.

119) *Id.* n.270.

120) *US — Gasoline*（Panel）, *supra* note 114, ¶ 6.40.

121) Comment by Chiris Wold to *What Aspect of a Measure Should Be Considered under the GATT Article XX Sub-Paragraphs?*（*Follow-up*）, INT'L ECON. L. & POL'Y BLOG（June 24, 2011, 4 : 12PM）, http://worldtradelaw.typepad.com/ielpblog/2011/06/what-aspect-of-a-measure-should-be-considered-under-the-gatt-article-xx-sub-paragraphs-follow-up.html.

特に全て差別も各号に照らして判断すると解することは，柱書の「差別」の文言を無用のものとし，条約解釈の実効原則に反する．したがって，新たな上級委員会の判断を踏襲して措置の一側面としての差別は各号に照らして検討するとしても，適用から生じる差別は明確にこれと峻別し，やはり柱書の要件への適合性を検討する必要がある．

　この峻別を米国・ガソリン精製基準事件における事実関係を参考にして，具体的に説明したい．本件で問題となった措置である基準値設定規則は，2つの基準（個別基準・法定基準）によって，ガソリンとして同種の産品を硫黄等の不純物の含有量によって差別する．この差別は措置それ自体の存在から不可避的に発生する[122]．そして，実際本件パネルが認定したように，適用段階でのこの2つの基準の使い分けも，更に同種の輸入ガソリン・国産ガソリンの差別を生じる．

　GATT 3 条は双方の差別をカバーして内外差別を規律するので，同条の適用においてこの区分を意識する必要がないが，同 20 条の文言は明確にこれを分けている．上記の米国・ガソリン精製基準事件の例に則していえば，個別基準・法定基準の存在によって生じるガソリンの 1 次的な差別は措置の一側面として各号に，引き続いて適用段階で両基準の使い分けにより 2 次的に生じる差別は柱書に，それぞれ服することになる．

　ここで留意すべきは，米国・ガソリン精製基準事件では 1 次差別の GATT 3 条適合性が問われなかった点である．よって上級委員会は，1 次差別の同 20 条 (g) 適合性を論じる必要がなかったのであり，必ずしも措置の差別的側面を各号で検討することを否定していない．本件上級委員会は基準値設定規則全体が (g) に適合すると説示しているが，基準値設定規則自体の適合性を認めることは，むしろ規則に起因する 1 次差別を必然的・黙示的に各号により是認することになる．他方，タイ・タバコ税制事件で GATT 3 条 4 項違反を問われたのは，タイ歳入法の規範構造に必然的に由来する法律上の差別，つまり 1 次差別である[123]．したがって，上級委員会はこの差別を措置の一部として各

---

122) 当然のことながら，不純物含有の程度が市場での競争関係に影響し，当該基準によって区別されるガソリンが同種でないため，GATT 3 条に反しない可能性もある．*Cf. EC* — Asbestos (AB), *supra* note 84, ¶¶ 114-116. 本件では実際にこの差別の協定適合性が問われていないが，ここでは不純物含有は競争関係に影響せず，ガソリンはガソリンとして同種であるため，差別が違反を構成しうると仮定する．

号適合性を検討するように求めたものと解せる[124]．

このように解すれば，タイ・タバコ税制事件上級委員会は単に措置の正当化すべき部分の特定を求めただけで，少なくとも GATT 3 条違反の正当化については，措置は各号，適用は柱書という規範構造を変更したものではない[125]．従来のアプローチと差異があるとすれば，差別の由来，つまり 1 次差別と 2 次差別の峻別を意識し，前者については各号適合性において明示的に主張することが求められる点である．その意味では，むしろ GATT 20 条の規範構造にいっそう忠実な分析を求めたに過ぎない．

10.4.2 エコカー購入支援策の適合性

このような規範枠組の理解のもと，GATT 20 条（g）をエコカー購入支援策に当てはめると，「措置」はエコカー補助金・減税それ自体である．前節の議論を踏まえれば，そこに内在する「4 ☆」等の環境性能基準やスクラップ要件による対象車・非対象車の差別が基本的に措置の一側面としての差別，すなわち 1 次差別であり，GATT 20 条（g）に服することになろう．

上記のように（g）は，有限天然資源の保存に「関する（relating to）」措置が，輸入国内の生産・消費制限と「関連して（in conjunction with）」実施される場合，例外として当該措置の GATT 不適合性を阻却するものである．上級委員会はこれらを措置がそれぞれ有限天然資源の保存，及び国内における保存措置の実効化を「主たる目的とする（primarily aimed at）」ことを意味すると解する．その上で，前者，つまり措置と資源保存目的の関係は「実質的関係（substantial relationship）」であるとし，当該措置なかりせば有限天然資源保存の目的が「実質的に阻害される（substantially frustrated）」場合，そのよう

---

[123] *Thai — Cigarettes*（AB），*supra* note 118, ¶¶ 83-84, 96-102.
[124] チン（Julia Qin）はタイ・タバコ税制事件上級委員会が差別待遇と述べた箇所は措置と読み替えることが妥当であると述べるが，この解釈も本章の議論と同根の見解である．Comment by Julia Qin to *What Aspect of a Measure Should Be Considered under the GATT Article XX Sub-Paragraphs?: Some Criticism*, INT'L ECON. L. & POL'Y BLOG（June 28, 2011, 3 : 40 AM），http://worldtradelaw.typepad.com/ielpblog/2011/06/what-aspect-of-a-measure-should-be-considered-under-the-gatt-article-xx-sub-paragraphs-some-criticis.html.
[125] 特に，例えば米国・エビ輸入制限事件のような GATT 11 条違反の正当化の場合，タイ・タバコ税制事件の影響は皆無であろう．この場合，措置の存在それ自体が違反を構成するため，各号適合性を問われるのは依然として措置全体である．

な関係を両者間に認める．また，後者，つまり措置と国内規制との関連性については，措置の賦課における国産品・輸入品双方に対する「公平性（evenhandedness)」を示すと述べる[126]．

エコカー購入支援策の文脈において，自動車による排気が温室効果ガス等環境負荷の実質的な部分を占めることは，冒頭に触れた「京都議定書目標達成計画」を見ても，一般論としては否定しがたい．よって，購入支援策に対象車の環境性能基準やスクラップ要件を設けることなく，エコカーの普及による環境汚染車両の代替が進まない場合，地球温暖化防止を含む大気保全の目的達成に支障を来すことは論理的に推定できる．よって当該差別は有限天然資源保存に「関する」ものと認められる．

また，補助金・減税は少なくとも名目上国産に限定されることはなく，国産品・輸入品双方を対象とするため，公平性も充足している．両者の取り扱いに事実上の差別が生じうることは10.3.1に論じた通りだが，上級委員会は公平性が必ずしも双方に対する全く同一な取り扱いを求めるものではないとし，さらに，仮に輸入品にのみ規制が課せられていれば，それは露骨な（naked）国産品保護であるとも付言している[127]．これらをあわせ読めば，上級委員会は公平性の要件をかなり明白な差別のみを捕捉する比較的緩やかな無差別性要件として理解しているものと解せる．この意味において，わが国を含む各国の同様の制度は，例えば中国の「十城千両」のような明白な輸入車の除外を除き，GATT 20条（g）に適合するものといえる．

他方，最近の中国・原材料輸出関連措置事件パネルは従来と異なる解釈を示した．第1に，先例は措置と有限天然資源保存の関連性（「関する」）を，当事国が採用した手段と資源保存目的の単なる論理的・定性的関係に限定して解釈・適用したのに対し，本件パネルは手段に資源保存目的の客観的意図や効果の実証性を要求する[128]．第2に，先例は公平性を措置と国内規制の関連性（「関連して実施される」）の解釈から導出したが，本件パネルは両者を別個の独立した要件と解している[129]．本章の議論にこれを当てはめれば，エコカー

---

126) *US — Gasoline* (AB), *supra* note 115, at 17-20.
127) *Id.* at 19.
128) Panel Report, *China — Measures Related to the Exportation of Various Raw Materials*, ¶¶ 7.416-7.435, WT/DS394/R, WT/DS395/R, WT/DS398/R（July 5, 2011）．例えば目的に対する明確な言及や，問題の輸出税と代替手段たる輸出制限との選択に実効性の実証等を求める．

補助金・減税の効果や政策手段としての妥当性がより具体的に問われることになろう．例えば，エコカー購入支援策が自動車未購入層の新規需要を喚起し，全体ではかえってCO_2の排出量を増加させる可能性が指摘されるが[130]，このようなデータは「関する」要件への適合性を困難にする．また，各加盟国とも支援策対象となるための環境性能基準やスクラップ要件を定めるが，その妥当性や国産車・輸入車への影響の偏り等も検討されることになる．本件上訴の結果いかんによるが，上級委員会がこの判断枠組の変更を支持した場合，従来と異なり，GATT 20条（g）該当性の検討は被申立国の環境政策上の判断の実質に踏み込むことになろう．

次に，柱書で検討すべき適用については，わが国が購入支援策の基準適合性の認証について10・15モードに固執していること，ならびにこれが外国車には不利に作用することは先に触れた[131]．これはエコカー購入支援の受益基準・条件そのものではなく，その「適用」において生じる2次的な差別であって，柱書適合性を問われる．米国・エビ輸入制限事件上級委員会は，柔軟性を欠く基準の適用はともすれば各国事情を勘案しない「任意の差別」に帰結すると説示したが[132]，その適合性認証方式についても柔軟性を認めないとすれば，その危惧はいっそう強くなる．さらに，制度導入当初から輸入車ディーラーより競争阻害の指摘があったにもかかわらず対応しなかった点は[133]，差別により輸入品に対して生じると知りえた負担を可能な限り回避することを柱書の文脈で求めた米国・ガソリン精製基準事件上級委員会の説示との整合性も疑わしい[134]．基準適合性評価手続については，TBT協定5.1.2条はそれ自体が不必要に貿易障壁化しないように立案・制定することを義務付け，さらに同6.1条は，保証が同等であれば，外国の異なる手続のもとでの結果を相互認証することを慫慂する．このこともまた文脈として，かかるGATT 20条柱書の理解を支持する．

---

129) *Id.* ¶¶7.437-7.466. 根拠は不明だが，パネルは前者では国内の生産制限，後者では消費制限につき，それぞれ実効性を論じている．
130) 藤原前掲注（96）17-18頁．
131) 前掲注（68）〜（71）及び本文対応部分．
132) *US — Shrimp*（AB），*supra* note 117, ¶¶161-165.
133)「新車購入支援策導入についての要望」（日本輸入自動車組合，2009年3月12日）http://www.jaia-jp.org/about/report/report090313/，「輸入車に逆風」前掲注（76）．
134) *US — Gasoline*（AB），*supra* note 115, at 26-27.

翻って，このことは必ずしもわが国独自の環境性能基準の妥協を WTO が求めているとは解せない．柱書においては，適用上の差別待遇が任意の・正当と認められない差別とならないためには，差別は措置が達成せんとする政策目標と「合理的な関係（rational relation）」にあることを要する[135]．したがって，例えば日本の環境性能基準とその認証方法は国土が狭く都市部の渋滞が多い日本の道路事情にあわせて設計された制度であり，大陸内の都市間移動のため高速走行の時間が長いことを前提とした欧米の環境性能基準に適合することでは十分な大気保全の実効性が上らない等，差別に十分明確かつ合理的な説明が可能であれば，10・15 モードに基づく基準認証の画一的な適用が保護主義的な意図を有するものとはならない．規制がもたらす保護の水準について各加盟国が自己決定の権利を有していることはすでに GATT 20 条の他の号について明確にされており[136]，同（g）にも同様のことがいえるが，このこともかかる柱書の解釈の文脈になろう．

　もう1つの2次的な差別として，前述の PHP 例外に留意する必要がある．当時の試算では，それまで全くエコカー補助金の対象とならなかった米国産車の3～4車種，年間 700 台程度がこの例外により受益すると予想されたが，依然それ以外の車種は対象外のままとなる[137]．特に欧州車はほとんどが高コストをかけて燃費基準適合性を含む型式認定を受けており，PHP 例外を享受できなかった[138]．これは国産車との関係ではむしろ逆差別であり内外差別の問題を生ぜしめないが，エコカー基準の適用が外国車間に新たな差別を生む[139]．さらにこの新制度については，日本の排出基準を下回った自動車の優遇の懸念が指摘されている[140]．

---

[135] *Brazil — Retreaded Tyres*（AB），*supra* note 117, ¶ ¶ 225-232.

[136] *See, e.g., EC — Asbestos*（AB），*supra* note 84, ¶ 168; Appellate Body Report, *Korea — Measures Affecting Imports of Fresh, Chilled and Frozen Beef*, ¶ 176, WT/DS161/AB/R, WT/DS169/AB/R（Dec. 11, 2000）.

[137] 「米国車もエコカー補助，経産相『政治問題でない』」日本経済新聞 2010 年 1 月 20 日朝刊 7 面．なお，エコカー補助金の打ち切り間近の 2010 年 7 月時点では，対象は全 17 ブランド，47 モデルに拡大され，非米国産輸入車はその半数程度に増えた．「PHP 制度に基づくエコカー補助金対象輸入車」（経済産業省，2010 年 7 月 12 日）http://www.meti.go.jp/policy/mono_info_service/mono/automobile/100712phphojyokintaisyousyasyu.pdf.

[138] 「乏しいメリット」前掲注（72）．

[139] 本章ではエコカー購入支援策の国産優遇の側面に焦点を当てているので論じないが，他方で PHP 例外は GATT 1 条 1 項適合性を問われる余地がある．

一見して排気ガス中の温室効果ガス・不純物抑制の政策目的を妥協させる規制の適用がなされ，新たな差別を生ぜしめる適用については，当該政策目的との「合理的な関係」について十分な説明を求められる．仮に巷間で指摘されるような対米配慮がその理由であれば[141]，大気保全と差別に合理的な関係を見出すことはできず，やはり日本のエコカー補助金の適用は柱書の要件を充足しない．また，年間輸入 2,000 台以下の車種に限定することで，地球温暖化防止・大気保全の政策目的に対する悪影響を最小限にとどめることも，先例によれば抗弁たりえない[142]．

10.5 おわりに

すでに多くの加盟国でエコカー購入支援策が終了しており，今後の WTO における紛争化の懸念のピークは過ぎ去ったかに見える．しかし，わが国のエコカー減税は引き続き継続しており，欧州車を中心に輸入車の指定が拡大している一方，米国系車の指定は皆無である[143]．また，同様のエコカー購入支援策は，フランス，加えて差別性の高い措置を導入している中国においても継続している．加えて最近では，各国が電気自動車普及のため同様の購入支援制度を競って導入している[144]．

これらの事実に鑑みれば，安定的かつ持続的なエコカー購入支援策実施のため，その WTO 協定適合性の確保は不可欠である．低炭素社会の実現と不況時の耐久消費財の消費拡大の視点から，エコカー購入支援策が一定程度有効であることには疑いはない．加えて，その効果と目的から，GATT 20 条（g）が認める環境対策の一部をなす蓋然性も高いものといえる．しかしその一方で，制度の差別性・貿易阻害性は最小限に抑制する必要がある．

そのために，累次の GATT 20 条関係の紛争で強調されてきたように，この

---

140) 「乏しいメリット」前掲注（72）．経済産業大臣も明示的にその可能性を認める．「直嶋経済産業大臣の臨時会見の概要（エコカー補助関連）」（経済産業省，2010 年 1 月 19 日）http://www.meti.go.jp/speeches/data_ed/ed100119bj.html．
141) 「米大統領『輸出，5 年で倍増』，米，通商・為替政策変化も一日中へ圧力強化の見方」日本経済新聞 2010 年 2 月 1 日朝刊 7 面，「エコカー補助『米車 OK』」前掲注（72）．
142) *Brazil — Retreaded Tyres*（AB），*supra* note 117, ¶ 229．
143) 「対象車一覧」前掲注（66）．
144) 「電気自動車『大国』競う―産業強化・雇用を期待」日本経済新聞 2011 年 5 月 25 日朝刊 3 面．

ような制度の導入・運用にあたり，輸出生産者の負担軽減を図る真摯な国際協力が不可欠である[145]．まず，わが国制度について問題になったような環境性能の認証方法の差異による貿易障壁化については，国際的に統一的な試験方法の策定が有効である．この点については，国連欧州経済委員会傘下の自動車基準調和世界フォーラム（WP. 29）が 2013 年に燃費測定の国際統一基準を策定することが決まっており，解決策として注目される[146]．

さらに，規制の貿易障壁化防止の観点では，本来は購入支援の受益要件となる環境性能基準自体についても国際的な調和・統一がのぞましいが，他方で環境保護水準の自己決定裁量の絶対性はすでに GATT 20 条でも保証されていることは先に触れた[147]．例えば排気ガス内の汚染物質含有量等，ローカルな大気環境に影響を及ぼす環境性能であれば，各国の自律に任せることが妥当である．しかしながら，温室効果ガスの削減手段としてエコカー購入支援策を捉えると，地球温暖化問題及びその解決のグローバルな性質に鑑み，やはり国際協調による基準設定がのぞましい．

追　記

脱稿後，本文中注（128）～（130）対応部分の議論につき，中国・原材料輸出関連措置事件上級委員会報告書（WT/DS394/AB/R, WT/DS395/AB/R, WT/DS398/AB/R, Jan. 30, 2012）に接した．結局上級委員会は本文中に紹介した GATT 20 条（g）に関する同事件パネルの解釈を支持せず（同報告書 353-361 段），この限りにおいて米国・ガソリン精製基準事件以来の解釈が維持されたと解せる．

注　記

本章は拙稿「世界金融危機下の国家援助と WTO 補助金規律」（独立行政法人経済産業研究所，RIETI Discussion Paper Series 11-J-065，2011）の一部を大幅に加筆・修正したものである．

---

145) *US — Shrimp*（AB），*supra* note 117, ¶¶ 166-172; *US — Gasoline*（AB），*supra* note 115, at 25-26; GATT Panel Report, *United States-Restrictions on Imports of Tuna*, DS21/R（Sept. 3, 1991, unadopted），GATT B.I.S.D.（39th Supp.）at 155, ¶ 5.28（1993）．

146)　「計測の基礎となる走行モードの統一作業進む～議論のまとめ役は日本代表」『JARA News』2011 年 6 月号 1 頁，「車燃費測定，世界で統一――日米欧等合意，13 年にも国連採用」日本経済新聞 2011 年 5 月 14 日夕刊 1 面．

147)　ただし本章に対する松下満雄教授のコメントにあるように，TBT 協定適合性の観点から，環境性能基準自体の妥当性を問われる．

● 第 8 章コメント ●

亀山康子

　特にここ 50 年あまりの間に，国と国との間の経済的相互依存が高まり，いわゆる「グローバリゼーション」が進展した．グローバル化経済は，世界の人々の生活をより豊かなものに変えていったが，他方では，歪みも生んだ．多くの地球環境問題は，経済のグローバル化及びそれによる経済活動のさらなる活性化によるものともいえる．また，南北間格差の拡大や，途上国内での貧富の差の拡大といった富の偏在も，グローバリゼーションを一因としている．地球環境問題と経済的格差も無関係ではない．貧しい地域ではより多くの環境破壊の被害を受けている．ぜい弱性が高く，被害を最小限にとどめるすべも持たない．

　さて，地球温暖化問題も，グローバル化経済の影響を多分に受けている．地球温暖化現象の原因物質の 1 つである二酸化炭素は，化石燃料の燃焼から多く排出されるが，化石燃料の消費パターンは，各国のエネルギー政策や産業構造によって大きく違ってくる．また，1 国内で温室効果ガス排出量を減らそうとなんらかの対策が講じられると，その影響が他国にも及ぶ．

　このような複雑で困難な問題に対する国際社会のいままでの取り組みの経緯が，第 8 章の中で，丁寧かつ正確に記述されている．その記載にて示されているように，国際社会は今日に至るまで，国毎に地球温暖化対策に関する約束を求める形で議論を進めてきた．グローバル化経済の中でもあえて国毎に排出削減を議論してきたのは，対策を講じる権限が主に各国政府に帰属していることに加え，酸性雨やオゾン層破壊等，他の地球環境問題への対処も，国毎に対策を定める手続きで成功してきたという学習効果があったためだろう．

　地球温暖化対策を国毎に求めるが，他方で，経済のグローバリゼーションを地球温暖化対策のために完全に放棄するのは非現実的である．地球温暖化対策が企業の国際競争力に及ぼす影響や炭素リーケージ問題に対しては，別途，それを照準とする対策が求められるようになる．第 8 章では，その中でも特に炭素リーケージ対策としての国境調整措置の議論の経緯を整理し，そこに国際法

的含意を加えている．国境調整措置は国際法の観点からも多くの課題を含んでいるが，他にも技術的な課題が挙げられることが多い．製品の製造過程における温室効果ガス排出量の監視方法，無数の部品を組み合わせて作る製品の各部品製造過程における排出量の計算方法，「対策をとっていない国」の判定基準等が，主な技術的課題である．

　国ごとに排出削減を求める現行アプローチを続ける限り，グローバリゼーションとの不整合がもたらす諸問題も存在し続けるだろう．この問題を回避するための地球温暖化対策の提案もないわけではない．

　最も技術的に簡単な方法と考えられるのは，世界全体で均一に炭素税をかける方法である（Nordhaus 2011）．全ての化石燃料に対して炭素含有量に応じて課税する．税金は化石燃料の価格に反映され，エネルギー価格がその分だけ上昇する．ただし，この提案に対する反論もある．1つは他の税制や補助金との関係である．多くの国では化石燃料に対して多額の補助金を充てている．世界均一で炭素税をかけたところで，各国内での補助金が上乗せされれば排出削減効果はない．また，エネルギー価格の上昇は一般的な消費財価格の上昇にもつながることから，多くの国で政治的支持が得られにくい．特に貧困層に対して税収を還元する等の措置が求められる．

　また別の提案としては，日本の産業界の一部が2000年代後半にかけて主張した「セクター別アプローチ」がある（澤・福島 2008）．これは，鉄鋼や電力といった業種ごとに国家横断的に排出量目標を決め，各業種内で削減策を決定する方法であるが，同提案に対する反論も少なくない．まず，産業部門以外の民生・交通部門における消費段階での排出量は対策範疇に置かれていない．また，地球温暖化対策のためには，長期的には革新的な技術革新が不可欠といわれる中，業種ごとに分割するアプローチは，1つの産業から新たな産業に移行するインセンティブを削ぐばかりか，現行産業構造を温存する方向に働く．

　このように，グローバル化経済を尊重した国際制度提案にも，別の観点からの課題が指摘されている．地球環境，経済発展，人々の福利厚生といった複数の価値の間でバランスをとりながら，地球温暖化対策の議論が今後も続いていくことになるだろう．

参考文献

Nordhaus, W. (2011) "The architecture of climate economics : Designing a global agreement on global warming," *Bulletin of the Atomic Scientists*, Vol. 67(1), pp. 9-18.

澤昭裕・福島文子（2008）「ポスト京都議定書の枠組としてのセクター別アプローチ―日本版セクター別アプローチの提案」, 21世紀政策研究所.

● 第9章・第10章コメント ●

　　　　　　　　　　　　　　　　　　　　　　　　　　松下満雄

1. 環境政策と自由貿易

　地球温暖化に表象されるように，われわれを取り巻く地球環境の悪化にはなかなか歯止めがかからないようである．これへの対策として，例えば，京都議定書，COP15，COP16，及びCOP17等多くの国際的，国内的取り組みが行われているが，今後好むと好まざるとに関わらず，国連等国際機関や環境省等の国家機関が環境政策によって市場に関与し，産業活動が制約される場面が多くなると思われる．同時に，自由かつ公正な貿易によって経済発展を促進することも将来のきわめて重要な政策である．とすると，この両者をいかに調和させるか，が今後の重要課題である．

　そこで，環境政策と自由貿易の関係について検討するに，この両者が常に，必然的に対立するとはいえない．一般論として，自由貿易は各国経済発展に寄与すると考えられるが，経済発展がなければ環境政策の十分な実施は不可能であり，この意味においては，自由貿易による経済の発展は有効な環境政策実施の前提であるといえなくもない．もっと細かく見ても，例えば，二酸化炭素排出抑制のための排出量取引制度は，市場メカニズム（利潤動機）による環境政策の一種であるし，環境機器，環境技術開発の促進には企業間競争（市場メカニズム）がきわめて有効である．

　しかし，環境政策と自由貿易・市場メカニズムが抵触する面もある．環境政策においては，国際機関，国家機関等なんらかの公的機関が産業活動，市民生活等に介入し，一定の規制を加えることがある．例えば，公的機関が有害物質を排出する物品の製造販売を禁止し，税制等の方法で使用抑制を図る場合，逆に環境に優しい製品について優遇措置をとり使用を促進する場合等には，市場原理による場合とは異なった資源配分が生ずる可能性もある．国際貿易についても同じで，第10章にあるエコカーについての補助金，第9章にある国境税

調整は通商政策・環境政策上必要なものであるが，WTO協定に体現される無差別主義，自由貿易主義と不整合となることもあり，ここにWTO協定との抵触や協定の解釈問題等が生ずることは両章において詳述されている．

このように環境政策と自由貿易は一面において補完関係にあり，他面において緊張関係にあり，両者の関係はあたかも連立方程式のように相互に関連しながら，複雑な形で絡み合って進んでいく関係である．

2. WTOと環境政策

WTOは自由貿易政策を体現するものといわれているが，環境団体等一部のNGOから反環境であるとの批判を受けることもある．しかし，WTOの基本法であるマラケシュ協定の前文において，環境の保護と保全を図りつつ持続的発展をめざすことがWTO協定の目的であることが明記されている．旧GATTにおいてはかかる規定は置かれていなかった．環境と自由貿易の関係をどのように調整するかは，旧GATT起草者の主たる関心事ではなかった．これと対比して，WTO協定は明白に環境政策と自由貿易の両立を図ることを意図して作られたということができる．この両者の両立をいかに図るかは難問であり，政策的調整が必要であり，後述のように法制上もGATTにおける同種産品や20条による例外の解釈の確立が必要である．これもなかなか容易ではないが，ともかく一般方針としては，WTO規律と環境政策をできる限り調和させることがWTO協定の基本方針であることは明らかである．

もっともWTOは環境政策を立案し推進する機関ではない．環境政策促進のためには国連等の諸国際機関，環境省庁等の国家機関があり，その他にも各種の公的機関が環境政策実現のため施策を講じている．WTOは自由貿易を実現し，これによって世界各国の経済発展を促進するためのものである．しかし，最近においてはいわゆる「非貿易的関心事項」に示されるように，自由貿易政策と，これとは別の原理，価値観に基づく政策（環境の他にも，文化，食品安全，人権，国家安全保障，発展途上国援助等）との調整は必要不可欠となっており，WTOの原則が単純な自由貿易一点張りではないことを示している．

WTOが環境政策との調和を考慮していることは，WTOによるいくつかの貿易紛争解決事例にも示されている．有名な事例としては，WTO初期の紛争

解決事例である米国・ガソリン精製基準事件，米国・エビ輸入制限事件，より後期のものとしては EC・アスベスト規制事件があり，最近のものとしてはブラジル・再生タイヤ輸入制限事件がある．これらのうち，EC・アスベスト規制事件を除きいずれも被申立国が敗訴している．米国・ガソリン精製基準事件[1]においては米国のクリーンエア法による大気汚染防止策，米国・エビ輸入制限事件[2]においては米政府の絶滅に瀕している動物の保護，及び，ブラジル・再生タイヤ輸入制限事件[3]においてはブラジル政府の行う古タイヤによる環境汚染防止策が問題となったが，WTO 上級委員会は，これらの政府が行う環境政策及びそれの実施手段である法制度の妥当性を認めている．しかしながら，米国・ガソリン精製基準事件及び米国・エビ輸入制限事件に示されるように，これらの措置があまりにも一方的に行われ，または，ブラジル・タイヤ事件に示されるように，国内措置が自由貿易協定（Free Trade Agreement, FTA）のアウトサイダーに対して差別的であり，またその国内措置がブラジルの唱える環境政策に逆行するものであったので，この面が WTO 協定違反とされたのである．

EC・アスベスト規制事件[4]は，フランス政府の行うアスベストの販売，輸入禁止に対して，カナダがアスベストの類似品の製造や販売が認められているのに，アスベストのみを禁止するのは内国民待遇違反であるとして提訴したものである．この事例において WTO 上級委員会は，アスベストと類似品は「同種産品」ではないとして，アスベストの輸入禁止を許容した．この事例は「同種産品」の観点から環境との関係の WTO 問題に対応する道を開いたものとして，注目される．

また，米国・エビ輸入制限事件[5]において，パネルは米国措置の一方的性格を捉えてこれを GATT 20 条柱書違反としたが，上級委員会はこの案件処理方

---

[1] Appellate Body Report, *United States — Standards for Reformulated and Conventional Gasoline*, WT/DS2/AB/R (Apr. 29, 1996).

[2] Appellate Body Report, *United States — Import Prohibition of Certain Shrimp Products*, WT/DS58/AB/R (Oct. 12, 1998).

[3] Appellate Body Report, *Brazil — Measures Affecting Imports of Retreaded Tyres*, WT/DS332/AB/R (Dec. 17, 2007).

[4] Appellate Body Report, *EC — Measures Affecting Asbestos and Asbestos-Containing Products*, WT/DS135/AB/R (Mar. 12, 2001).

[5] *US — Shrimp* (AB), *supra* note 2.

法は誤りであるとして，米措置の GATT 20 条（g）項適合性を認めた上で，その措置の一方的性格を捉えてこれを違反とした．すなわち，平たくいえば，米国の措置は環境保護措置として正当性を有するが，その実施方法があまりにも一方的に過ぎるとして，この一方性を違反とした．このパネルと上級委員会の判断方法の違いは重要である．というのは，この上級委員会報告によってWTO 紛争解決機関が環境政策に十分な考慮を払うべきことが示されたからである．

しかし，WTO が環境政策推進機関であり環境保護を中心として施策を講じていくことを期待することは誤りである．WTO はあくまでも無差別原則，開放市場等を中心とする自由貿易政策の実現のための機関である．WTO にとっての課題は，環境政策という自由貿易とは一応別の価値体系と矛盾せず，可能ならば環境政策にも貢献できる形で自由貿易政策を推進する途を探ることである．WTO が他の貿易政策に優先して，環境政策を中心とする貿易政策を実施しないことに不満を持つ向きもありうるが，これは WTO に対する過剰期待である．しかし，WTO は反環境の国際機関ではなく，自由貿易政策を促進する上で，できるだけこれと環境政策との調和を試み，可能な範囲で硬直的，教条的自由貿易主義を修正する用意があるということである．

3．エコカー税制と自由貿易

本書の主要テーマの 1 つはエコカーについての税制とそれの自由貿易の原則，具体的には WTO ルールとの関係である．この問題に関して，第 10 章に詳細が示されている．以下においては，この第 10 章を踏まえつつ，若干の問題点を探ってみる．

エコカーとは電気自動車，ハイブリッド車，低燃費・低排ガス車等を総合する名称であるが，これには二酸化炭素排出抑制，大気汚染防止等，環境政策面において多くのメリットがある．そこで，主要国はこれの開発，生産を支援するために各種の補助政策を実施する．第 10 章に詳述されているように，わが国を始め，米国，カナダ，EU，フランス，ドイツ，イギリス，その他 EU 諸国，中国，韓国，台湾等において何らかの形でエコカー支援政策がとられている．これ自体は環境政策から見てまことに好ましいことであるが，この支援政

策は多くの場合，エコカーの製造，販売，購買等に対する減税や助成金支給の形をとる．これは当然その支援をする国のエコカーの国際競争力を強化し，自由貿易のもとではかかる補助政策は他の貿易国の同種産品と関係で，国産品の競争力を強める．この補助制度がGATTや補助金相殺措置協定（SCM協定）に定める一定の枠を超える場合には，貿易紛争に発展する恐れがある．

エコカー補助制度のWTO法上の問題点として多くのものがあるが，第10章はGATT 3条に規定する内国民待遇違反問題を取り上げ，これを多角的に論じている．他方，第10章の基礎となった川瀬（2011）では，SCM協定問題も取り上げられている[6]．両者とも相互に関連し重要問題であるので，両者についてコメントする．

第1は，内国民待遇であるが，エコカーに対する補助金の対象となる環境対応車と外国から輸入される自動車が同種産品である場合には，両車種に対する課税または補助金の相違はGATT 3条2項または4項による検討の対象となり，両車種に対する税制または補助金に差異があると，GATT 3条2項ないし4項に定める内国民待遇違反となる．また，両者が直接競合品である場合には，この取り扱いの差異が国内産業を保護するように適用される場合には，同じく違反とされる恐れがある．

ここでの中心的概念は同種産品であるが，第10章も指摘するように，従来の先例ではこの解釈はGATT 3条2項1文の場合，GATT 3条2項2文，及び，GATT 3条4項の場合とで若干異なっている．ここではこの解釈問題の詳細には立ち入らないが，このような同種産品の解釈上の相違は，エコカーに対する助成がどの程度まで認められるかに関して国際的法的安定を阻害するというべきである．また問題となるエコカーとそれに競合する輸入自動車が直接競合品である場合は，かかる取り扱いの差違に対する許容度が若干高くなる．同種産品と直接競合品の違いは相対的であり，これのいずれに属するかによって取り扱いの許容度が違ってくるのもまた，法的安定の観点から問題のあるところであろう．

同種産品，直接競合品の概念は，環境と貿易における問題点であるのみならず，WTO法解釈の大きな問題点の1つである．筆者は私見として，同種産品

---

6) 川瀬剛志「世界金融危機下の国家援助とWTO補助金規律」RIETI Discussion Paper Series 11-J-065，（独）経済産業研究所（2011）．

に関する法解釈が市場の実態を軽視し，文言解釈に傾く等硬直化しているのに不満をいだいているが，この機会に，環境と貿易に関連する同種産品問題について，WTO の環境と貿易に関する委員会，紛争解決機関，一般理事会等で詳細に検討をした上で，何らかの指針を発表することを検討してはどうであろうか[7]．

エコカーに対する税制，補助金の差違が GATT 3 条 2 項または 4 項に違反するとした場合，これは GATT 20 条（g）による有限天然資源の保護に関係する措置として例外を認めることができないであろうか．これについては，第 10 章に言及がある．第 10 章が指摘するように，例えば電気自動車とガソリン車の環境負荷に対する影響の違いを考慮すると，GATT 20 条（g）による除外の適格性はあるように思われる．この場合には，GATT 20 条（g）の要件と GATT 20 条柱書の要件が全て充たされていることが必要であるが，米国・ガソリン精製基準事件における有限天然資源の解釈によれば，汚染の影響を受けない清浄な大気は有限な天然資源であることがみとめられ，ここから温室効果ガスの影響を受けない気象系は有限な天然資源であることが類推できよう．ただし，この例外を認めるためには，外国における輸出産業と国内産業の間の取り扱いの「公平性」（evenhandedness）を確保するために，その例外援用国において，その有限天然資源枯渇の原因となる国内資源（エコカーとの関係においては，燃費が悪く，環境負荷の要因となる自動車）の生産または消費に対して，課税，生産制限等何らかの形で規制が行われていることが必要である．

エコカーに対する国家援助が WTO 協定の一環である SCM 協定に違反することがあるかがもう 1 つの大きな問題である．これの詳細は川瀬（2011）に示されるが，上述の GATT 上の内国民待遇関係の規定と SCM 協定が同一補助金支給に重複的に適用されることがありうる．

エコカーに対する補助金は，その支出の仕方によって，それの消費者・ユーザー利益を与えるもの，その製造者，販売者に利益を与えるもの等各種のものがありうる．これらのうち，消費者・ユーザーに利益が付与されるものは SCM 協定上問題が少ないと思われるが，製造者，販売者に利益を付与するものは SCM 協定上問題となりうる．SCM 協定においては，補助金は禁止補助

---

[7] 同種産品について詳細に研究をしたものとして，WON-MOG CHOI, 'LIKE PRODUCTS' IN INTERNATIONAL TRADE LAW: TOWARDS A CONSISTENT GATT/WTO JURISPRUDENCE (2003) 参照．

金(輸出を条件とする補助金)と相殺可能な補助金(それ以外の補助金)に分類され,前者それ自体が禁止,後者はそれによって他の加盟国の産業に実質的損害を与え,または,他の加盟国の通商上の利益を侵害する場合に,相殺関税の賦課または他のWTO協定上の措置の対象となりうる.

エコカーの国内的助成は多くの場合相殺可能な補助金に該当することとなると思われるが,この場合の判断はケースバイケースとなる.したがって,国内のエコカー補助金制度がただちにSCM協定に違反するとはいえないであろう.しかし,この補助金制度が問題となることはありうるのであり,WTO加盟国はエコカー補助金については慎重な考慮が必要である.

エコカーに対する補助金がSCM協定に違反する場合,かかる補助金はGATT 20条(g)によって有限天然資源の保存に関係する措置としてGATTの禁止の例外とされうるであろうか.GATT 20条柱書は,「この協定」の規定は加盟国がGATT 20条各項に基づいて執る措置を妨げない(Nothing in this Agreement shall prevent…)(下線筆者加筆)と規定する.これの文言解釈から見れば,ここで例外とされるのはこの協定,すなわちGATTに規定されている事項のみであり,他の協定に規定されている事項(例えばSCM協定に規定されている事項)はこの例外に含まれないとの解釈もありうる.川瀬(2011)はかかる形式的解釈は現在ではとられていないと指摘するが,これについては最近の中国・原材料輸出関連措置事件におけるパネル報告書及び上級委員会報告書[8]が関係するので,この点に触れておく.同パネル事件においては,中国の一定の鉱物資源の輸出制限が中国のWTO加盟議定書パラ11.3及びGATT 11条に違反するかが問題となり,中国はGATT 20条(g)及び(b)を援用して,これらは例外とされると主張した.パネル及び上級委員会は議定書パラ11.3に関しては先例である中国・AV製品及び書籍関連措置事件を引用し,この事件で問題となった議定書パラ5においてこのパラ5に記載される事項について中国のこの協定(GATTを含む)の権利義務は影響を受けないと明記されているのに,パラ11.3にはそのような免責の記載のないこ

---

[8] Appellate Body Report, *China — Measures Related to the Exportation of Various Raw Materials*, WT/DS394/AB/R, WT/DS395/AB/R, WT/DS398/AB/R (Jan. 30, 2012); Panel Report, *China — Measures Related to the Exportation of Various Raw Materials*, WT/DS394/R, WT/DS395/R, WT/DS398/R (July 5, 2011).

とを根拠として，GATT 20 条の適用を否定した．

このパネル及び上級委員会報告書の解釈を文字通り適用すると，SCM 協定に違反するエコカー補助金が同協定に違反する場合，これを GATT 20 条 (g) によって救済する道はなくなりそうである．しかし，そのような解釈でよいであろうか．筆者の考えでは，以下のような解釈の可能性があると考える．すなわち，WTO 加盟議定書と SCM 協定では性格が異なる．すなわち，加盟議定書は新規加盟国と WTO 加盟国が締結する約束であり，これ自体は WTO の一環となると考えられているが，これは WTO 協定附属書 1A に属する協定ではない．これに対して SCM 協定は，WTO 協定附属書 1A に属する協定の 1 つであり，補助金について定める GATT 6 条を詳細化し，または実施する協定の 1 つである．SCM 協定 10 条は，相殺関税の賦課が GATT 1994 の 6 条と SCM 協定の要件に適合してなされるために必要な措置をとると規定し，同 32 条は補助金に対して「この協定によって解釈された GATT 1994 の規定」(…the provisions of GATT 1994, as interpreted by this Agreement) によらずに措置をとることはできないと規定する．その他，SCM 協定 15 条 1，26 条等にも GATT 6 条に関する言及がある．ここから判断して，GATT 6 条と SCM 協定の間には連続性があり，後者は前者の実施協定と見ることができるのではなかろうか．とすると，GATT 6 条には GATT 20 条の例外が適用されうるので，SCM 協定に対しても GATT 20 条の例外が適用されると解する余地があるように思われる．

当初の SCM 協定 8 条において環境関係の補助金は相殺不可能な補助金 (non-actionable subsidies) とされていた．この規定は WTO 発効後 5 年で見直しが行われ，これを継続するか否かが決定されることとなっていた．5 年後にこの協定を継続することについて合意ができなかったので，現在この規定は失効している．環境問題の重要性に鑑み，これの復活を検討すべきと思う．

4. 国境税調整

環境関係をめぐる貿易問題のうち，他の重要なものの 1 つは，国境税調整 (border tax adjustment) である．これについては第 9 章において詳述されている．

まず国境税調整が環境政策とどのように関わるのか．国家が環境政策を実施するために，税制によって環境に負荷をかける物品もしくは物質に課税をし，負荷をかけない物品もしくは物質（この両者はしばしば同種産品または直接競合品である）に課税をせず，または減税をする．この物品もしくは物質に対してそれを輸出する外国が同じような課税をしていないとすると，その輸入品は国内で生産される当該物品もしくは国産品との関係ではその分だけ有利になる．そこで，輸入国はこの輸入品に対して国内において課せられている租税と同額をこの輸入品に賦課して，国内産業が不利になることを防止する．

　これが国境税調整の概要であり，GATT 2 条 2 項はこれを許容している．この規定は，元来は物品税の国別の差異によって輸入品との関係で国産品が不利にならないようにするためのものであり，国際貿易における「平等な競争条件の確保」が目的であるとされる．最近では，環境問題との関係でこの国境税調整が注目されてきている．第 9 章はこの国境税調整に関して，GATT 2 条 2 項等の解釈，及び，米国環境法案との関連で詳細に検討している．論点は多岐にわたり，これらの全部について言及する余裕はないが，若干の論点についてコメントをする．

　国境税調整は，それが適用される外国産品と同種産品である国産品間に課税上の差別がないことを条件として認められる（GATT 2 条 2 項 (a)，3 条 2 項及び 4 項）．1 つの問題は，ある産品の生産に用いられる原料でその完成品には残存していないもの（例えば，物品の生産に用いられる燃料）に対して内国課税が行われている場合，これが国境税調整の対象となるかである．この点はGATT 2 条各号，及び，3 条各号の規定文言からは判然としない．筆者はこれが輸出面において認められていることから類推して，これも国境税調整の対象となる可能性があると考えているが[9]，いまだにパネル，上級委員会の判断もなく，不明確である．しかし，この点は，石炭，石油等二酸化炭素を多く排出する排出する物質にある国家が内国で課税をし，これを燃料として生産される完成品が輸入される場合，その分だけ課税できるかの問題に直結するものであり，環境政策上きわめて重要である．これについての明確の法理の確立が望ま

---

[9] 松下満雄「環境政策の一環としての国境税調整」『貿易と関税』59 巻 1 号 17 頁以下所収 26 頁 (2011)．

れる．

　同種産品の範囲は，ここでも大きな問題である．第9章が指摘するように，同種産品の解釈においては，国産品と輸入品の物理的特徴，最終用途，関税分類，及び，ユーザーの認識の類似性が重要な基準として用いられている．しかし，これらの中の物理的特徴と最終用途を重視すると，例えば，バイオ燃料と化石燃料等は同種産品とされる可能性があり，バイオ燃料を税制によって優遇することに対する障害が生ずる恐れがある．すでに述べたが，筆者はWTO法における同種産品の解釈は硬直化し，市場の実態から乖離する気味があると考える．この問題についても，再検討が必要ではなかろうか．

　排出枠に伴う問題点としては，これが国境税調整になじむかという問題がある．すなわち，例えば，第9章が詳細に検討している米国環境法案においては環境負荷産品には炭素税が課せられるが，外国から輸入される同種産品にも輸入業者に炭素換算税，または，国際備蓄排出権の購入が義務付けられる．これらの金銭的負担は完成品としての輸入品，その部品，その生産に使用する燃料等に対して賦課されるものではなく，それを生産する際に生ずる有害ガスの排出に対して課せられる．とすると，国境税調整の根拠規定であるGATT 2条2項が国内の同種産品について内国税が課せられる場合に国境税調整が認められるとする規定の趣旨から見て，ある物品の生産において「副産物」として排出される有害ガスに対して行われる課税はこの範囲に入ってこないとの解釈も可能である．このこのように解すれば，排出量取引に付随して行われる課金はGATT 2条2項の要件を満たさず，国境税調整になじまないとの解釈がありうる．これに対して，GATT 2条2項が「国内の同種産品について (in respect of)」（下線筆者加筆）という文言を用いていることから見ると，内国課税が産品に「ついて」行われていればよいのであるから，かかる課金はGATT 2条2項の要件に該当するとの見解もある．筆者は前者をとるが[10]，両説ありうることは第9章が指摘する通りである．

　これについてはいずれの解釈もありうるが，前者を採択した場合には，この課金をGATT上正当化するためにはGATT 20条（g）または（b）を援用す

---

10) 松下満雄「地球温暖化防止策としての環境税・排出量取引制度のWTO整合性」『国際商事法務』38巻1号1頁以下所収6頁（2010）．

る必要がある．GATT 20条においては，柱書に示されるように，各号による正当化自由があっても，これは恣意的，同一条件下における不当な差別，または，偽装された貿易制限でないことが必要であり，これらの解釈は相対的で，確定的な基準を示しにくい．このような状況から判断すると，内国産品に対する炭素税を賦課する場合，同種産品または直接競合品である輸入品に対する課金は同種産品または直接競合品の問題をクリアーしたのちに，国境税調整によって対応するほうが，予測可能性が高いのではなかろうか．この方向での研究の進展を期待したい．

5. 環境措置の国際的ハーモナイゼイション

環境と貿易に関する通商国家間の法制の調整を行い両者が両立できるために，上に述べたようなWTO法の解釈問題を解決し，GATT等WTO協定と環境関係の法制の関係とを整理することは将来にとって重要である．しかし，これと同時に，各国が行う環境政策関係の規制の調和（harmonization）を図ることが重要である．貿易と環境をめぐる通商国家間の軋轢は，各国が行う貿易政策・環境政策の差異に基づくところが大きく，この違いが過大になるとこれはWTOにおける紛争事件に発展することがある．仮にかかる差異がWTO協定の許容範囲内にあるものであっても，かかる環境政策の寛厳の差，施行手続きの差異は国際紛争のもとになりやすく，また各国産業間の国際競争力の差異となることもある．

とはいっても，各国間の事情の差異があり，環境政策・法制を国際的に完全に調和させることができないのは当然である．特に，先進国と発展途上国との間においては，国情の違いから，完全なハーモナイゼイションができないのはもちろんであり，先進国間においても程度の差こそあれ当てはまる．しかし，それにもかかわらず，かかる環境・貿易政策のハーモナイゼイションの試みは必要である．たとえ，完全なハーモナイゼイションができなくても，部分的にでも制度の調和ないし接近ができれば，これは摩擦緩和の大きな要因となる．また，ハーモナイゼイションができなくても，各国の通商当局者・環境当局者，関連産業関係者，研究者等が頻繁に接触し，相互理解を深めるだけでも絶大な効果がある．

これは将来の大きな課題であるが，かかるハーモナイゼイションの推進のための話し合いの場，すなわち，フォーラムとしては，本来はWTOの環境と貿易に関する委員会等で検討をし，国際的な統一基準に関するアジェンダを作成し，国際交渉につなげるべきものであろう．現にドーハ・ラウンドにおいても，環境関係協定とWTO協定（特にSPS協定（Agreement on the Application of Sanitary and Phytosanitary Measures）等）との関係の明確化はアジェンダの一部となっている．しかし，ドーハ・ラウンドが進展する可能性は少なく，現実論として，ここしばらくはこれに大きな期待を寄せることはできない．

そこで，ここで2つの可能性について触れたい．1つはFTAの活用である．現在世界においては，多数のFTAが存在しているが，その多くにおいて，貿易投資自由化に関する規定と並んで，何らかの形における環境関係規定が置かれている．例としてはEU，NAFTA等を挙げることができるが，この他2国間FTAにおいても，多くの環境関係規定が置かれている．例えば，わが国が締結している2国間FTA（日・インドネシア，日・マレーシア，日・比FTAその他）において環境関係の規定が置かれている．これらは環境規定及び通商と環境との調整の規定としては不十分なものであるが，FTAの場をこれらの問題についての話し合いの場として活用できるであろう．これによって2国間，または複数国間に多少でも環境，貿易政策の調和ができれば，これは世界の環境，貿易政策の調和にとって第1歩となりうるし，他国にとってのモデルともなりうる．

ここでの問題は，FTAが2国間，少数国間，または，複数国間の協定が叢生することによって，多数のFTA間の貿易，環境ルールが不統一となり，環境関係のルールが錯綜して全体としてきわめて複雑かつ難解なものとなる可能性があることである．このような不統一，複雑性，難解は，円滑な国際的貿易政策，環境政策実施の障害となる可能性がある．これは貿易と環境に限らずFTA一般の問題点であるが，ここでFTAルール間のハーモナイゼイションをいかに行うかが問題となる．このハーモナイゼイションは国家間の貿易，環境政策のハーモナイゼイションと同じくらい，またはさらに困難であるかもしれない．しかし，かかるハーモナイゼイションの端緒をつかむ場として，WTOの貿易政策検討機関（Trade Policy Review Mechanism, TPRM）を提案したい．この機関は本来WTO加盟各国の貿易政策を検討し，改善点等を勧

告するための機関であるが，この機関の場を活用して，WTO貿易と環境委員会と協力して，FTA当局者間の情報蓄積と提供，頻繁な話し合い，改善点の検討等を行うことによって若干の発展が期待できるかもしれない．

　WTOの新たな国際ルールをめざしての国際交渉は行き詰まっている．この理由については詳述しないが，WTO内における力関係（米，EU等先進国対中，印，ブラジル，南ア等の新興工業国の関係等）がWTO設置当時に比べて変化したことが最大原因である．今後はWTOが従来のように紛争処理手続きの対象となるハードルールを策定する余地は次第に少なくなると見るべきである．WTOの凋落を食い止めるためにも，WTOに新たな役割を与えなければならない．この新しい役割の1つに，FTA間，及び，通商国家間の貿易と環境に関する政策，法制の差異の縮小とその相互間の調整のためのコーディネイションの役割があるのではなかろうか．これは同時にWTOがソフトローの分野に本格的に進出する機縁ともなるかもしれない．

索引

アルファベットで始まる単語は最後に置いた.

イ

以旧換新（中国） 273,276
一般均衡 16
　　——モデル 17
インド・追加関税事件 235,237,254,258,261
インドネシア・国民車事件 250,252

エ

エコカー減税（環境性能に優れた自動車に対する自動車重量税・自動車取得税の特例措置） 5,265,266,276,277,284,286,287
エコカー支援政策 303
エコカー補助金（環境対応車への買い換え・購入に対する補助制度） 5,266,267,276-278,280,284,287,294,295
　　——交付規程 280
　　——実施要領 280
エネルギー安全保障信託ファンド法案 226
エネルギー集約産業 117
エネルギー集約貿易（EITE） 38
　　——財産業 87
　　——財部門 73
エネルギー・チャンネル 22,106
エネルギー費用基準 44,47

オ

応用一般均衡
　　——分析（CGE分析） 15
　　——モデル（CGEモデル） 16,17,64,66,90,109,162
オークション（方式） 63,64,70,116
汚染者負担原則 231,232
温室効果ガス基準 44,47

カ

外部性 143,147
外部費用 170,171,173,178

外部不経済 143,144,146,149-152,161,162,166,170,173,178-182
化石燃料 309
カナダ・雑誌事件 240,247,251
カナダ・自動車関連措置事件 280
カーボン・リーケージ → 炭素リーケージ
カリフォルニア効果 215
カリブレーション 29
環境資源レジームの変成 211
カンクン合意 204,207,208,220
韓国・酒税事件 251,283
間接排出量 94
間接費用 55

キ

気候変動枠組条約 256
　　——3条1項 212,220
　　——3条2項 220
　　——3条5項 218
技術革新 110
規制の普及（regulatory diffusion） 215-217,222
規模の経済性 31
競争条件平準化 → 平等な競争条件
共通に有しているが差異のある責任（CBDR） 213,221
協定参加ゲーム 128,130
京都議定書 124,126,201,212,256,264
　　——3条9項 202
　　——目標達成計画 264,292
京都メカニズム 202
協力解 198

ク

グランドファザリング 64,70
繰り返しゲーム 130
グリーン・ニューディール 264
クールノーの数量競争 168
グローバル化・グローバリゼーション 213,

221, 297

ケ

軽減措置　39, 42
経済再生計画 (Plan de relance)　270
源泉地原則　162, 230

コ

交易条件　96
　——効果　146, 147, 149-151, 194
厚生効果　103
購置税 (中国)　273, 276
国際競争力　64, 87, 101, 104
　——問題　3, 37
　産業——　112
国際公共財　191
国際交渉　123
国際備蓄排出　309
　——量　228
　——枠　229
国際ボトム競争 (Race to the bottom)　161, 176, 182, 214
国内総余剰　169-172, 174-176, 179
国連気候変動枠組条約 (UNFCCC)　201
国境税調整 (BTA)　152, 159-162, 166-168, 181, 182, 307, 308
国境調整措置　4, 33, 87, 103, 104, 115, 118, 119, 141, 142, 151, 152, 159-162, 181, 182, 211, 216-222, 225, 297
　——のWTO協定適合性　218, 220, 221, 222
コペンハーゲン合意　203, 212

サ

産業内貿易　152, 162-166, 196
　——指数　163, 164
産業連関
　——表　17
　——分析　19

シ

次期枠組み (交渉)　202, 217, 218, 220
自己拘束的　191
事実上の差別 (de facto discrimination)　242
自動車基準調和世界フォーラム (WP. 29)　296
自動車産業復興計画 (EU)　269

自動車重量税　266, 286
自動車取得税　266, 286
仕向地原則　162, 230
習熟効果　32
十城千両 (中国)　273, 276
消費者余剰　145, 170, 180
条約法条約31条　289
　——3 (c)　220, 221
　実効原則　290
新興国　211, 213

ス

スクラップ・インセンティブ　264, 285

セ

制裁　127, 131
政策影響評価　109
政策の普及 (policy diffusion)　215, 222
政策目標　119
生産者余剰　145, 180
誓約と審査 (pledge and review)　209
世界金融危機 (2008)　263
世界大恐慌 (1929)　263
石油石炭税法　227
セクター別アプローチ　298
先進国間の削減努力の同等性 (comparability)　210
戦略的代替関係　150, 193
戦略的補完関係　148, 193

ソ

総合危機対策　266
相互市場モデル　196
相殺可能な補助金　306
測定, 報告, 検証 (MRV)　208

タ

代替効果　110
タイ・タバコ税制事件　244, 289-291
ダーバン・プラットフォーム決定　222
炭素価格政策　3
炭素換算税　227, 309
炭素関税　160, 161, 167, 168, 174-176, 179, 182
炭素集約
　——財　143, 145, 146, 152
　——的産業　160, 162-166, 175, 176, 181

――度 112
炭素税 33, 87, 145, 150, 152, 161, 163, 167, 168, 171, 172, 174-176, 178, 179, 298
炭素リーケージ 22, 63, 79, 87, 103, 104, 116, 141, 162, 193, 216, 232, 255
　――対策 112
　――問題 3, 37
　――率 98
　貿易チャンネルの―― 22

チ

地球温暖化 297
　――対策 109
　――のための税 227
逐次動学モデル 30
中間費用 55
中国・原材料輸出関連措置事件 234, 292, 296, 306
中国・自動車部品事件 233, 234, 252
中国WTO加盟議定書パラ11.3 306
直接競争・代替可能産品 247, 248, 281, 282, 284, 304
直接排出量 94
直接費用 55
チリ・酒税事件 249
チリ・農産物価格帯事件 258

ト

動学ゲーム 130, 133, 137
同種の産品 241-243, 281, 285, 304, 309
ドーハ・ラウンド 311
ドミニカ共和国・タバコ関連措置事件 233, 253, 287
トリガー戦略 133

ナ

内国民待遇（違反）→ GATT 3条
内生的な技術進歩 32
ナッシュ均衡 148, 149, 176, 178

ニ

二重の配当 20
日本・酒税事件 251, 286
日本・フィルム関連措置事件 242, 280

ハ

バイアメリカン条項（米国） 264

バイオ燃料 309
排出削減義務の配分 212
排出量取引 33
　――制度 63, 222
　国内――制度 87
排出枠 309
波及効果 19
発展的解釈 253
発展途上国 198
ハーモナイゼイション 230
　環境措置の国際的―― 310

ヒ

ピグー税 142, 145
ビッグ3 263
非貿易的関心事項 301
標準国際貿易分類 164
平等な競争条件（level playing field） 167, 196, 225, 230, 231, 232, 308

フ

フィリピン・蒸留酒事件 241, 244, 247, 249, 251, 262
フォーク定理 132
不完全競争 31
　――市場 160, 162, 181
付属書I国 126, 127
復興再投資法（米国） 264
部分均衡
　――分析 142, 143
　――モデル 19
ブラジル・再生タイヤ輸入制限事件 218, 288, 302
紛争解決了解3条2項 289

ヘ

米国・1930年関税法337条事件 289
米国・エビ輸入制限事件 218-221, 253, 288, 293, 302
米国・ガソリン精製基準事件 245, 288-290, 293, 302, 305
米国・スーパーファンド事件 231, 232, 240, 244, 245
米国・タバコ輸入制限事件 238
米国・丁子タバコ事件 242
ベンチマーク 42
　――データ 17

ホ

貿易基準　44
貿易集約度　112
法律上の（原産地別の）差別（*de jure* discrimination）　243

ム

無償配分　116
——措置　103

メ

メキシコ・清涼飲料税事件　240, 244, 247, 251

モ

モントリオール議定書　125

ユ

有償配分　116

リ

リサイクル・省資源消費者補助法（米国）267
リーバーマン・ワーナー法案（米国）44, 228
リベートプログラム　38
リーマンショック　263

ワ

ワックスマン・マーキー法案（米国）4, 38, 44, 228
割引率　191

数字

10・15モード　277, 278, 285, 293
1986年内国歳入法第38条（米国）　237

A

AEEI　32
AO　116
Armington仮定　69

B

BC廃車プログラム（カナダ）　268, 269
BTA（Border Tax Adjustment）→ 国境税調整

C

CARS（自動車下取り返戻制度，ポンコツ車買い取り）（米国）267, 275, 279
CDM　28
CES型関数　28, 67
CGE
——分析 → 応用一般均衡分析
——モデル → 応用一般均衡モデル
CO_2基準　47
COP3　201
COP11　202
COP15　201, 203, 211, 300
COP16　201, 207, 300
COP17　222, 300

E

EC・アスベスト規制事件　242, 281, 287, 302
EC条約87条　269
EEC・動物飼料事件　261
EPA（米国環境保護局）　15
EU　217, 311
——（欧州）委員会　15, 269
——（欧州）理事会　269
——の排出枠取引制度　216

F

FTA　311

G

G2　211
GATT 1条1項　294
GATT 2条1項（b）　225, 238, 239, 258, 259
——1文　233, 234
——2文　233, 235, 236
GATT 2条2項　235, 236, 309
——（a）　225, 239, 252, 254, 255, 257, 260, 308
——（c）　233
GATT 3条1項　242, 282, 286
GATT 3条2項　233, 260, 305, 308
——1文　225, 232, 239, 240, 244-246, 255, 256, 279, 281, 282, 285, 304
——2文　225, 246, 279, 281, 282, 284, 286, 304
——（措置の）客観的意図　251, 286
——差別的効果　244, 250, 251

──目的・効果テスト　242, 282
GATT 3 条 4 項　242, 280, 281, 284, 290, 304, 305, 308
──不利でない待遇　287
GATT 3 条 8 項（b）　279
GATT 3 条注釈　234, 238, 279, 286
GATT 6 条　307
GATT 8 条 1 項（a）　233
GATT 11 条　306
GATT 20 条　217, 226
──（b）　218, 309
──（d）　289
──（g）　218, 288-296, 302, 305, 306, 309
　　　──公平性（evenhandedness）　292, 305
　　　──実質的関係（substantial relationship）　291
　　　──有限天然資源　288, 305
──柱書　218, 219, 221, 288, 293, 294, 306
GTAP データ　18, 69

J

JI　28

M

MVAS（Maximum Value at Stake）　40

N

NAFTA　311
NAMA（その国に適切な排出削減行動）　208, 220
NVAS（Net Value at Stake）　40

O

Output-Based Allocation（OBA）　4, 64, 72, 95, 96, 115

──方式　70

P

PHP 制度　277, 278, 285, 294

R

R&D 投資　32
Race to strictness　216
Race to the bottom → 国際ボトム競争
Race to the top　216
Retire Your Ride（カナダ）　269
revenue-recycling 効果　20, 77

S

SCM 協定（補助金相殺措置協定）　304-306
──8 条　307
──10 条　307
──32 条　307

T

tax-interaction 効果　19, 73, 78
tax-shifting 効果　20
TBT 協定（貿易の技術的障害に関する協定）　242
──5.1.2 条　293
──6.1 条　293
TPRM（貿易政策検討機関）　311

U

USTR（米国通商代表部）　278

W

WTO 協定　105
──附属書 1A　307
──マラケシュ協定　301

編者所属・略歴一覧

有村俊秀（早稲田大学政治経済学術院教授）

1968年生．1992年東京大学教養学部卒，1994年筑波大学大学院環境科学研究科修士課程修了，2000年米・ミネソタ大学大学院修了（Ph. D. in Economics）．上智大学講師，准教授，教授等を経て現職．内閣府経済社会総合研究所客員研究官，米・ジョージ・メイソン大学客員研究員（安倍フェロー）等を歴任．2009-2011年度上智大学・環境と貿易研究センター代表．

主要著作：有村俊秀・武田史郎編著『排出量取引と省エネルギーの経済分析：日本企業と家計の現状』（日本評論社，2012），有村俊秀・岩田和之『環境規制の政策評価——環境経済学の定量的アプローチ——』（SUP上智大学出版／ぎょうせい，2011）

蓬田守弘（上智大学経済学部准教授）

1969年生．1992年慶應義塾大学経済学部卒，1994年同大学大学院経済学研究科修士課程修了，2003年米・ロチェスター大学大学院修了（Ph. D. in Economics）．一橋大学大学院経済学研究科専任講師，上智大学経済学部講師を経て，現職．2009-2011年度上智大学・環境と貿易研究センター副代表，2012年度米・ヴァンダービルト大学経済学部客員研究員．

主要著作："Is Emission Trading Beneficial?" *Japanese Economic Review*（forthcoming），with Jota Ishikawa and Kazuharu Kiyono，蓬田守弘『垂直的国際分業の理論』（三菱経済研究所，2006）

川瀬剛志（上智大学法学部教授）

1967年生．1990年慶應義塾大学法学部卒，1994年米・ジョージタウン大学法科大学院修了（LL. M），同年慶應義塾大学大学院法学研究科博士課程中退．神戸商科大学（現・兵庫県立大学）助教授，経済産業省参事官補佐，（独）経済産業研究所研究員，大阪大学准教授等を経て，現職．米・ジョージタウン大学客員研究員（日本学術振興会海外特別研究員），（独）経済産業研究所ファカルティフェロー，産業構造審議会特殊貿易措置小委員会臨時委員等を歴任．

主要著作：Akira Kotera, Ichiro Araki, and Tsuyoshi Kawase eds., *The Future of the Multilateral Trading System: East Asian Perspectives*（CMP Publishing, 2009），川瀬剛志・荒木一郎編著『WTO紛争解決手続における履行制度』（三省堂，2005）．

執筆者所属一覧（五十音順）

石川義道	ベルン大学大学院法学部博士課程
亀山康子	独立行政法人国立環境研究所社会環境システム研究センター持続可能社会システム研究室 室長
杉野　誠	公益財団法人地球環境戦略研究機関（IGES）特任研究員
大東一郎	東北大学大学院国際文化研究科 准教授
高村ゆかり	名古屋大学大学院環境学研究科 教授
武田史郎	京都産業大学経済学部 教授
爲近英恵	大阪大学大学院経済学研究科 助教
樽井　礼	ハワイ大学経済学部 准教授
堀江哲也	上智大学大学院地球環境学研究科 助教
松下満雄	弁護士（長島・大野・常松法律事務所）／東京大学名誉教授／元WTO上級委員
松本　茂	青山学院大学経済学部 教授
諸富　徹	京都大学大学院経済学研究科 教授
山崎雅人	立命館グローバル・イノベーション研究機構（R-GIRO）特別研究員
姚　盈（Ying YAO）	ハワイ大学大学院経済学研究科博士課程

地球温暖化対策と国際貿易
──排出量取引と国境調整措置をめぐる経済学・法学的分析

2012 年 5 月 21 日　初　版

［検印廃止］

編　者　有村俊秀・蓬田守弘・川瀬剛志
発行所　財団法人　東京大学出版会
代表者　渡辺　浩
　　　　113-8654 東京都文京区本郷 7-3-1 東大構内
　　　　電話 03-3811-8814　FAX 03-3812-6958
　　　　振替 00160-6-59964
印刷所　三美印刷株式会社
製本所　誠製本株式会社

©2012 Toshi H. Arimura *et al.*
ISBN 978-4-13-046107-8　Printed in Japan

Ⓡ〈日本複製権センター委託出版物〉
本書の全部または一部を無断で複写複製（コピー）することは，著作権法上での例外を除き，禁じられています．本書からの複写を希望される場合は，日本複製権センター（03-3401-2382）にご連絡ください．

宇沢弘文・細田裕子 編
地球温暖化と経済発展 持続可能な成長を考える　　　　　A5判・4000円

清野一治・新保一成 編
地球環境保護への制度設計　　　　　A5判・4800円

石見 徹 著
開発と環境の政治経済学　　　　　A5判・2800円

遠藤正寛 著
地域貿易協定の経済分析　　　　　A5判・5400円

秋元英一 編
グローバリゼーションと国民経済の選択　　　　　A5判・4500円

小西秀樹 著
公共選択の経済分析　　　　　A5判・4500円

増井良啓・宮崎裕子 著
国際租税法 第2版　　　　　A5判・3000円

城山英明・山本隆司 編
融ける境 超える法5 環境と生命　　　　　A5判・5200円

松下満雄 著
経済法概説 第5版　　　　　A5判・3800円

ここに表示された価格は本体価格です．ご購入の
際には消費税が加算されますのでご了承ください．